电脑美术设计与制作职业应用项目教程

Premiere职业应用项目教程

主　编　陈　颖

副主编　黄春光　耿利敏

参　编　冯伟博　王　丽　石敬波　牛春姣

机 械 工 业 出 版 社

Premiere是Adobe公司开发的一款优秀的非线性视频编辑软件，历经十几年的发展，现已成为普及程度非常高的视频编辑软件。作为主流的DV编辑工具，它为高质量的视频处理提供了一套完整的解决方案；在业内得到了广大视频编辑人员和视频爱好者的一致好评。

本书针对Premiere Pro CC的实际应用进行讲解。全书共两篇，内容包括导学和8个项目，即导学、影片制作流程—旅游留念、转场应用—花卉展览、序列嵌套—时尚车展、结婚纪念电子相册、翻页电子相册、片头制作、电视频道包装和城市宣传片。各项目既由浅入深又相对独立，便于读者分类学习。

本书由浅入深、由表及里、讲解通俗，可作为各类职业院校平面设计及相关专业的教材，也适合Premiere初学者、DV制作爱好者和有一定Premiere使用经验的读者参考使用。

本书配有电子课件和素材，选用本书作为教材的教师可以从机械工业出版社教育服务网（www.cmpedu.com）免费注册下载或联系编辑（010-88379194）咨询。

图书在版编目（CIP）数据

Premiere职业应用项目教程/陈颖主编．—北京：机械工业出版社，2018.11

电脑美术设计与制作职业应用项目教程

ISBN 978-7-111-61037-3

Ⅰ．①P…　Ⅱ．①陈…　Ⅲ．①视频编辑软件—教材　Ⅳ．①TN94

中国版本图书馆CIP数据核字（2018）第225536号

机械工业出版社（北京市百万庄大街22号　邮政编码100037）

策划编辑：梁　伟　　责任编辑：李绍坤

责任校对：张　力　　封面设计：鞠　杨

责任印制：孙　炜

天津嘉恒印务有限公司印刷

2019年1月第1版第1次印刷

184mm×260mm・13.75印张・320千字

0001—2 000册

标准书号：ISBN 978-7-111-61037-3

定价：37.00元

凡购本书，如有缺页、倒页、脱页，由本社发行部调换

电话服务　　网络服务

服务咨询热线：010-88379833　　机 工 官 网：www.cmpbook.com

机 工 官 博：weibo.com/cmp1952

读者购书热线：010-88379649　　教育服务网：www.cmpedu.com

金 书 网：www.golden-book.com

前　言

当今社会，无论是影视制作、动漫制作，还是计算机多媒体制作，计算机数字技术的应用都是极其广泛的。在这些领域中，计算机的非线性编辑技术是非常重要的：在素材拍摄完成或素材准备完毕后，需要将它们按照一定的顺序组接起来，这样，才会成为一部完整的作品。目前，随着DV、HDV的迅速普及，普通家庭用户也对视频编辑产生了浓厚的兴趣。在众多的非线性编辑软件中，Adobe公司的Premiere软件是国内使用较为广泛的软件之一。

本书注重理论与实例的结合，通过书中的具体应用实例，读者能够轻松掌握Premiere的基本操作流程，制作出属于自己的精彩作品。

本书语言简洁、内容丰富，适合以下人员使用：

- 计算机培训班学员。
- 中等职业学校相关专业的学生。
- 数字视频编辑爱好者。
- 初、中级数字视频编辑人员。
- 电子相册制作人员。
- 婚纱影楼设计人员。
- 多媒体制作人员。

本书首先介绍了Premiere的基础知识，如工作界面、工具的简单说明等；然后通过简单的实例，使读者了解Premiere的基本操作流程，能够从零开始，轻松学习。

书中的实例应用领域广泛，涉及旅游留念、花卉展览、时尚车展、结婚纪念电子相册、翻页电子相册、片头制作、电视频道包装和城市宣传片，满足了不同读者、不同层次的需要。

本书由陈颖任主编，黄春光、耿利敏任副主编，参加编写的还有冯伟博、王丽、石敬波和牛春姣。其中导学和项目4由耿利敏编写；项目1由牛春姣编写；项目2由黄春光编写；项目3和项目8由石敬波编写；项目5由陈颖编写；项目6由冯伟博编写；项目7由王丽编写。

由于编者水平有限，书中难免存在疏漏和不足之处，恳请各位读者批评、指正。

编　者

目　录

第1篇 基础应用篇

- 导学
- 项目1　影片制作流程——旅游留念
- 项目2　转场应用——花卉展览
- 项目3　序列嵌套——时尚车展

导学

1. 初识Premiere Pro CC

（1）Premiere Pro CC简介

Premiere是Adobe公司开发的一款优秀的非线性视频编辑软件，在当前众多非线性视频编辑软件中，Premiere是国内使用较为广泛的软件，电视台、影视制作公司、多媒体制作公司、广告公司、婚庆公司、工作室等均把Premiere作为必不可少的工具。

Premiere Pro可以完成：

- ◆ 将数字视频素材编辑为完整的数字视频作品。
- ◆ 从摄像机或录像机中采集视频。
- ◆ 从拾音器或音频播放设备中采集音频。
- ◆ 加载数字图形、视频和音频素材库。
- ◆ 创建字幕和动画字幕特效，如滚动或旋转字幕。

知识加油站

所谓非线性编辑，就是用以计算机为载体的数字技术完成传统制作中需要多套机器（A/B卷编辑机、特技机、编辑控制器、调音台、时基校正器、切换台等）才能完成的影视后期编辑合成以及其他特技的制作任务，并且可以在完成编辑后方便快捷地修改而不损害图像质量。简单地说就是把胶片或磁带的模拟信号转换成数字信号存储，然后通过非线性编辑软件的编辑，最后一次性输出。

由于原始素材被数字化存储在计算机硬盘中，其信息存储的位置是并列平行的，与原始素材输入计算机时的先后顺序是没有关系的，因此，就可以对存储在硬盘上的数字化音视频素材进行随意的排列组合，并方便进行修改，只要没有最后生成影片输出，对于这些文件在时间轴上的摆放位置、时间长度的修改等都是非常随意的。这就是非线性编辑的优势，其工作效率是非常高的。

Adobe Premiere Pro CC对于多种格式的视频媒体，都能导入并自由地组合，再以原生形式编辑，而不需要花费时间转码。Adobe Premiere Pro是视频专业人员的精选工具组合，具备强大、可自订、非线性的编辑器，可精准编辑视频。

Premiere可以将采集或导入的素材进行编辑，加入转场效果、音乐、文字；还可以运用丰富的滤镜对素材进行调节（如调节颜色、亮度、对比度；加入模糊、马赛克等）；最后，将编辑好的影片输出为多种文件格式，还可以输出到录像带、DVD光盘，成为一部完整的作品。

（2）Premiere Pro CC对计算机系统的要求（见表0-1）

表0-1　对计算机系统的要求

操作系统	微软Windows 7 Service Pack 1（64位）和Windows 8（64位）
浏览器	Internet Explorer 7.0 或更高版本
处理器	支持Intel Core 2双核或AMD Phenom II与64位处理器
内存	建议8GB
显示器分辨率	1280px × 800px
磁盘空间	10GB可用硬盘空间（在安装过程中需要额外的可用空间）
其他需求	声卡兼容ASIO协议或Microsoft Windows驱动程序模型 使用QuickTime功能需要QuickTime 7.6.6软件 Adobe建议使用支持GPU加速回放的图形卡

2. Premiere Pro CC工作界面简介

（1）欢迎屏幕及项目设置

启动Premiere Pro CC后，会出现一个欢迎屏幕，如图0-1所示。

图　0-1

可以单击“New Project”按钮新建项目，或单击“Open Project”按钮打开项目。另外，在上方的“Recent Projects”列表中列出了最近使用过的几个项目文件，可以单击名称将其打开。

以新建项目为例，单击“New Project”按钮，出现“New Project”（新建项目）对话框，如图0-2所示。

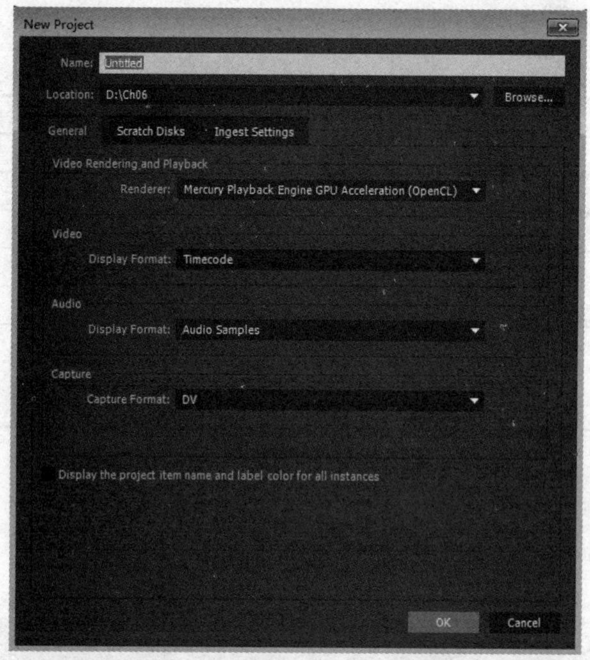

图 0-2

单击“New Project”对话框下方“Location”右侧的“Browse”按钮，指定此项目文件的存储路径；在“Name”文本框中输入项目名称，最后，单击“OK”按钮即可。

如果对于软件提供的项目预设不满意，可以进行自定义设置，选择“Edit”→“Preferences”→“General”命令，如图0-3所示。

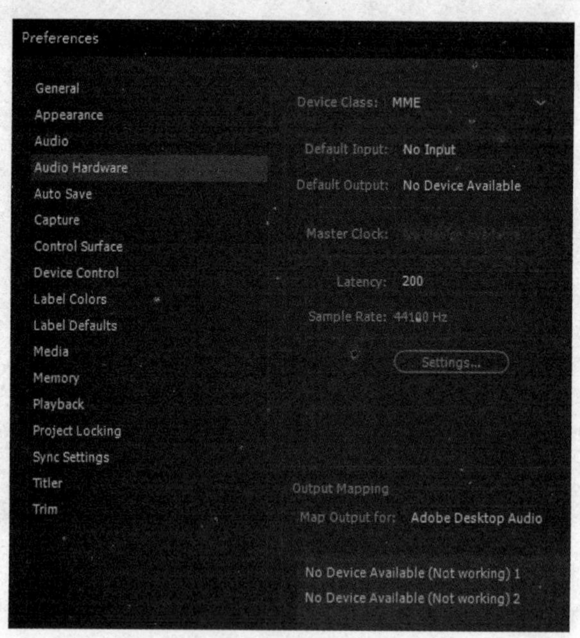

图 0-3

（2）工作界面

Premiere Pro CC的工作界面如图0-4所示。

图　0-4

1）项目（“Project”）调板。

在项目（“Project”）调板中可以导入和管理素材，如图0-5所示。

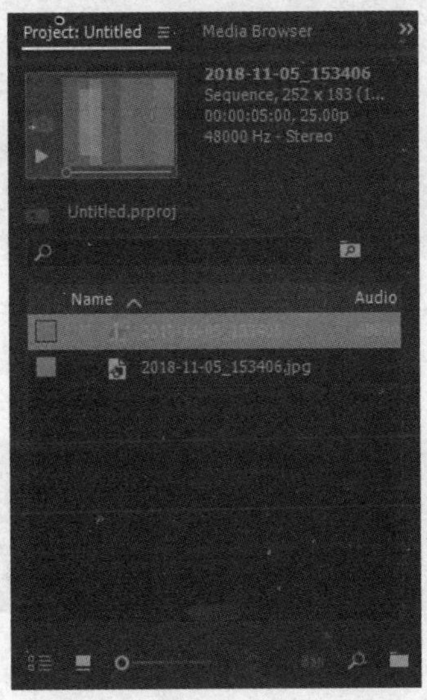

图　0-5

① 导入素材。选择“File”→“Import”命令（或按<Ctrl+I>组合键），打开“Import”（导入素材）对话框，从中选择需要的素材文件后，单击“打开”按钮；如果想导入整个素材文件夹，则在对话框中选中目标文件夹后，单击“Import Folder”按钮。

小提示

导入素材时，注意Premiere所能支持的文件格式；可配合<Ctrl>键和<Shift>键进行多个素材的选择。

② 管理素材。执行“Edit”→“Cut”“Copy”“Paste”“Clear”命令，可对选择的素材对象进行剪切、复制、粘贴及清除操作，其对应快捷键分别为<Ctrl+X>、<Ctrl+C>、<Ctrl+V>和<BackSpace>键。另外，还可以选中素材后，单击“Project”调板下方的按钮，删除该素材。

选中某素材对象，在其上单击鼠标右键，在弹出的快捷菜单中选择“Rename”命令，可以对该对象重新命名。

2）监视器（“Monitor”）调板（见图0-6）。

在该调板中，左侧是“Source Monitor”（源监视器），作用是显示源素材片段。在“Project”调板或“Timeline”调板中双击素材，或者从“Project”调板将素材拖到源监视器中，都可在“Source Monitor”（源监视器）显示该素材。右侧是“Program Monitor”（节目监视器），其作用是显示当前正在组合的剪辑序列。每个监视器包含一个时间标尺，以及用于回放和定位当前帧的控件。设置入点和出点，转到入点和出点，并设置标记，如图0-7所示。

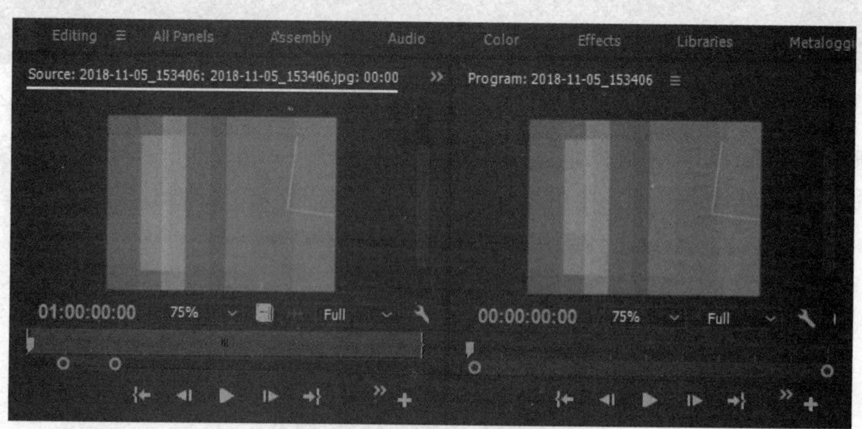

图 0-6

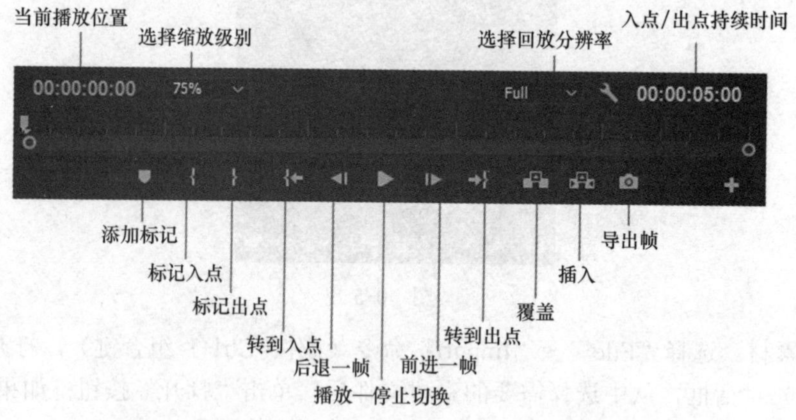

图 0-7

3）时间线（“Timeline”）调板。

绝大部分的编辑操作，都是在此调板中进行的。如图0-8所示。

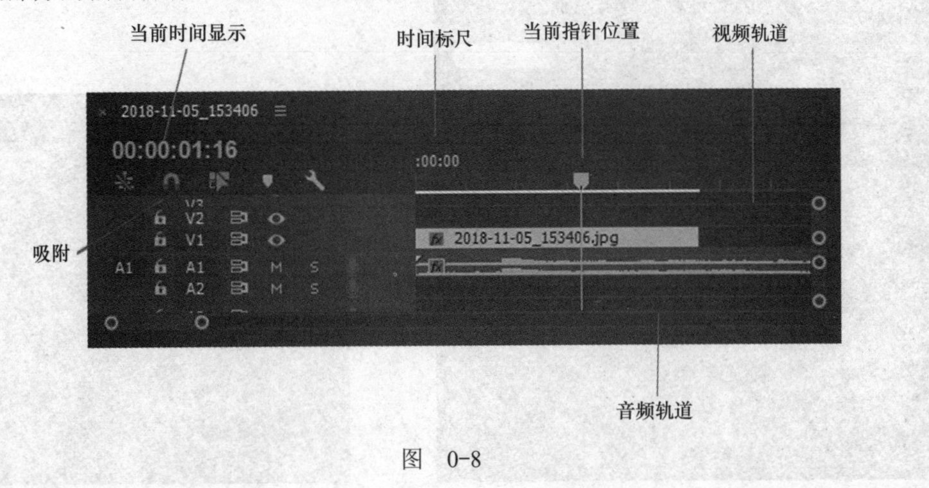

图 0-8

① 轨道的显示、隐藏、静音、锁定操作。单击轨道控制区域中相应的小眼睛图标，如图0-9所示。

② 设置目标轨道。当使用“Source Monitor”（源监视器）调板进行素材片段的添加，或使用“Program Monitor”（节目监视器）调板进行素材片段的删除、提取操作时，需要预先设置目标轨道，如图0-10所示。

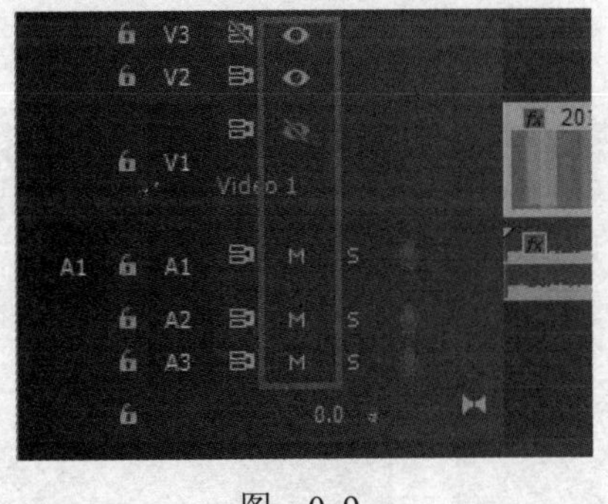

图 0-9

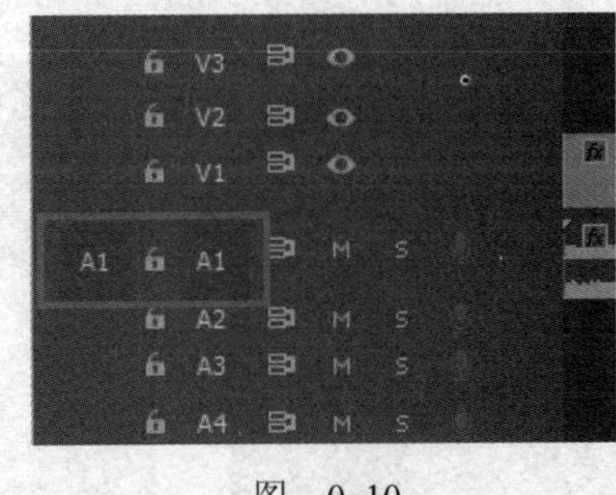

图 0-10

小提示

1）一次只能设置一个目标视频轨道和目标音频轨道。

2）当使用覆盖编辑时，只影响目标轨道；当使用插入编辑时，素材片段不仅会添加到目标轨道上，其他未被锁定的轨道上的素材也会相应调整。

③ 轨道的添加、删除及重命名。

执行“Sequence”→“Add Tracks”（或在轨道控制区域单击鼠标右键，在弹出的快捷菜单中选择“Add Tracks”命令），出现“Add Tracks”（添加轨道）对话框，在其中输入添加轨道的数量、放置位置及音频轨道的类型即可，如图0-11所示。

指定目标轨道，执行“Sequence”→“Delete Tracks”（或在轨道控制区域单击鼠标右键，在弹出的快捷菜单中选择“Delete Tracks”命令），出现“Delete Tracks”（删除轨道）对话框。从中选择欲删除的轨道是视频轨道、音频轨道，还是两者（勾选相应的复选框），再选择是删除目标轨道还是删除所有空轨道，如图0-12所示。

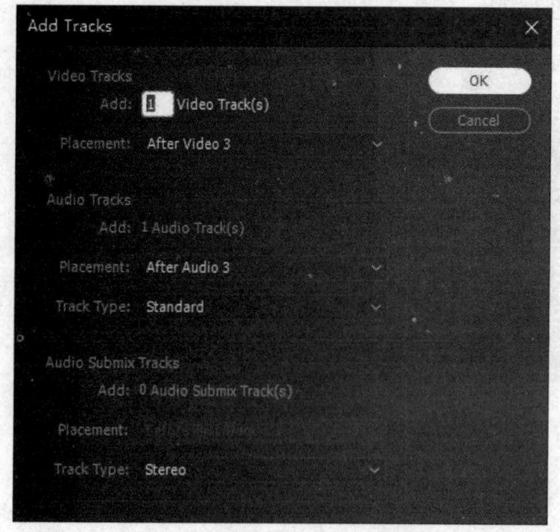

图 0-11

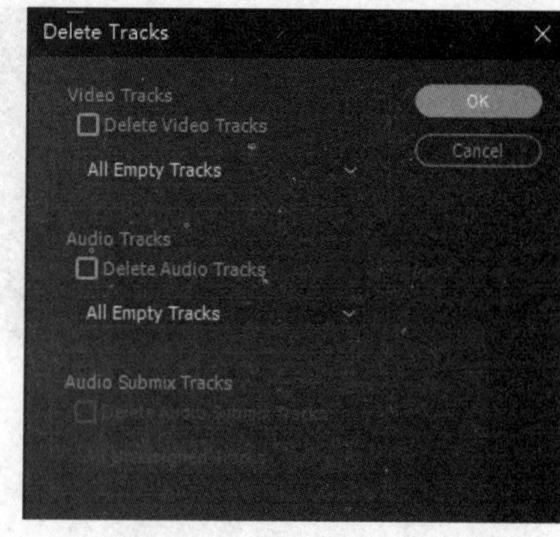

图 0-12

在轨道控制区域单击鼠标右键，在弹出的快捷菜单中选择“Rename”命令（重命名），输入新的轨道名称后按<Enter>键，即可完成轨道的重新命名。

4）信息（“Info”）调板。

信息调板中，显示的是选中元素的一些基本信息，主要对视频编辑工作起参考作用。元素的类型不同，其显示的内容也不同，如图0-13所示。

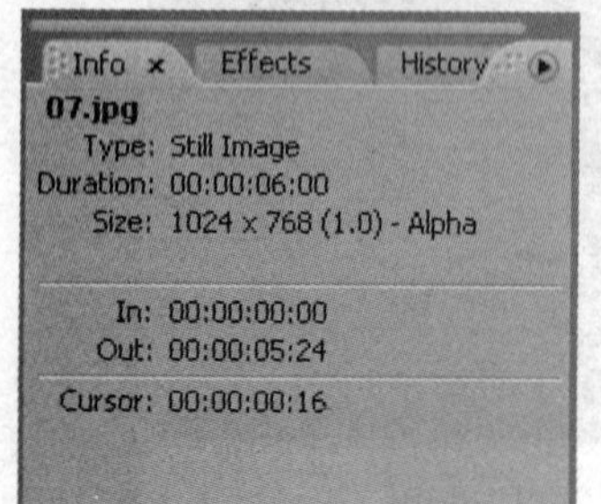

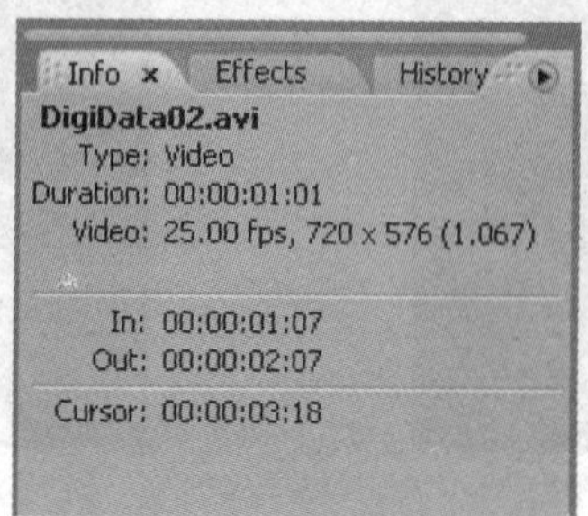

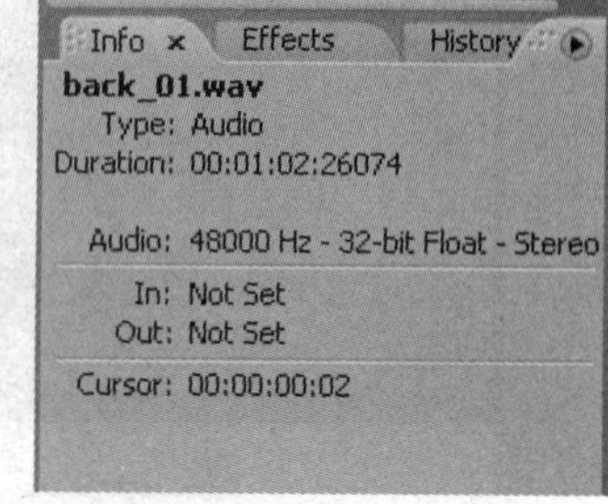

图 0-13

5）工具（“Tools”）调板。

工具调板中含有在时间线中进行编辑操作的各种工具，又称为“工具箱”，如图0-14所示。

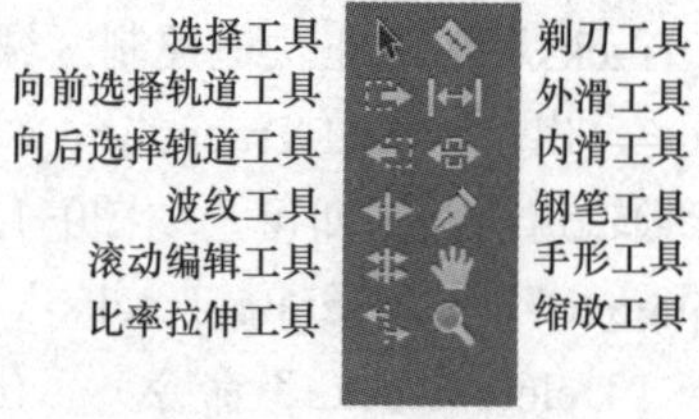

图 0-14

（3）自定义工作空间

在Premiere中，可以根据个人习惯来定制自己的工作空间。

用鼠标单击需要重新定位的调板标签并将其拖至另一个调板的上、下、左、右4个区域时，该区域会高亮显示。在相应的区域释放鼠标，调板就会放置到该区域的相应位置。

当将鼠标置于两个调板中间区域时，鼠标指针会变为“双箭头”形状。此时，单击并拖动鼠标，可以改变调板的大小。

另外，单击调板标签右侧的“关闭”按钮，可将该调板关闭。

小结

本部分主要介绍了Premiere Pro CC软件的功能、应用领域以及系统要求、界面简介等。目的是使初学者能够对Premiere及其各调板的功能有一个大致了解，便于后面各项目的学习。

项目 1 影片制作流程——旅游留念

项目情境

随着人们生活水平的不断提高，数字产品也已进入寻常百姓家，人们用手中的DV或手机将生活中的精彩画面记录下来，比如，聚会、外出游玩、亲朋好友结婚等。

一位朋友利用休假期间，到外地旅游，用数字摄像机拍摄了一些画面，现在他想把录像带中的内容导入计算机进行观看，并删除一些拍摄不够理想的画面。

项目分析

使用Premiere软件对日常视频设备中的视频内容进行编辑处理，必须先把该视频内容由设备（如手机、DV、数字摄像机等）采集导入到计算机中。

在本项目中视频素材来自日常拍摄的一些视频段落，为了提高观看体验以及便于视频流传，需要删除冗余片段、按顺序组接、添加片头文字及必要的注释说明文字（说明性文字将采用横向滚动字幕的方式）、添加预设转场效果并加入背景音乐，最后渲染输出成完整视频影片。

本项目体现出从素材采集到影片输出的一个简单完整的制作过程，希望能帮助读者对Premiere软件的影片制作流程，产生整体认识以便于进一步深入学习。

成品效果

影片最终的渲染输出效果，如图1-1所示。

图 1-1

项目实施

一、新建项目文件

1）启动Premiere软件，单击“New Project”按钮（见图1-2），打开“New Project”（新建项目）对话框。

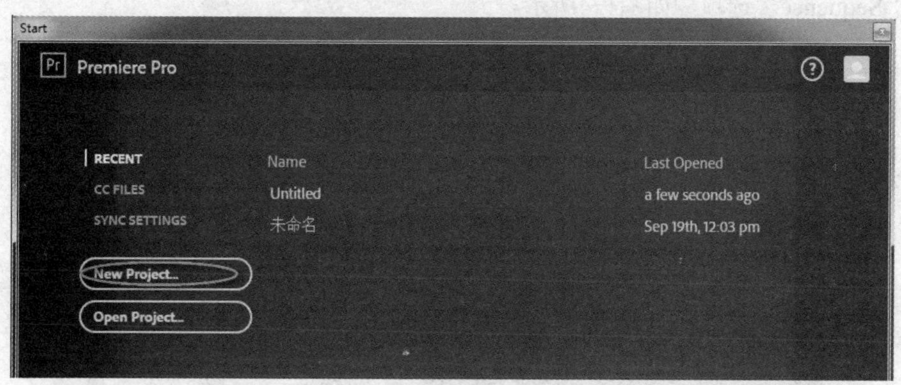

图 1-2

2）在对话框中的“Name”文本框中输入项目文件的名称，这里命名为“苍岩山”，在“Location”项的右侧单击“Browse”按钮，打开“浏览文件夹”对话框，新建或选择存放项目文件的目标文件夹，单击“确定”按钮，关闭“浏览文件夹”对话框，如图1-3所示。单击“OK”按钮，完成项目文件的建立并关闭“New Project”对话框，进入Premiere的工作界面。

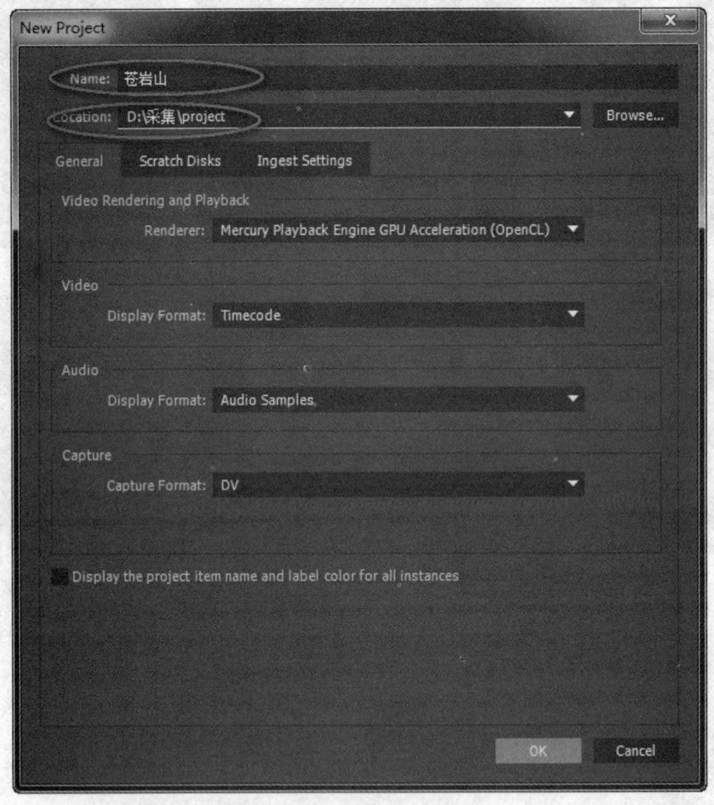

图 1-3

3）创建时间线。在“Project”调板右下角单击■（创建新项目）按钮，在弹出的菜单中选择“ Sequence”选项，如图1-4所示。

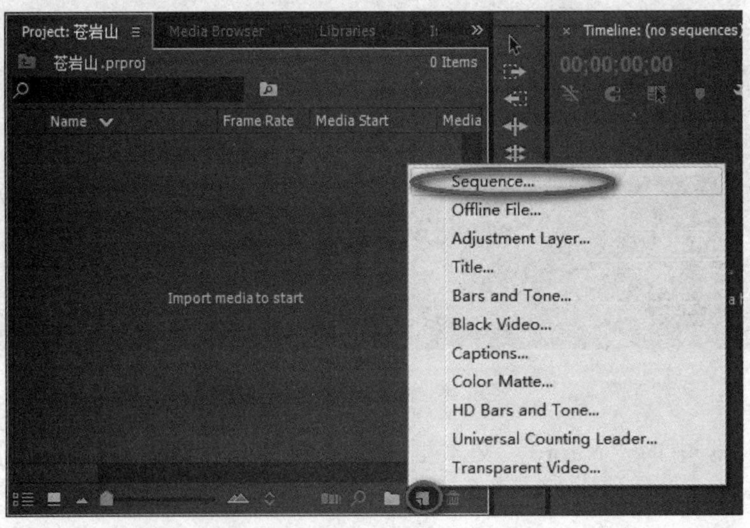

图 1-4

在弹出的对话框中进行设置，如图1-5所示。DV-PAL制Standard 48kHz是我国目前通用的电视制式。

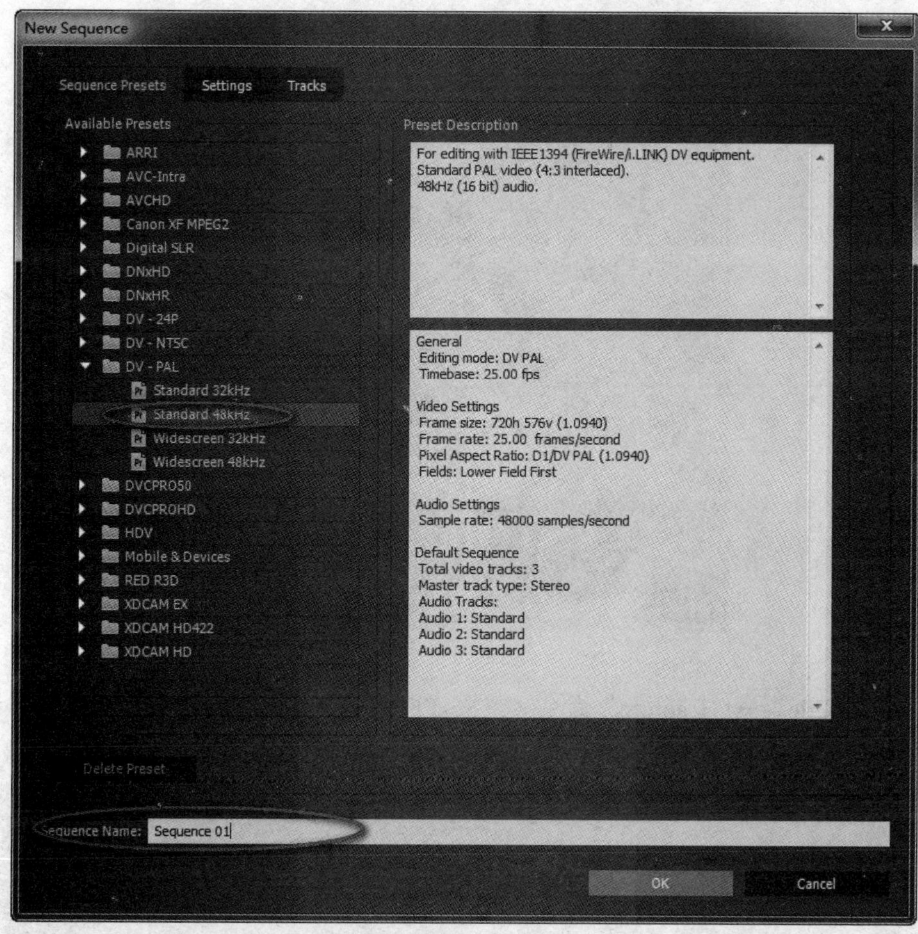

图 1-5

单击“OK”按钮后出现“Sequence 01”，如图1-6所示。

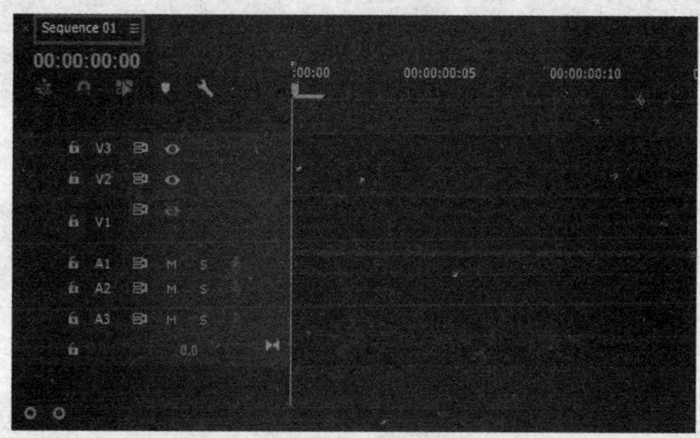

图 1-6

二、收集素材

1. 使用录像带采集素材

1）如果DV的存储介质是磁带则需用DV 1394卡进行连接，并在DV的播放状态下利用

Premiere软件将录像带内容采集到计算机中，如图1-7所示。

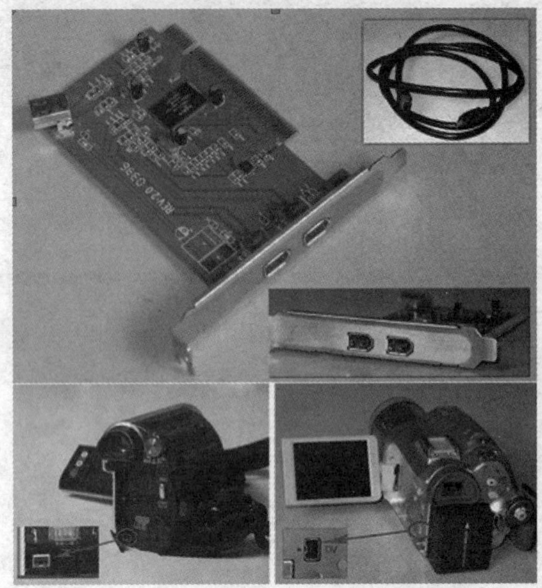

图 1-7

2）执行“File”→“Capture”命令（或按<F5>键），打开“Capture”（采集）调板，如图1-8所示。

图 1-8

在右侧“Logging”（记录）选项卡下的“Setup”栏中可以选择采集素材的种类：音频和视频、音频、视频，如图1-9所示。

在“Settings”（设置）选项卡下的“Capture Locations”（采集位置）栏中可以对采集素材的保存位置进行设置，如图1-10所示。

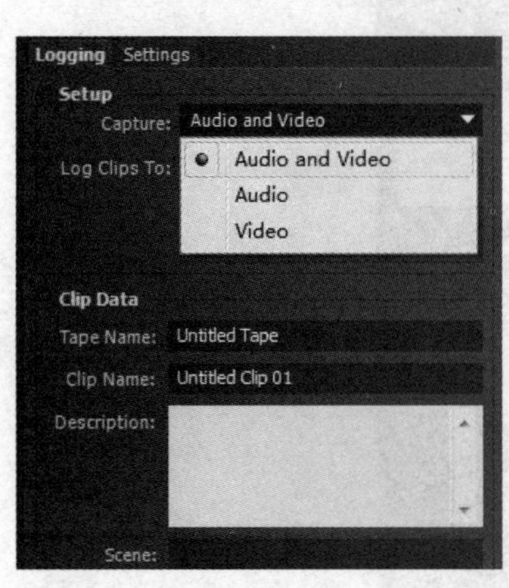

图 1-9

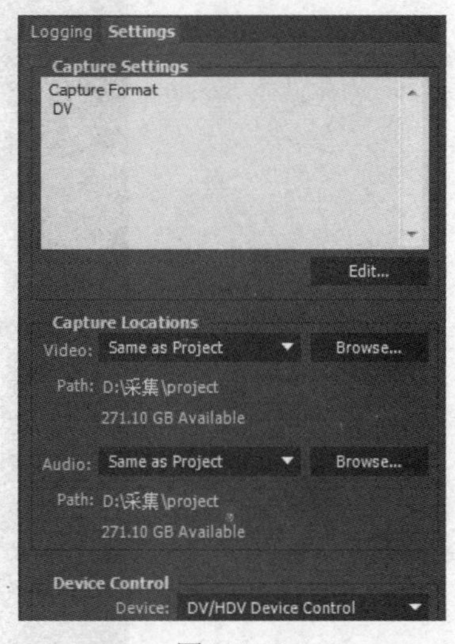

图 1-10

小提示

建议将采集的素材存放于系统分区外且剩余磁盘空间较大的分区中。

“Capture”（采集）调板上方如果出现“Capture device offline.”的提示，则应检查设备连接是否正确，如图1-11所示。

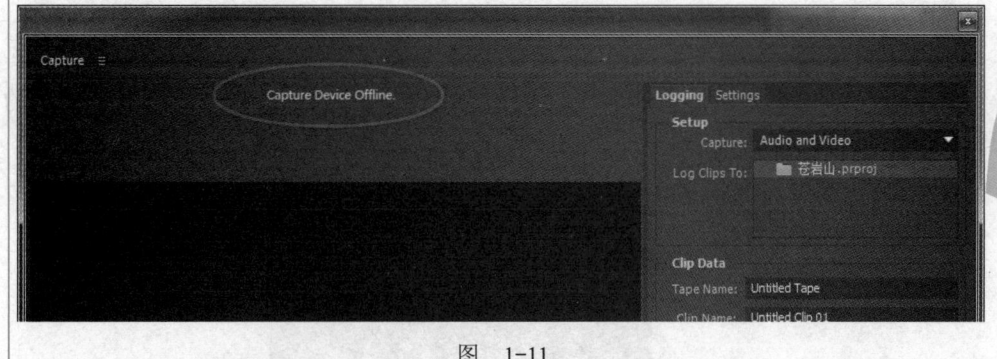

图 1-11

3）单击调板下方控制面板中的■（播放）按钮，播放录像带，如图1-12所示。

图 1-12

当到需要采集片段的开始前几秒时，单击■（记录）按钮，开始采集。此时，调板上方会显示采集相关信息，当需要采集的片段超出出点几秒后，单击■（停止）按钮（或按<Esc>键），结束本次采集。在弹出的“Save Captured Clip”对话框中，输入文件名称。

4）也可结合“Set In”“Set Out”按钮，设置欲采集素材的入点、出点后再单击“Log

Clip”按钮，弹出对话框，对素材命名，如图1-13所示。

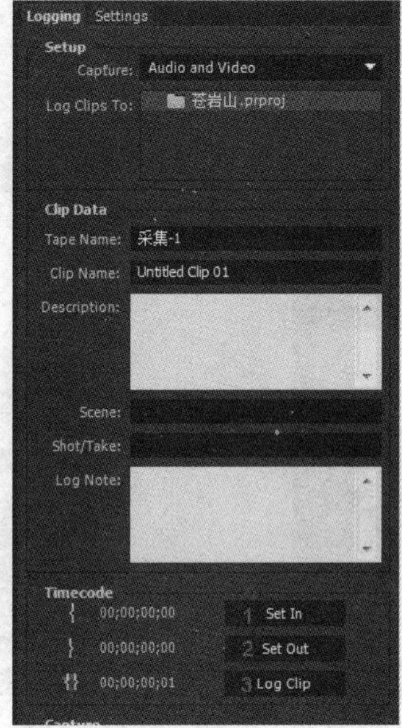

图 1-13

小提示

在需要编辑内容的入点前几秒开始采集、出点后几秒结束采集，是为了便于以后的编辑操作。

5）进行同样的操作，直至将录像带中所有需要采集的素材都记录完毕，关闭“Capture”（采集）调板，所有记录的素材片段会在“Project”调板中以离线的形式出现，如图1-14所示。

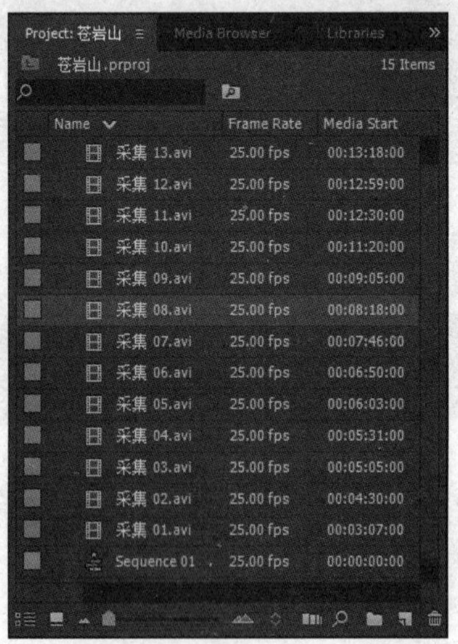

图 1-14

说明： 本例所用的素材片段，在“Logging”（记录）选项卡下的“Setup”栏中选择采集素材的种类时应为“Video”（视频）。读者可打开配套素材“Ch02”文件夹中的“素材”文件夹进行查看。

2. 存储卡视频文件剪辑素材

通常DV存储卡中的视频文件格式为MPEG或AVI，可直接导入Premiere软件中进行剪辑以得到想要的视频片段。

1）导入视频文件。选择“File”→“Import”命令（或按<Ctrl+I>组合键），打开“Import”（导入素材）对话框，在对话框中找到存储卡中的视频文件。单击“Import”对话框下方的“打开”按钮，将其导入“Project”调板中并双击该文件图标，在“Source Monitor”（源监视器）调板中将其打开，如图1-15所示。

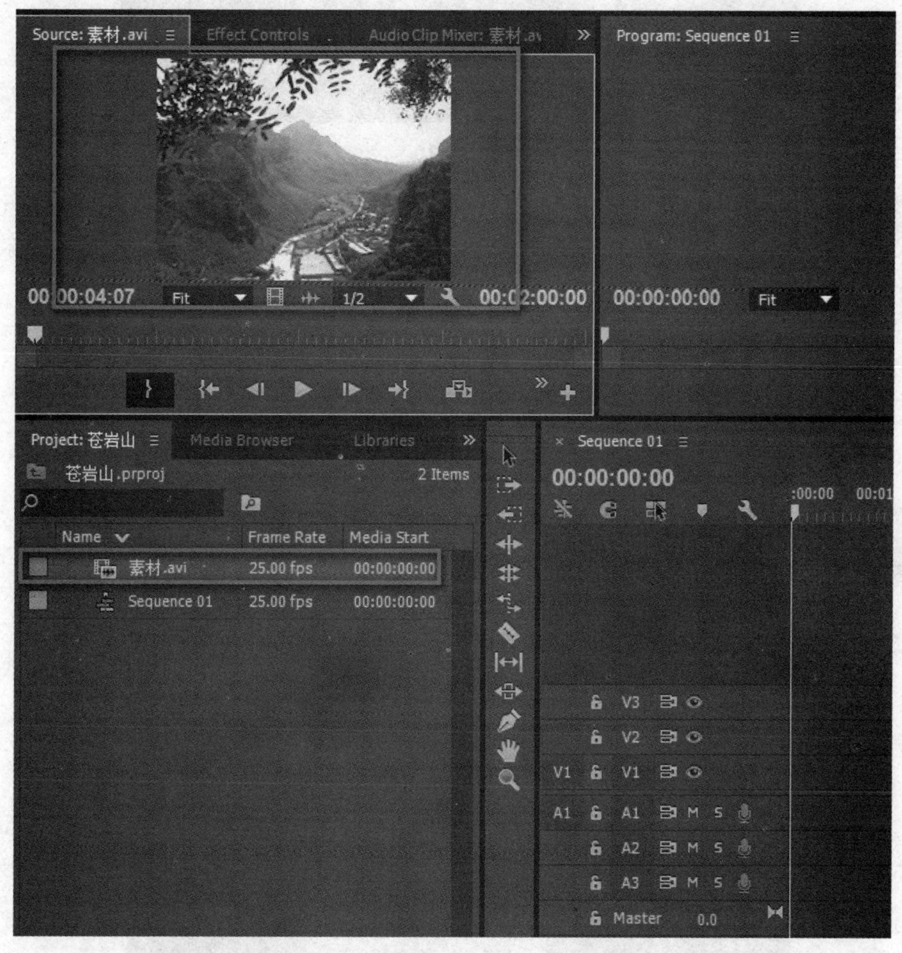

图 1-15

2）剪辑素材。剪辑之前先拖动时间轴到相应帧单击按钮，标记入点，再次拖动时间轴到相应帧，并单击按钮标记出点，则入点和出点之间的部分为要剪辑的视频片段，如图1-16所示。

图 1-16

3）分离视频。回到“Source Monitor”（源监视器）调板，在视频上单击鼠标右键，在弹出的快捷菜单中选择“Make Subclip”命令，在弹出的对话框中输入剪辑视频名称后单击“OK”按钮，如图1-17所示。

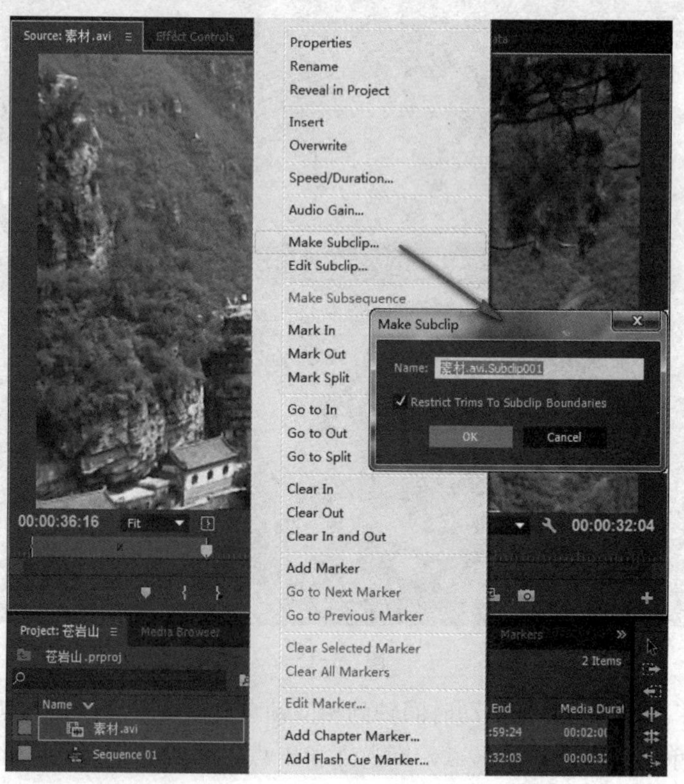

图 1-17

4）所剪辑的视频素材片段会在“Project”调板中以离线的形式出现，如图1-18所示。

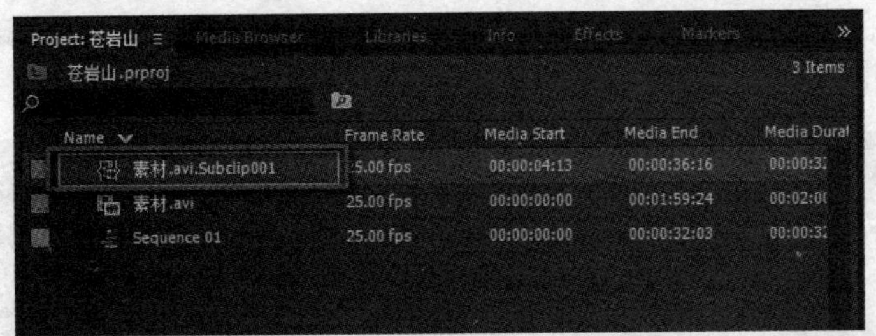

图 1-18

三、导入音频素材

执行“File”→“Import”命令（或按<Ctrl+I>组合键），打开“Import”（导入素材）对话框。在对话框中找到配套资源“Ch02”文件夹中的“素材”文件夹，选择其中的“music.mp3”音频文件，单击“Import”对话框下方的“打开”按钮，将其导入“Project”调板中，如图1-19所示。

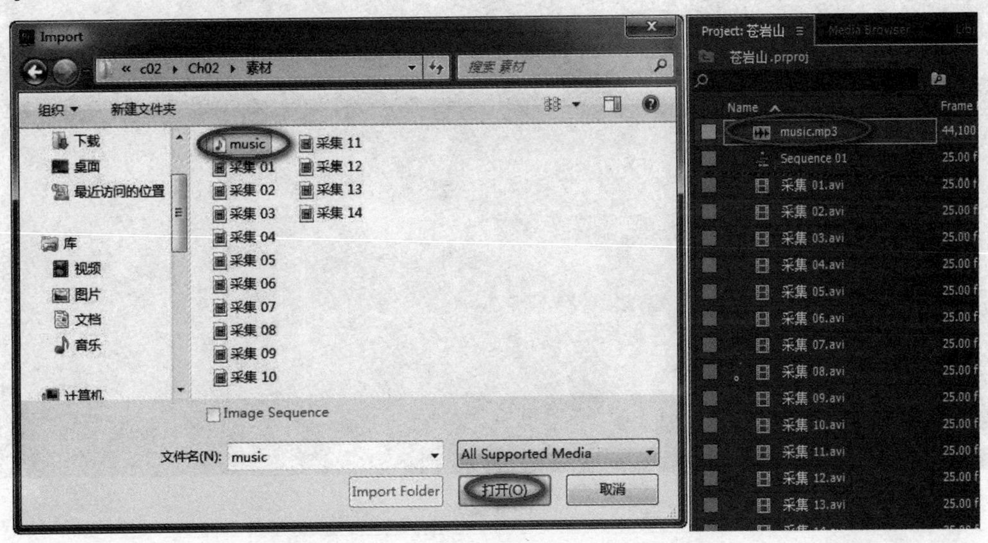

图 1-19

小提示

因本例中的视频素材已经通过前面的批采集方式导入了“Project”调板中，所以在此只需导入音频素材即可。

读者可以再次选择“File”→“Import”命令，打开“Import”对话框。将“素材”文件夹中的“采集 01.avi”～“采集 14.avi”素材文件选中，导入“Project”调板中。

在“Import”（导入素材）对话框中，进行素材文件的选择时，可以按<Ctrl+A>组合键选择全部文件；配合<Shift>键进行连续多个素材文件的选择；配合<Ctrl>键进行多个不连续素材文件的选择。

四、组接素材

1）在“Project”调板中，双击“采集 09.avi”素材片段，在“Source Monitor”（源监

视器）调板中将其打开，单击调板下方的▶（播放）按钮，对素材进行预览。在00:09:24:18处，单击{（设置入点）按钮，设置素材的入点；在00:09:32:00处，单击}（设置出点）按钮，设置素材的出点，再单击（插入）按钮，将其添加到时间线序列中，如图1-20所示。

图　1-20

小提示

拖动“Timeline”（时间线）调板左下方的“缩放滑块”，可改变时间标尺的显示比例，如图1-21所示。

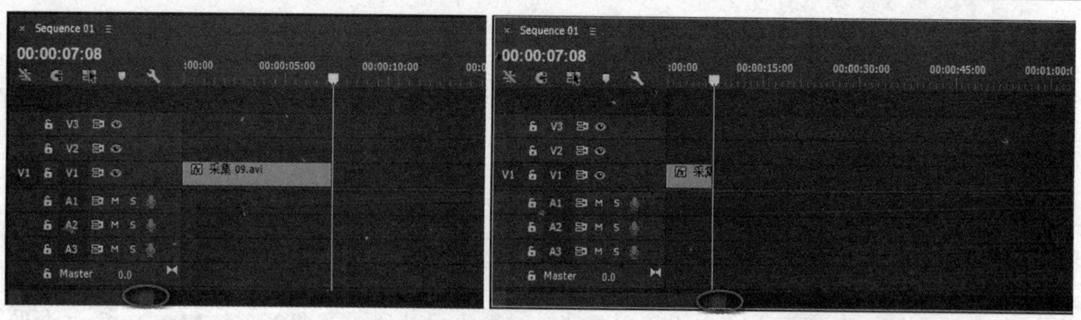

图　1-21

2）在“Project”调板中，双击“采集 08.avi”素材片段，在“Source Monitor”调板中将其打开。在00:08:34:24处，设置素材入点；在00:08:38:24处，设置素材出点；单击“插入”按钮，将其添加到序列中（“采集 09.avi”素材片段的后面），如图1-22所示。

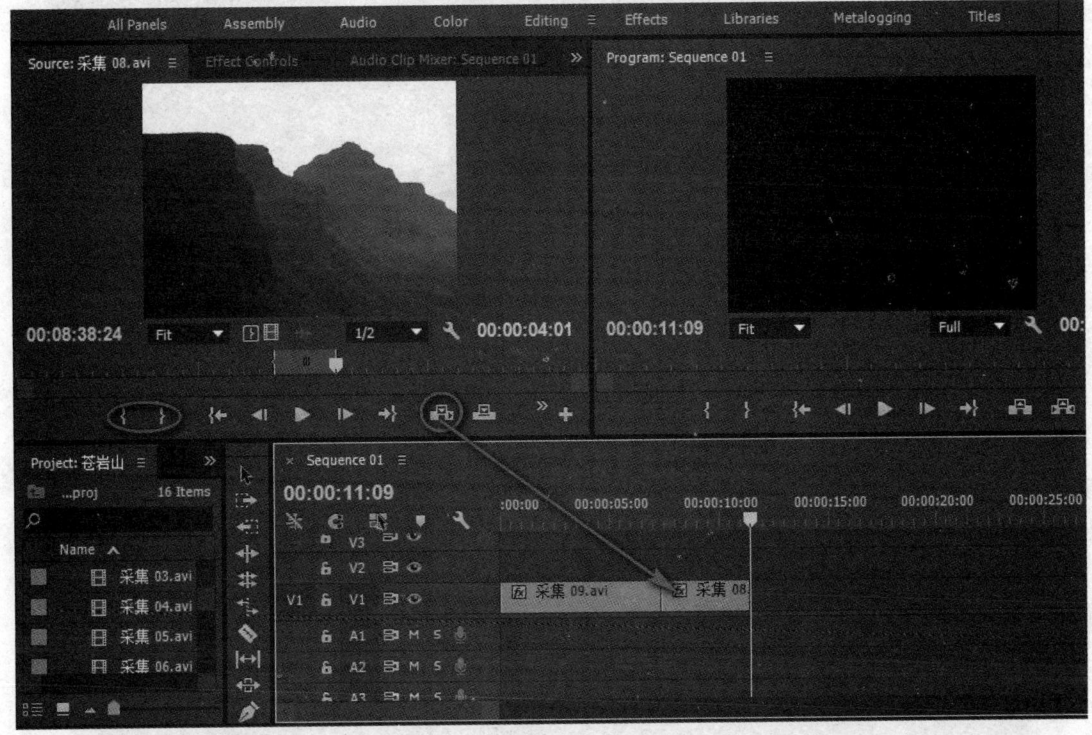

图　1-22

3）采用同样的方法，分别对其他素材片段进行入点、出点的设置（可参考表1-1），并添加到序列中，如图1-23所示。

表　1-1

镜　号	素材名称	入　点	出　点	镜　号	素材名称	入　点	出　点
3	采集 01.avi	00:04:07:14	00:04:13:14	14	采集 02.avi	00:04:32:22	00:04:41:04
4	采集 01.avi	00:03:46:21	00:03:49:04	15	采集 03.avi	00:05:06:09	00:05:08:11
5	采集 01.avi	00:04:00:18	00:04:02:22	16	采集 03.avi	00:05:22:02	00:05:24:01
6	采集 01.avi	00:03:51:06	00:03:53:03	17	采集 12.avi	00:13:01:16	00:13:03:15
7	采集 10.avi	00:11:20:21	00:11:25:09	18	采集 04.avi	00:05:40:23	00:05:48:22
8	采集 10.avi	00:11:44:20	00:11:46:22	19	采集 07.avi	00:07:47:13	00:07:57:17
9	采集 10.avi	00:11:28:13	00:11:41:06	20	采集 06.avi	00:06:52:24	00:07:00:16
10	采集 05.avi	00:06:05:00	00:06:13:15	21	采集 13.avi	00:13:21:06	00:13:23:05
11	采集 05.avi	00:06:18:01	00:06:25:01	22	采集 01.avi	00:03:12:06	00:03:14:12
12	采集 05.avi	00:06:28:22	00:06:37:08	23	采集 14.avi	00:13:40:00	00:13:45:00
13	采集 11.avi	00:12:43:21	00:12:46:16				

图 1-23

五、制作字幕

1. 片头字幕的制作

1）将当前时间指针置于00:00:00:00处，选择“File”→“New”→“Title”命令（或选择“Title”→“New Title”→“Default Still”命令），弹出“New Title”对话框，输入字幕名称“片头文字”，如图1-24所示。

图 1-24

单击“OK”按钮关闭对话框，调出“Title Designer”调板，如图1-25所示。

图 1-25

2）输入片头文字并设置字体、字号及位置。

在绘制区域单击要输入文字的开始点，出现闪动光标，输入片头文字“苍岩山风光”，输入完毕后单击左侧“字幕工具调板”中的“选择工具”按钮结束输入。保持文本的选择状态，在右侧“Title Properties”（字幕属性）调板的“Font Family”（字体）列表中选择“华文行楷”，“Font Size”（字号）为“67.0”；在“Transform”下，设置“X Position”参数值为“385.1”，设置“Y Position”参数值为“240.6”，如图1-26所示。

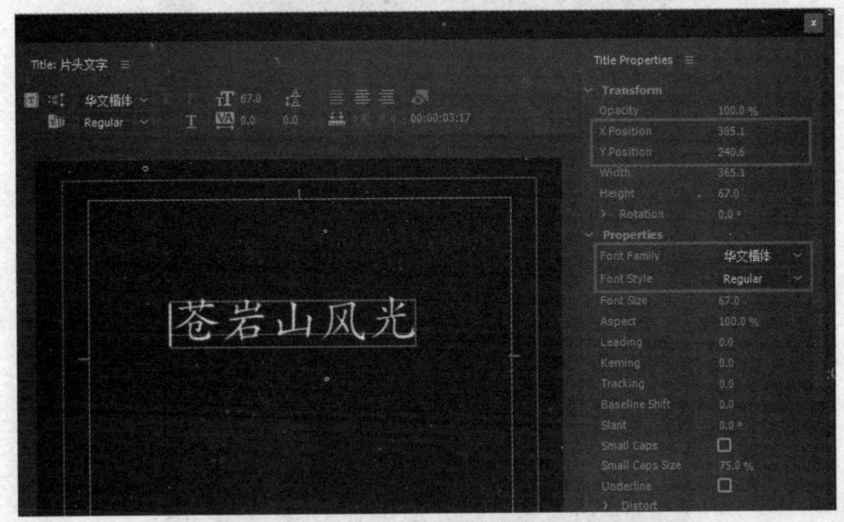

图　1-26

3）设置片头文字的颜色及阴影效果。

设置文本填充颜色为红色（R：247，G：9，B：9）；为其添加“Outer Strokes”（外边线），“Size”值为“25”，颜色为白色。

对文本添加投影：将“Shadow”属性前的复选框选中；设置“Opacity”值为“75%”，“Angle”值为“-225.0°”，“Distance”值为“5.0”，“Spread”值为“17.0”，如图1-27所示。

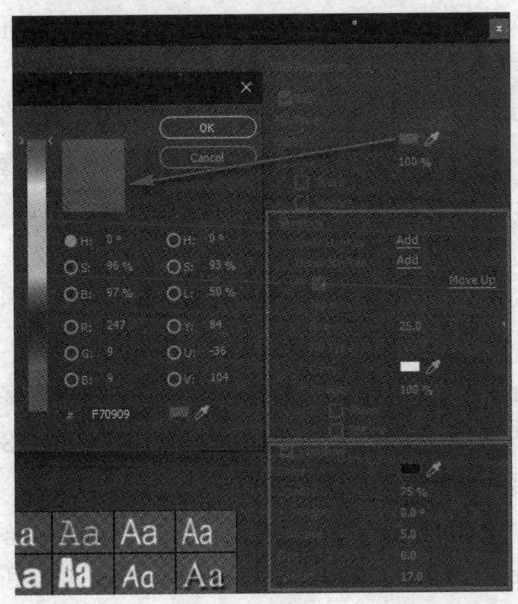

图　1-27

关闭“Title Designer”调板，“片头文字”字幕素材出现在“Project”调板中，如图1-28所示。

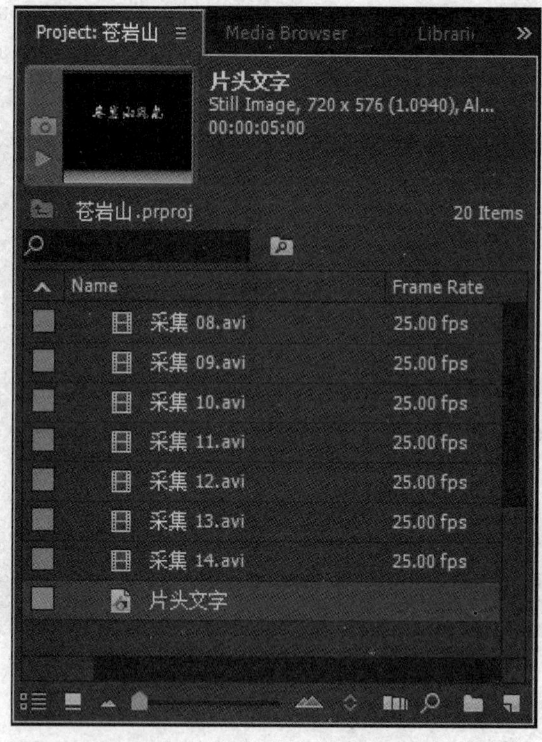

图 1-28

2. 第1部分简介文字的制作

1）执行“Title”→“New Title”→“Default Crawl”命令，弹出“New Title”对话框，输入字幕名称“简介-1”，单击“OK”按钮关闭对话框，调出“Title Designer”调板。

2）输入并编辑简介文字。

单击左侧“字幕工具调板”中的“文本工具”按钮，在绘制区域单击要输入文字的开始点，出现闪动光标，输入第一段简介文字（文字内容请参见配套素材“Ch02”文件夹中“文字简介.txt”文件的第一段）。输入完毕后，单击“选择工具”按钮结束输入。

保持文本的选择状态，在右侧“Title Properties”（字幕属性）调板中，在“Transform”下，设置“X Position”参数值为“1080.0”，设置“Y Position”参数值为“523.0”；在“Font Family”（字体）列表中选择“华文细黑”字体，“Font Size”（字号）为“30.0”；设置文本填充颜色为白色；为其添加“Outer Strokes”（外边线），“Size”值为“45”，颜色为黑色，如图1-29所示。

3）执行“Title”→“Roll/Crawl Options”命令，弹出滚动字幕设置对话框。在对话框中，选择“Start Off Screen”“End Off Screen”复选框，如图1-30所示。设置完成后，单击“OK”按钮，关闭对话框。

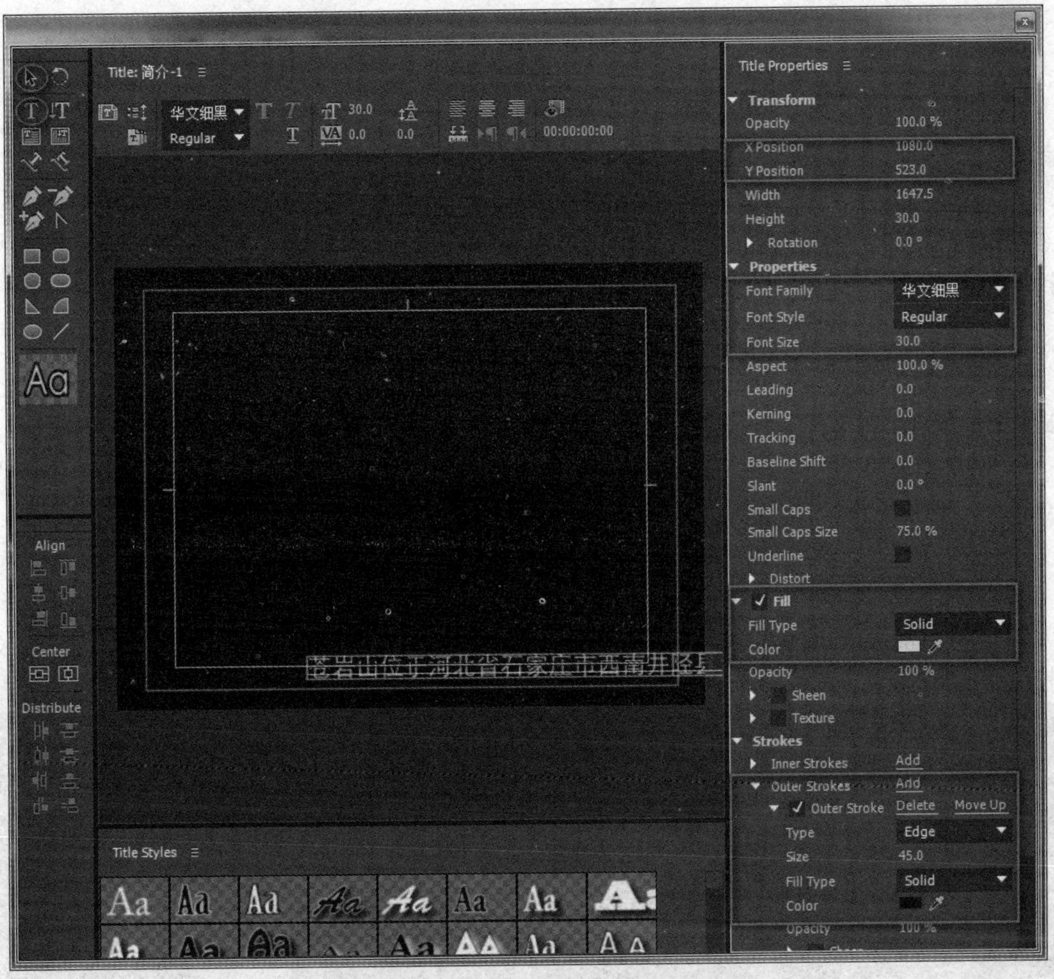

图 1-29

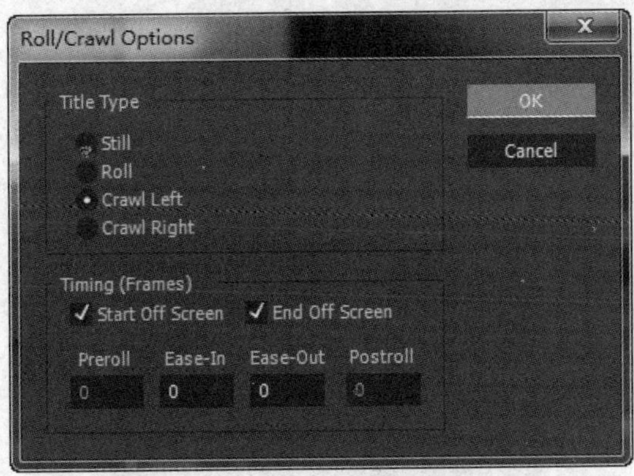

图 1-30

小提示

选择“Start Off Screen”和“End Off Screen”复选框的作用是使字幕从屏幕外面滚动进入，并且在结束时滚动出屏幕。

4）关闭“Title Designer”调板，“简介-1”字幕素材也出现在“Project”调板中。

3. 第2部分简介文字的制作

1）执行“Title”→“New Title”→“Default Crawl”命令，弹出“New Title”对话框，输入字幕名称“简介-2”，单击“OK”按钮关闭对话框，调出“Title Designer”调板。

2）除了文本内容为配套资源“Ch02”文件夹中“文字简介.txt”文件的第2段、（Transform下）“X Position”参数值为“1000.9”外，其余各项参数设置均与“简介-1”字幕素材相同。

4. 第3部分简介文字的制作

1）执行“Title”→“New Title”→“Default Crawl”命令，弹出“New Title”对话框，输入字幕名称“简介-3”，单击“OK”按钮关闭对话框，调出“Title Designer”调板。

2）除了文本内容为配套资源“Ch02”文件夹中“文字简介.txt”文件的第3段、“X Position”参数值为“1339.7”外，其余各项参数设置均与“简介-1”字幕素材相同。

六、添加字幕至序列中

1）将当前时间指针置于00:00:00:00处，从“Project”调板中，将“片头文字”素材文件拖到“Timeline”调板的“Video 2”轨道中，如图1-31所示。

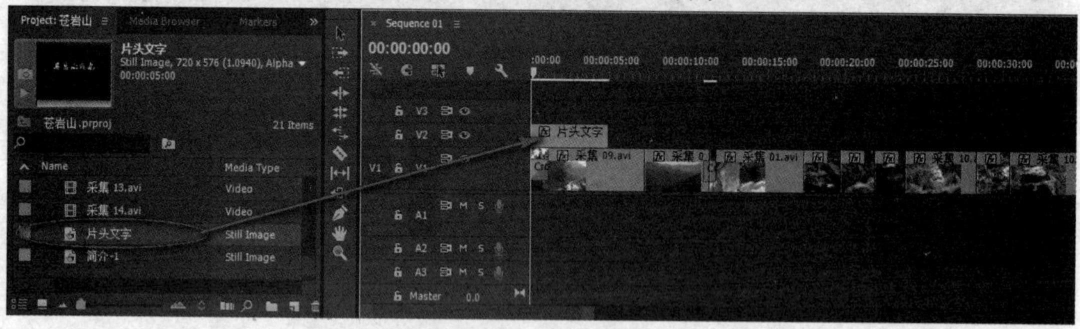

图 1-31

2）在“Video 2”轨道中的“片头文字”素材文件上单击鼠标右键，在弹出的快捷菜单中选择“Speed/Duration”命令，设置其持续时间为00:00:04:00，即4s，如图1-32所示，单击“OK”按钮关闭对话框。

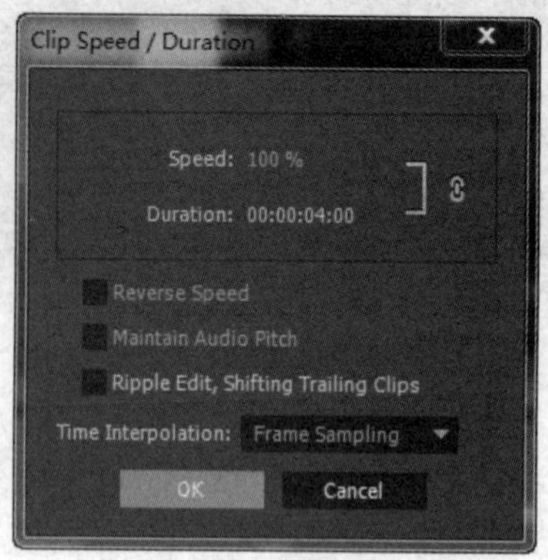

图 1-32

3）将当前时间指针置于00:00:07:08处，从“Project”调板中，将“简介-1”素材文件拖到“Video 2”轨道；在其上单击鼠标右键，在弹出的快捷菜单中选择“Speed/Duration”命令，设置其持续时间为00:00:30:00，即30s，“Timeline”调板如图1-33所示。

图 1-33

4）将当前时间指针置于00:00:44:19处，从“Project”调板中，将“简介-2”素材文件拖到“Video 2”轨道；在其上单击鼠标右键，在弹出的快捷菜单中选择“Speed/Duration”命令，设置其持续时间为00:00:30:00，“Timeline”调板如图1-34所示。

图 1-34

5）将当前时间指针置于00:01:24:00处，从“Project”调板中，将“简介-3”素材文件拖到“Video 2”轨道；在其上单击鼠标右键，在弹出的快捷菜单中选择“Speed/Duration”命令，设置其持续时间为00:00:31:00，“Timeline”调板如图1-35所示。

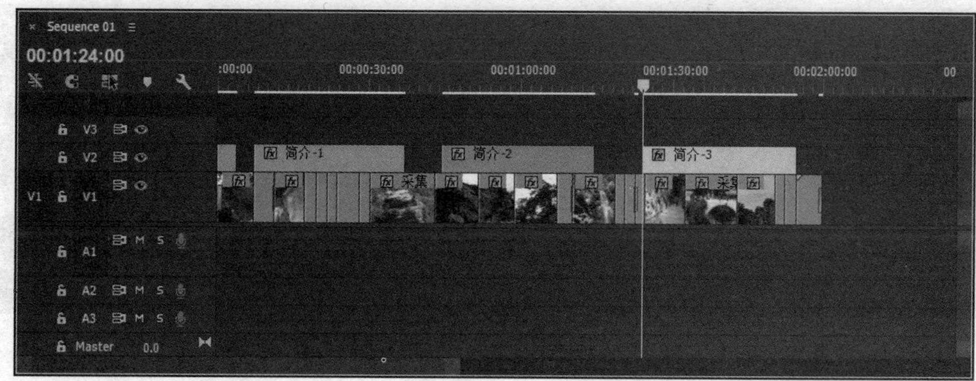

图 1-35

七、为素材添加转场效果

1）在“Effects”（效果）调板中，展开“Video Transitions”文件夹中的“Dissolve”文件夹，将其中的“Cross Dissolve”转场拖到“Video 2”轨道中素材“片头文字”的入点处，如图1-36所示。

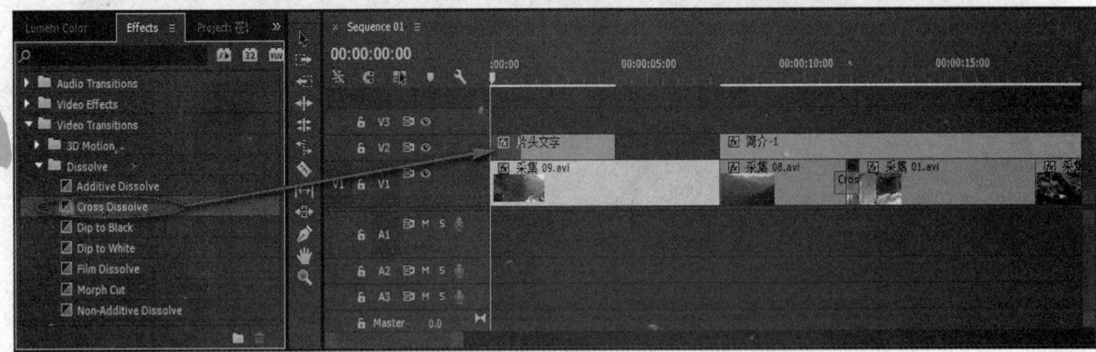

图 1-36

2）在“Timeline”（时间线）调板中，双击刚添加的“Cross Dissolve”转场，调出“Set Transition Duration”（设置转场时间控制）调板，将“Duration”（转场时间）设置为“00:00:00:20”（即20帧），如图1-37所示。

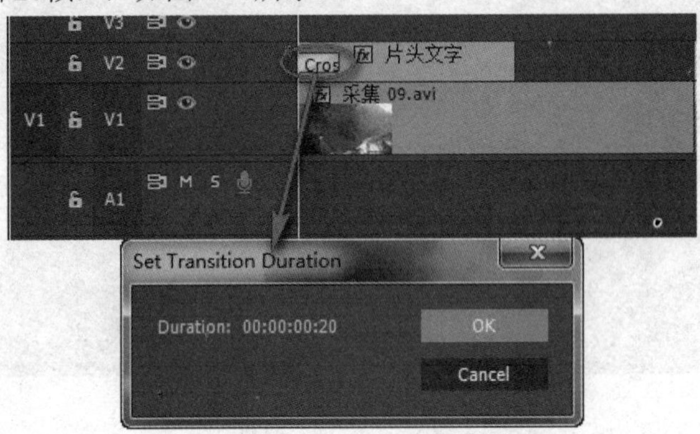

图 1-37

3）从“Effects”调板中，将“Cross Dissolve”转场拖到“Video 2”轨道中素材“片头文字”的出点处，如图1-38所示。

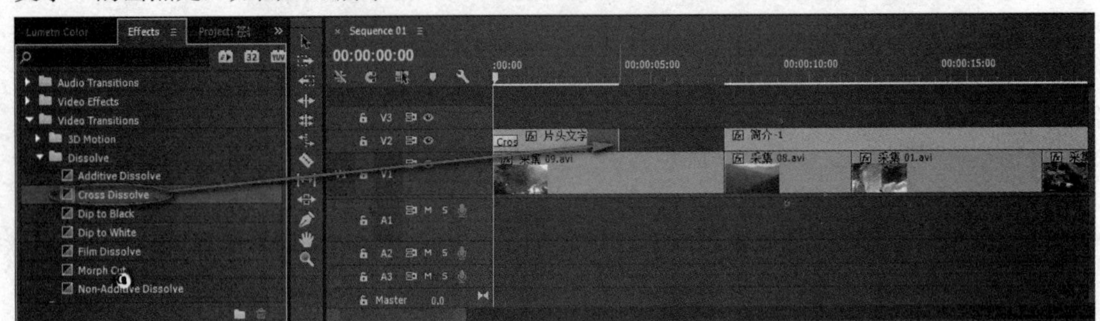

图 1-38

同样设置转场时间为20帧，此时“Timeline”调板如图1-39所示。

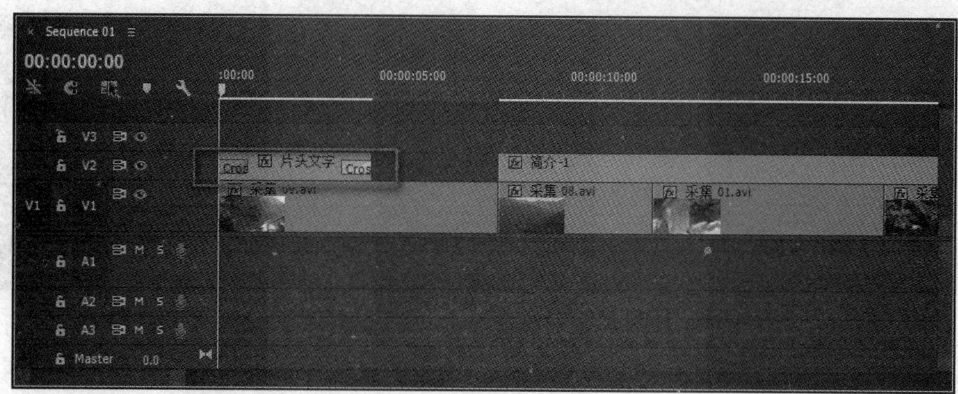

图 1-39

4）从“Effects”调板中，将“Cross Dissolve”转场拖到“Video 1”轨道中第一个素材片段“采集09.avi”的入点处；双击刚添加的“Cross Dissolve”转场，调出“Set Transition Duration”（设置转场时间控制）调板，将“Duration”设置为“00:00:01:05”（即30帧）。

5）将“Effects”调板中的“Cross Dissolve”转场分别拖到“Video 1”轨道中相应的位置。

①“采集 08.avi”与“采集 01.avi”之间，即00:00:11:09处。

②“采集 11.avi”与“采集 02.avi”之间，即00:01:10:08处。

③“采集 03.avi”与“采集 12.avi”之间，即00:01:22:19处。

④最后一个素材片段“采集 14.avi”的出点处。

将各个转场时间均设置为20帧，即将“Effect Controls”调板中“Duration”设置为“00:00:00:20”。

“Timeline”调板如图1-40所示。

图 1-40

八、添加音频素材

1）将当前时间指针置于00:00:00:00处，从“Project”调板中，将“music.mp3”素材拖到“Audio 1”轨道，如图1-41所示。

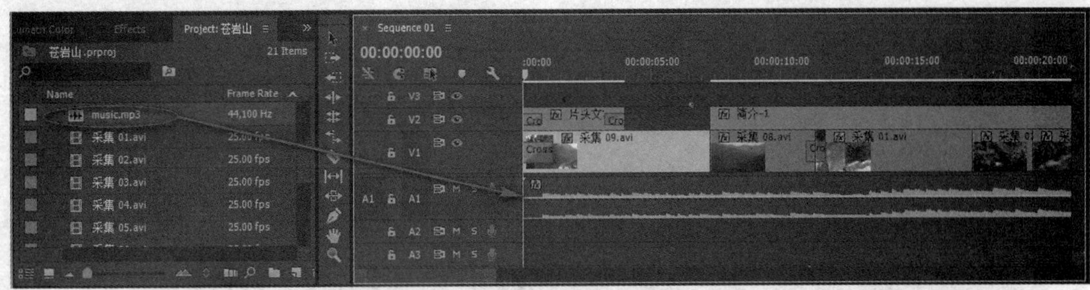

图 1-41

2）将当前时间指针置于00:02:00:00处，单击“工具箱”调板中的（剃刀）工具，再在“music.mp3”素材当前时间指针处单击，在此处将其分割为两部分，如图1-42所示。

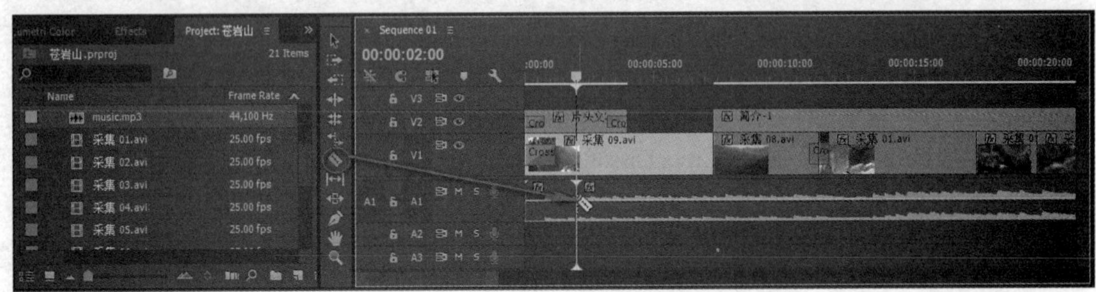

图 1-42

3）单击“工具箱”调板中的（选择）工具，再单击“music.mp3”素材被分割出的后半部分，将其选择，如图1-43所示。按<Delete>键，将其删除。

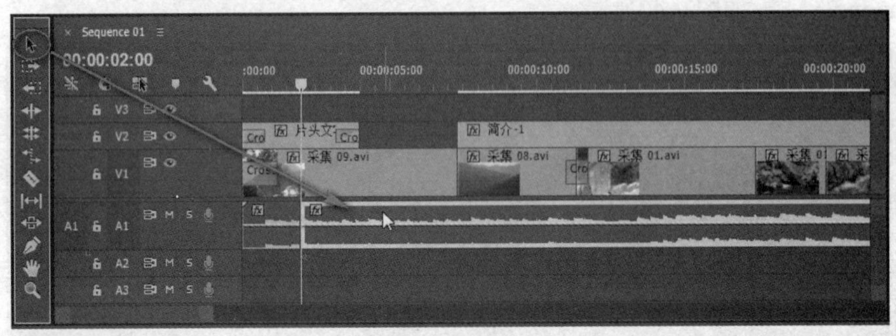

图 1-43

4）在“Effects”调板中，展开“Audio Transitions”文件夹中的“Crossfade”文件夹，将其中的“Constant Power”转场拖到“Audio 1”轨道中素材片段“music.mp3”的出点处，如图1-44所示。

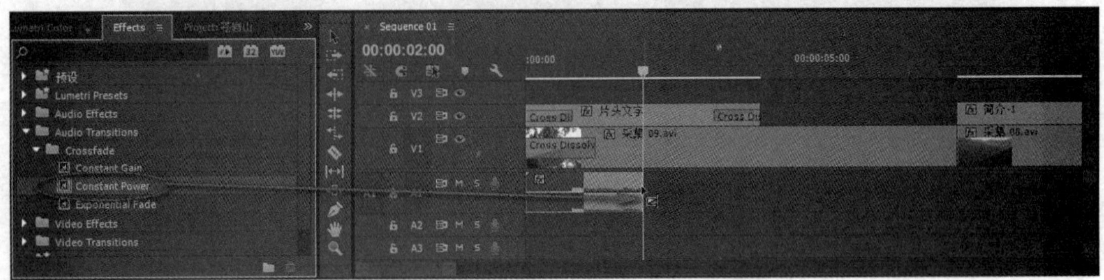

图 1-44

5）双击“Audio 1”轨道中刚添加的“Constant Power”转场，调出“Effect Controls”调板，将“Duration”（转场时间）设置为“00:00:02:00”（即2s）。此时，“Timeline”调板如图1-45所示。

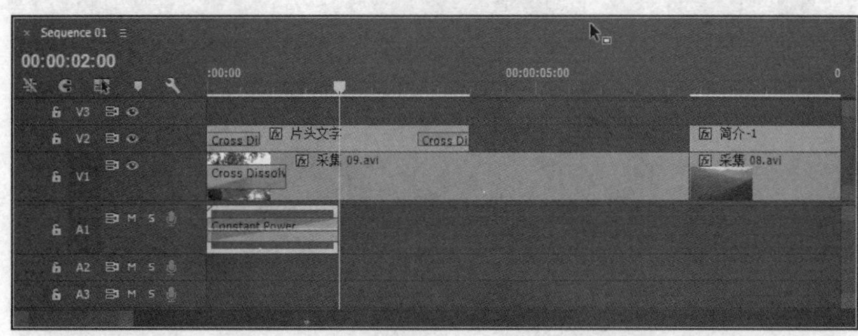

图 1-45

九、输出影片

1）在“Timeline”（时间线）调板或“Program”（节目监视器）调板中任意位置单击，以激活调板。

2）选择“File”→“Export”→“Media”，打开“Export Setting”（输出设置）对话框。指定输出格式为“AVI”，指定输出影片的保存路径及文件名，本例中命名为“旅游留念.avi”，确认“Export Video”和“Export Audio”复选框处于勾选状态，即输出带音视频文件，单击“Export”按钮，开始影片的渲染输出，如图1-46所示。

等渲染完毕后，即可用播放器观看影片效果，如图1-47所示。

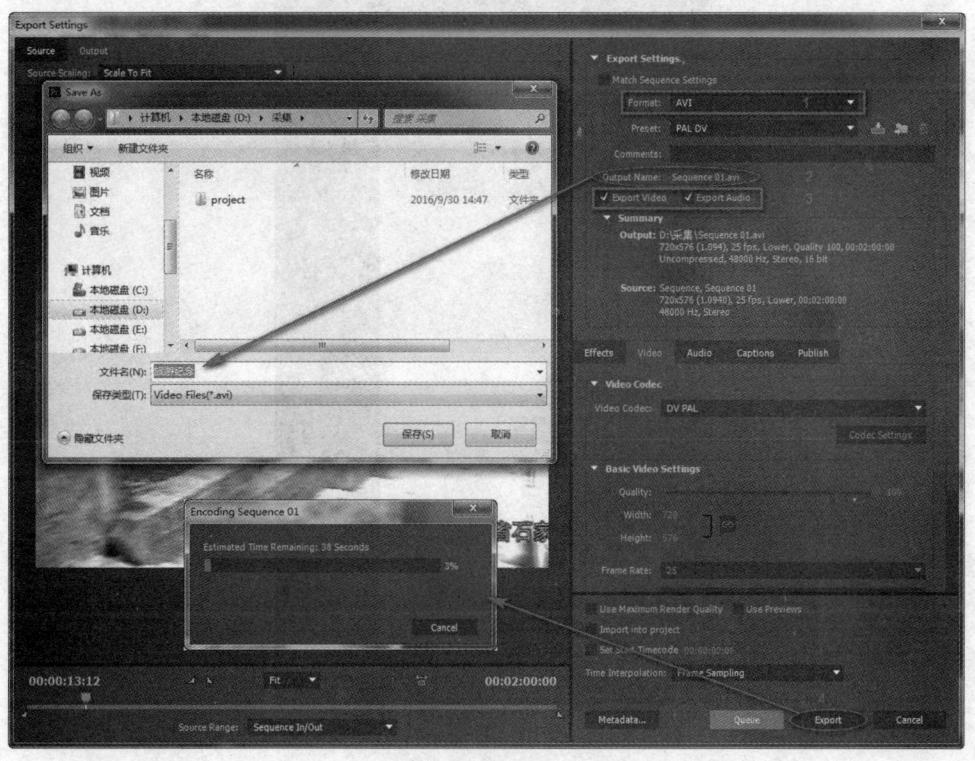

图 1-46

图 1-47

知识加油站

Premiere还可以输出其他格式的影片。在“Export Settings”对话框中，可以选择欲输出的文件格式，并进行相应的参数设置，如图1-48所示。

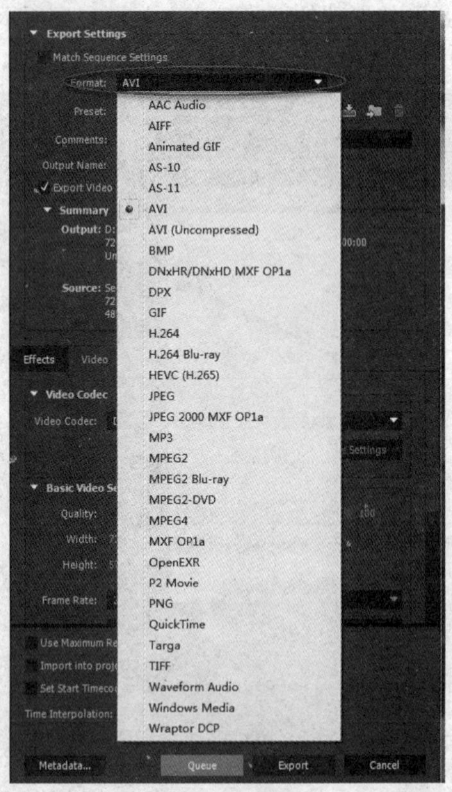

图 1-48

设置完成后，单击“Export”按钮，即开始影片的渲染输出。

触类旁通

本项目体现出利用Premiere软件从素材采集到最终影片输出的一个较为完整的制作过程，其中有两点需要注意。

1）采集素材。这里以家用DV为例，主要介绍了使用DV1394卡采集录像带中素材的方法和从存储卡较大视频中采集素材的方法。

2）编辑素材。主要是对于素材入点、出点的设置及在序列中进行整合。

小提示

在影片的编辑过程中，往往还需要对素材添加效果（Video & Audio Effects）、设置动画关键帧等，读者可参见本书后面的内容。

对于音频素材的编辑，还可以使用Adobe Audition和Adobe Soundbooth软件。这两个软件可以实现音频素材更为高级、复杂的编辑操作。

实战强化

请大家采集若干素材片段或导入已有的素材片段（影片、图片均可），制作一部简单的影视片。

项目2 转场应用——花卉展览

项目情境

沉醉于优美的旋律中，徜徉在花的海洋里，一股股清香扑鼻而来，一年一度的花卉展览开始了。花木公司的客户带来了一些数字照相机拍摄的花卉照片，要求先制作一个样片，让公司领导审看现场花卉的效果。

制作要求：

1）形式新颖、有特色。

2）各照片间的衔接不生硬，有一定的切换方式。

3）有背景音乐的衬托。

项目分析

转场是视频中段落、场景或镜头之间的过渡衔接。在视频编辑中，经常出现前后素材硬接后画面效果比较生硬的情况，此时添加转场后就会比较自然，使片子更加流畅生动。

本项目花卉展览视频，需要有一种轻松、愉悦的氛围和流畅动感的视觉效果，所以在编辑过程中，合理使用多种转场方式对前后两个相邻的画面进行组接，目的就是要让“呆板”的图片“动”起来，通过转场使视频显得活泼而不呆板，还能体现出花卉的种类繁多。从而达到掌握视频中转场效果应用的目的。

在影片开头和结尾部分，设计一个画卷“展开”和“卷起”的动画，分别起到引出后面图片及结束影片的作用，形式较为新颖，同时也选择了相似风格的背景音乐来衬托古风的“画卷”，使整个视频更具特色风格，和谐自然。

成品效果

影片最终的渲染输出效果，如图2-1所示。

图 2-1

项目实施

一、新建项目文件

1）启动Premiere软件，单击“New Project”按钮，打开“New Project”对话框。

2）在对话框“Name”文本框中输入文件名称“花卉展览”。单击“Browse”按钮，打开“浏览文件夹”对话框，新建或选择存放项目文件的目标文件夹，本例为“Ch03”，单击“确定”按钮，关闭“浏览文件夹”对话框。再单击“New Project”对话框下方的“OK”按钮，完成项目文件的建立并关闭“New Project”对话框。

3）执行“File”→“New”→“Sequence”命令，打开“New Sequence”对话框。展开“DV-PAL”项，选择其下的“Standard 48kHz”（我国目前通用的电视制式），单击“OK”按钮，完成制式设置和时间线序列的创建，如图2-2所示。

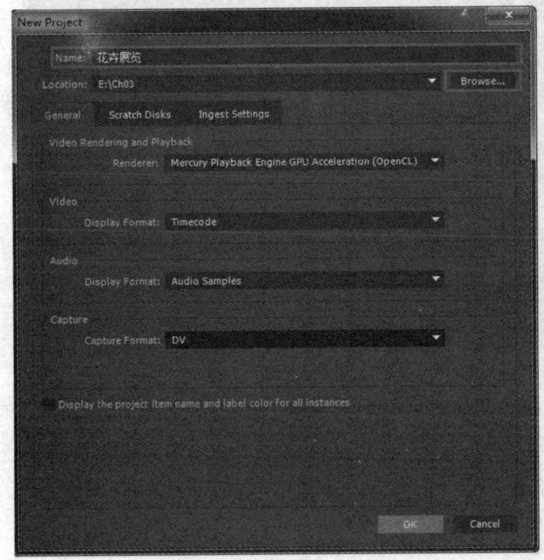

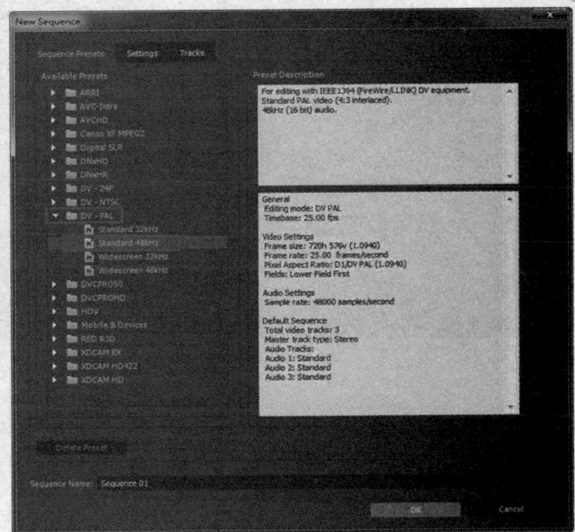

图 2-2

二、导入素材

1. 花卉图片素材的导入

由于将来在制作中需要每幅参与转场操作的图片持续时间都为2s，所以，在导入图片素材前，可以把静止图片默认持续时间设置为50帧，即2s。这样，可以提高制作效率。

1）执行“Edit”→“Preferences”→“General”命令，打开“Preferences”对话框。将“Still Image Default Duration”项的数值设置为“50”（即将默认导入静止图片的持续时间设置为50帧），如图2-3所示，单击“OK”按钮关闭对话框。

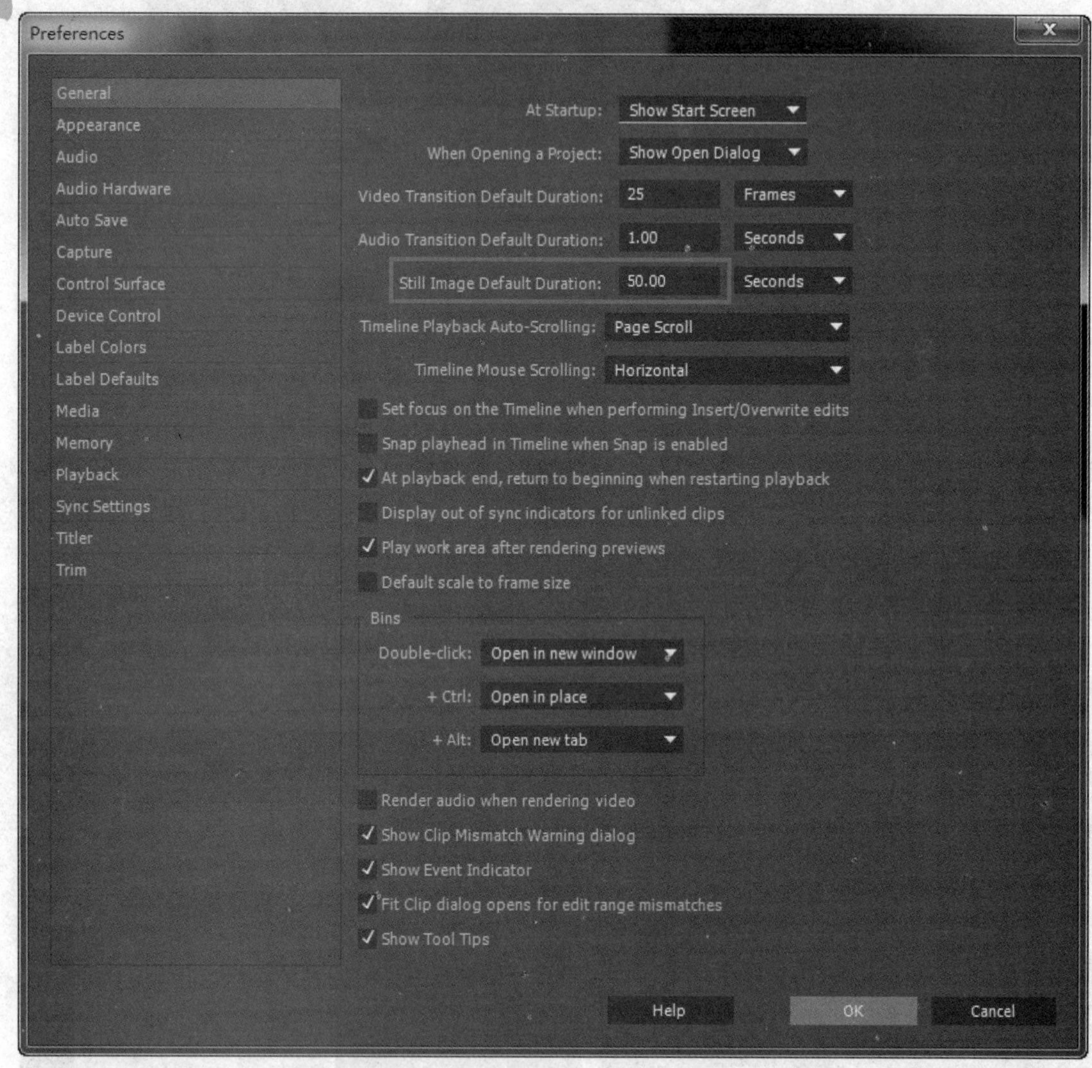

图 2-3

2）执行“File”→“Import”命令（或按<Ctrl+I>组合键），打开“Import”（导入素材）对话框。在对话框中找到配套素材“Ch03”文件夹中的“素材”文件夹，打开后，选中“flower”文件夹，单击“Import”对话框右下方的“Import Folder”按钮，如图2-4所示。将“flower”文件夹及其内的所有素材都导入到“Project”调板中，如图2-5所示。

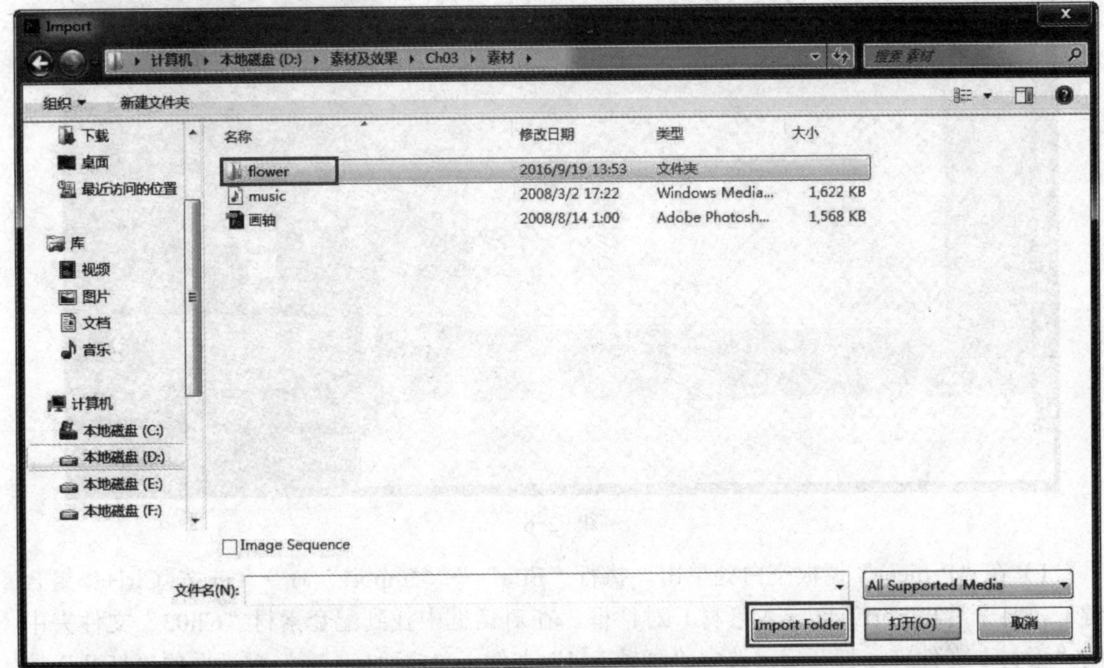

图　2-4

图　2-5

2. 导入分层的Photoshop文件——“画轴”

本例中还会用到一个“画轴.psd”图片素材，其在Photoshop中打开的效果如图2-6所示。

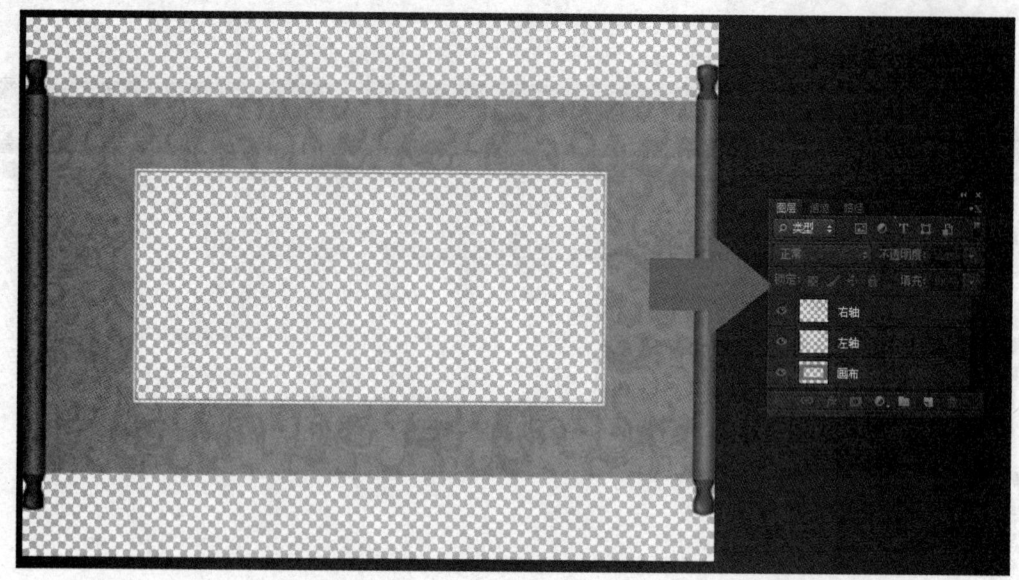

图 2-6

1）在“Project”调板空白处单击，执行“File”→“Import”命令（或按<Ctrl+I>组合键），打开“Import”（导入素材）对话框。在对话框中找到配套素材“Ch03”文件夹中的“素材”文件夹，打开后，选中“画轴.psd”文件，单击“Import”对话框的“打开”按钮，如图2-7所示。

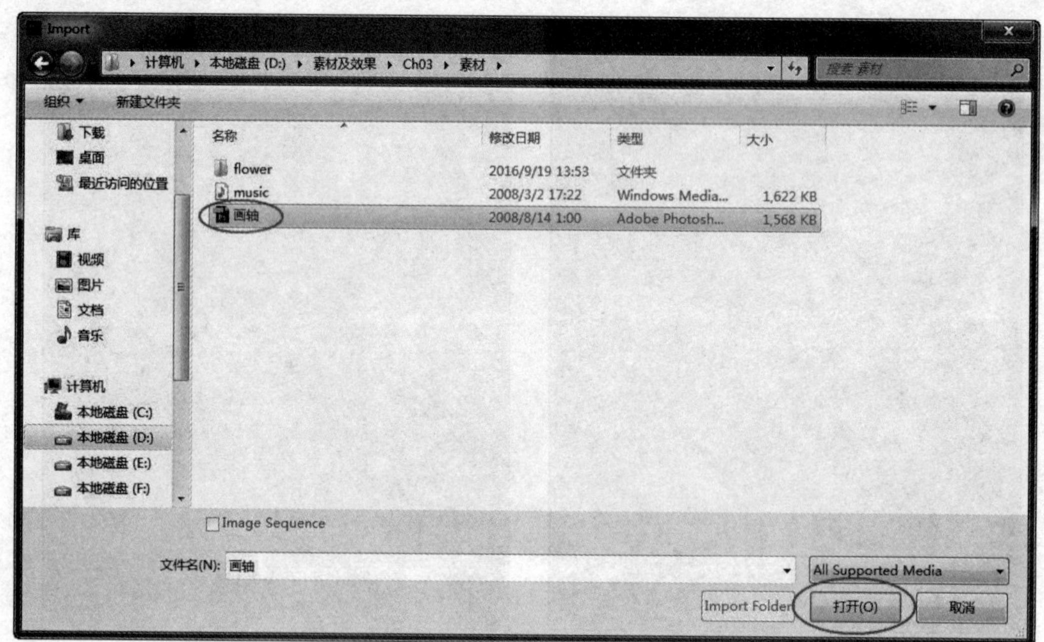

图 2-7

此时，会弹出“Import Layered File”（导入分层文件）对话框，如图2-8所示。

2）在“Import Layered File”对话框的“Import As”下拉列表框中，选择“Sequence”（序列），然后单击“OK”按钮，如图2-9所示，即以序列的方式导入“画轴.psd”素材文件。

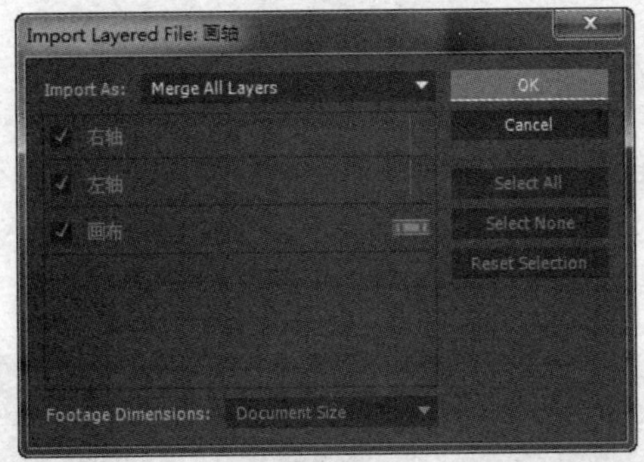

图 2-8

图 2-9

导入素材后的“Project”调板如图2-10所示。

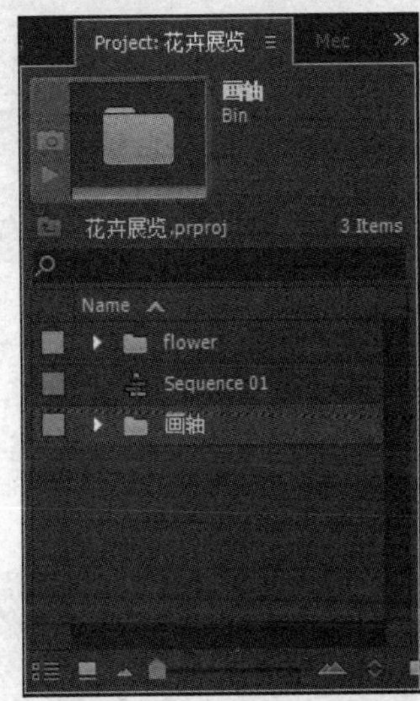

图 2-10

小提示

以序列方式导入素材后，在“Project”调板中会自动建立一个与源psd文件同名的素材箱。分层的psd文件会自动转化为同名的序列；层会转化为轨道中的静止图片素材，且保持着与源psd文件相同的图层排列顺序。如图2-11所示。

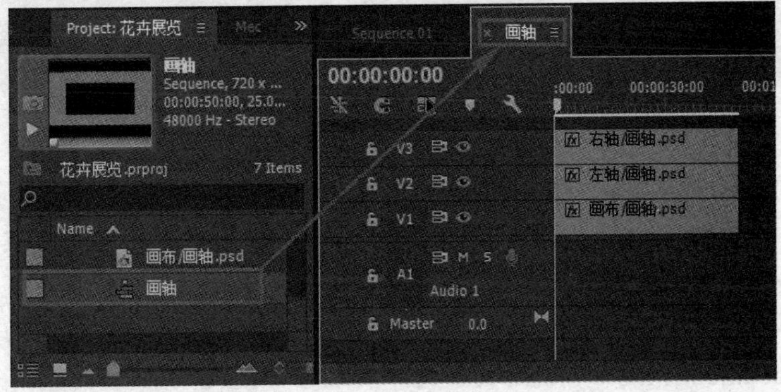

图 2-11

知识加油站

在“Import Layered File”对话框的“Import As”下拉列表框中，选择“Merge All Layers”（合并所有图层），则将psd文件中所有图层合并为一个层，以psd素材的方式导入，如图2-12所示。

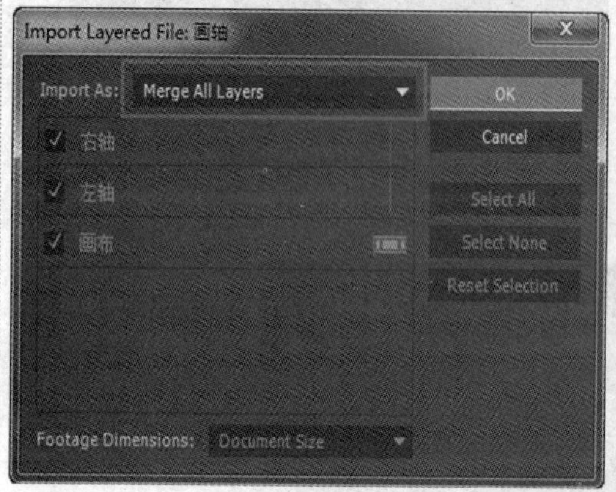

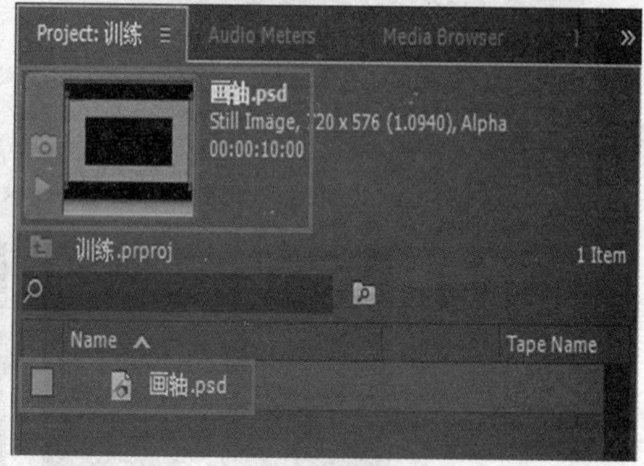

图 2-12

在“Import Layered File”对话框的“Import As”下拉列表框中，选择“Merged Layers”（合并图层），可通过下方的复选框来选择需要导入的psd图层，选中后的图层会合并为一个图层，以psd素材的方式导入，如图2-13所示。

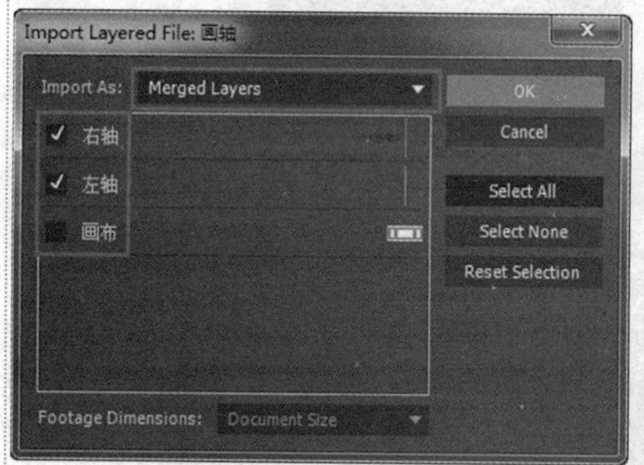

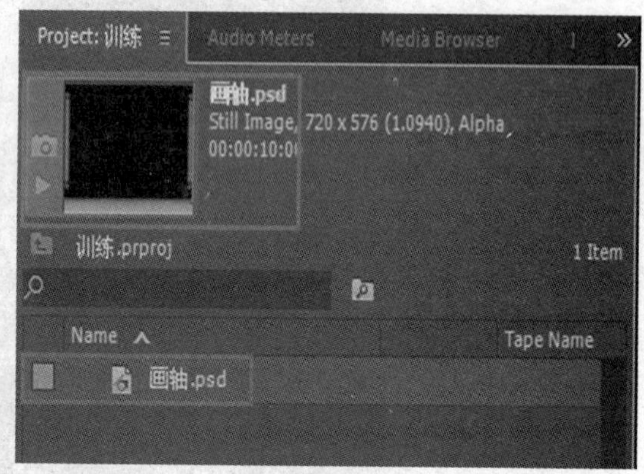

图 2-13

在“Import Layered File”对话框的“Import As”下拉列表框中，选择“Individual Layers”（单独图层），可通过下方的复选框来选择需要导入的psd图层，选中后的图层将分别以psd素材的方式导入，并存放于一个文件夹中。

选择了要导入的某个图层后，在“Footage Dimensions”的下拉列表框中，需要选择“Document Size”（使用文件尺寸）或者“Layer Size”（层尺寸），如图2-14所示。

图 2-14

3. 导入音频文件

在“Project”调板空白处单击，再执行“File”→“Import”命令（或按<Ctrl+I>组合键），打开“Import”（导入素材）对话框。在对话框中找到配套素材“Ch03”文件夹中的“素材”文件夹，打开后，选中“music.wma”文件，单击“Import”对话框的“打开”按钮，完成素材的导入。

三、制作画卷展开效果

1. “装配”画卷

1）在“Project”调板中展开“画轴”素材箱，单击选中“画布/画轴.psd”素材文件，并将其拖到“Timeline”（时间线）调板“Sequence 01”序列的“Video 1”轨道中，如图2-15所示。如果时间线调板中的素材不便于观察，则可以拖动调板左下方的“缩放滑块”改变时间标尺的显示比例。

2）将素材文件“左轴/画轴.psd”拖到“Timeline”（时间线）调板的“Video 2”轨道中；展开“flower”素材箱，将素材文件“01.jpg”拖到“Video 3”轨道中，如图2-16所示。

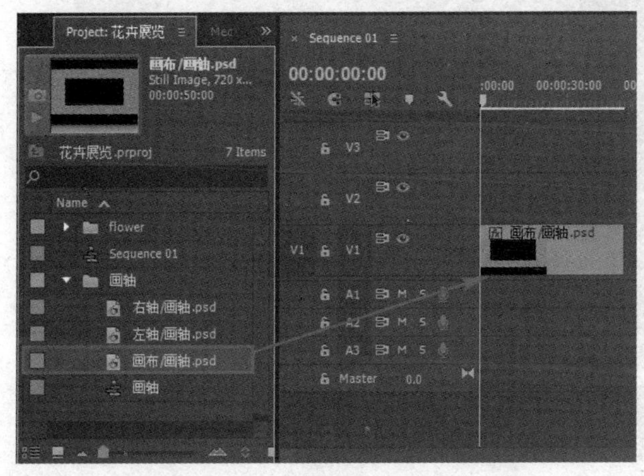

图 2-15

图 2-16

在时间线调板中素材“01.jpg”上单击鼠标右键，在弹出的快捷菜单中选择“Scale to

Frame Size”选项，以使其满屏显示，如图2-17所示。

图 2-17

小提示

由于图片素材“01.jpg”的图像尺寸为1024×768（在项目调板中的素材“01.jpg”上单击鼠标右键，在弹出的快捷菜单中选择“Properties”命令，新出现的窗口中会发现素材的相关信息），而项目设置中图像尺寸为720×576，如图2-18所示。显然，素材尺寸偏大，致使图片在“Program”调板中显示不全。

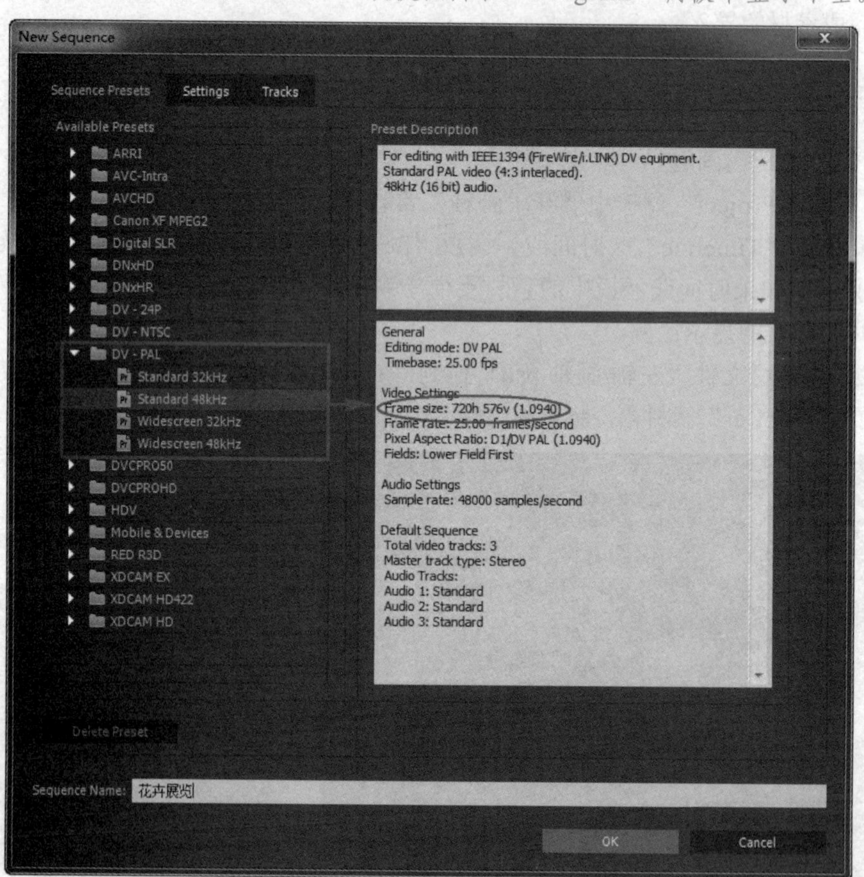

图 2-18

3）要制作由左向右展开的卷轴画，运动过程中，右侧画轴应压住画卷中的画面。所以，在“Timeline”（时间线）调板中，应使“右轴”轨道在“01.jpg”（画卷中的画面）轨道上方。

在“Project”调板中展开“画轴”素材箱，单击选中“右轴/画轴.psd”素材文件，并将其拖至“Timeline”（时间线）调板“Sequence 01”序列“Video 3”轨道的上方，如图2-19所示。

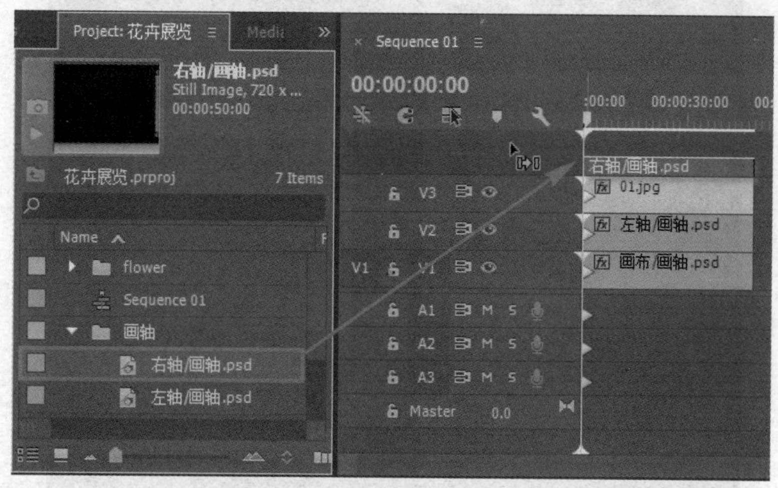

图 2-19

释放鼠标后，轨道“Video 3”的上方会新增一条“Video 4”视频轨道，且“右轴/画轴.psd”素材也已置入此轨道中。其在“Timeline”（时间线）调板和“Program”（节目监视器）调板中的效果如图2-20所示。

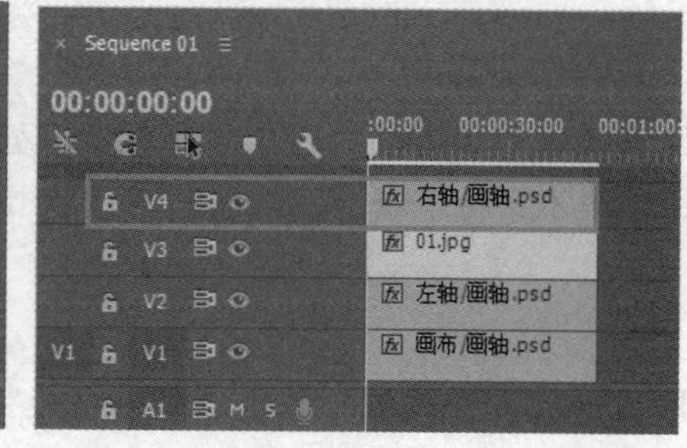

图 2-20

小提示

也可选择“Sequence”→“Add Tracks”命令（或在轨道控制区域单击鼠标右键，在弹出的快捷菜单中选择“Add Tracks”命令），添加一条视频轨道。再将“右轴/画轴.psd”素材文件拖到“Timeline”调板新增的轨道中。

2．调整画卷素材持续时间

制作意图说明：画卷用3s展开后，画卷中图片素材用1s由单色效果变为彩色；图片素材再用1s放大成全屏显示。所以，动画过程共需5s。

1）将当前时间指针移至00:00:05:00（5s）处，再移动鼠标到时间线“Video 1”轨道中素材“画布/画轴.psd”的右侧“出点”位置，会出现“剪辑出点”图标⇹，拖动其出点至时间指针处，即将其持续时间调整为5s，如图2-21所示。

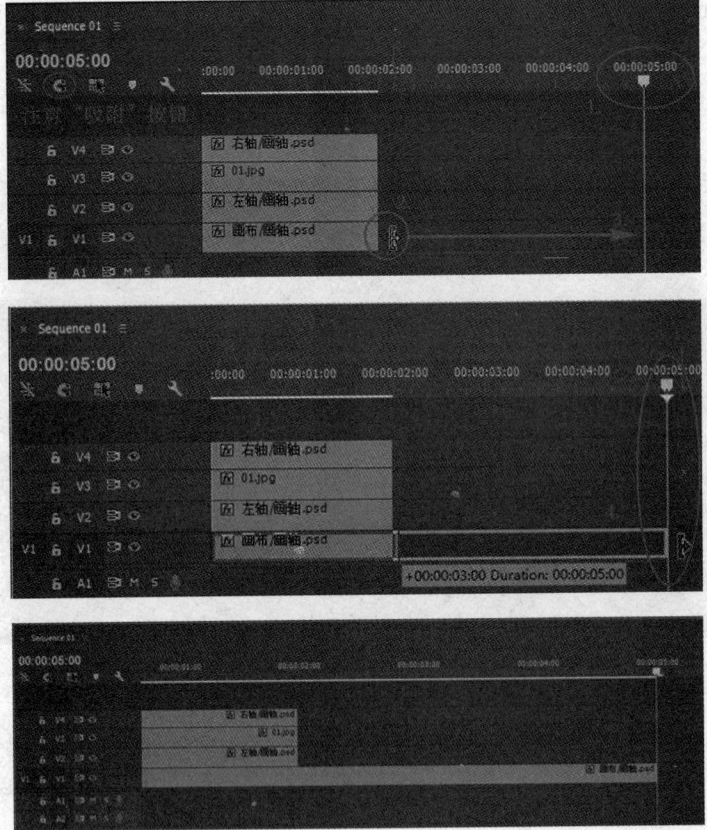

图 2-21

注意：

时间线调板中左上方的“吸附”按钮应处于按下的状态（Premiere默认），便于操作中的对位。如果不是按下状态，那么请单击将其按下。

知识加油站

利用“Timeline”调板的“自动吸附功能”，可以在移动素材片段时，使其与一些特殊的点进行自动对齐。比如，素材片段的入点、出点、当前时间指针处、标记点等。

2）用同样的方法，将“Video 2”轨道中的素材文件“左轴/画轴.psd”“Video 4”轨道中的素材文件“右轴/画轴.psd”的持续时间也调整为5s，如图2-22所示。

图 2-22

小提示

也可以同时选中“Video 1”轨道、“Video 2”轨道和“Video 4”轨道中的素材文件，然后拖动其出点至时间指针处，即可同时调整这3个素材文件的持续时间。

3）由于素材“01.jpg”在放大过程中应逐渐覆盖右侧的画轴，所以其放大动画（1s）需在另一轨道中制作。为此，将其持续时间调整为4s，如图2-23所示。

图 2-23

3. 调整画卷中图片的大小和颜色

1）单击选中“Video 3”轨道中的“01.jpg”素材，在“Effect Controls”（效果控制）调板中展开“Motion”项，取消“Scale”（比例）属性下的“Uniform Scale”（等比例）复选框的勾选，设置“Scale Height”的值为“45”，设置“Scale Width”的值为“70”，效果如图2-24所示。

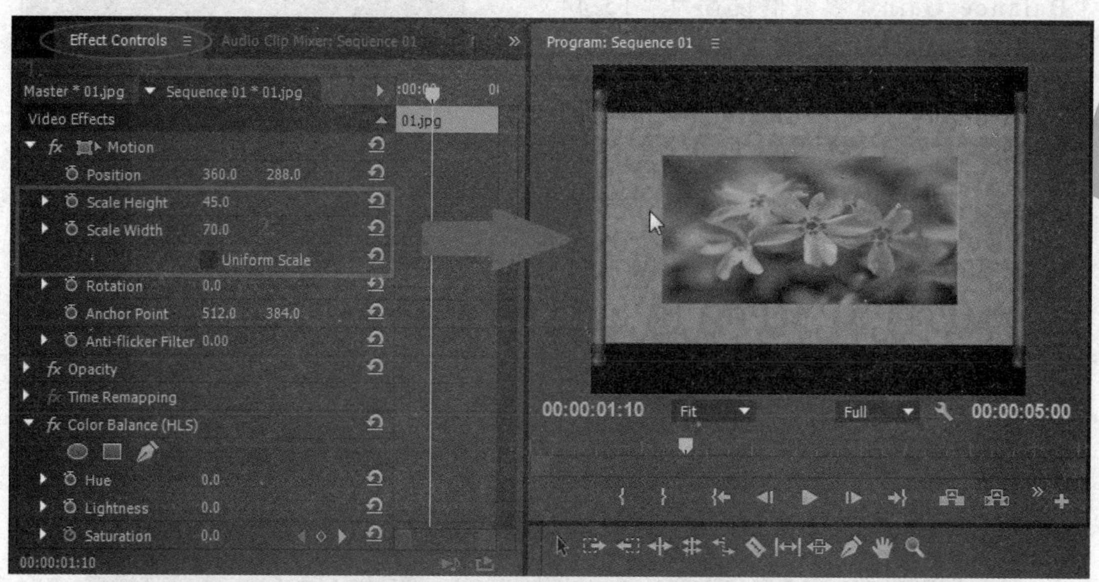

图 2-24

2）在“Effects”（效果）调板中，展开“Video Effects”文件夹中的“Color Correction”文件夹，将其中的“Color Balance（HLS）”效果拖到“Video 3”轨道中素材片段“01.jpg”上，如图2-25所示。

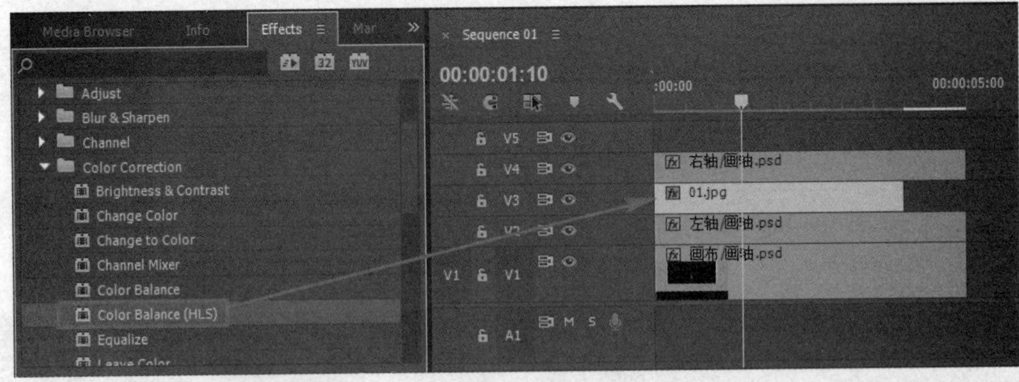

图 2-25

3）再将“Color Correction”文件夹中的“Fast Color Corrector”效果也拖到“Video 3”轨道中素材片段“01.jpg”上，此时“Effect Controls”（效果控制）调板如图2-26所示。

4）在“Effect Controls”（效果控制）调板中，展开“Color Balance（HLS）”效果，将其下的“Saturation”（饱和度）的值设为“-100”，如图2-27所示。

5）在“Effect Controls”（效果控制）调板中，展开“Fast Color Corrector”效果，分别将其下的“Balance Magnitude”参数值设置为“31.77”；“Balance Gain”参数值设置为“15.44”；“Balance Angle”参数值设置为“-106.1°”，如图2-28所示。

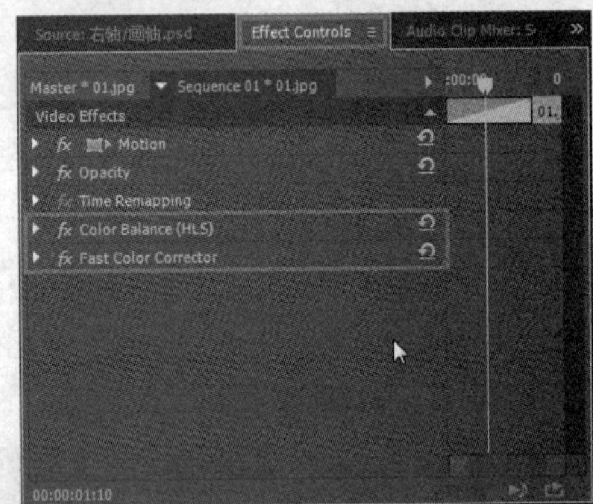

图 2-26

图 2-27

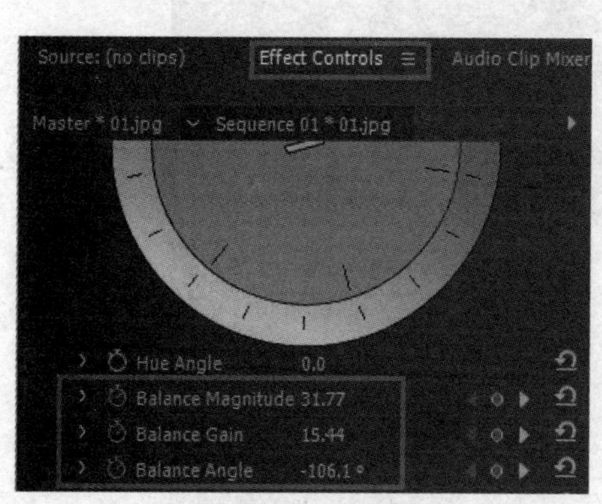

图 2-28

知识加油站

"Video Effects"的"Color Correction"文件夹中储存的是Premiere的调色效果。其中"Color Balance（HLS）"效果可以改变素材画面的色相、亮度和饱和度；"Fast Color Corrector"效果可以对素材片断整个范围的颜色和亮度进行快速调整。

4．添加转场效果，制作展开动画

1）在"Effects"（效果）调板中，展开"Video Transitions"文件夹中的"Page Peel"文件夹，将其中的"Roll Away"转场拖到"Video 1"轨道中素材"画布/画轴.psd"的入点处，如图2-29所示。

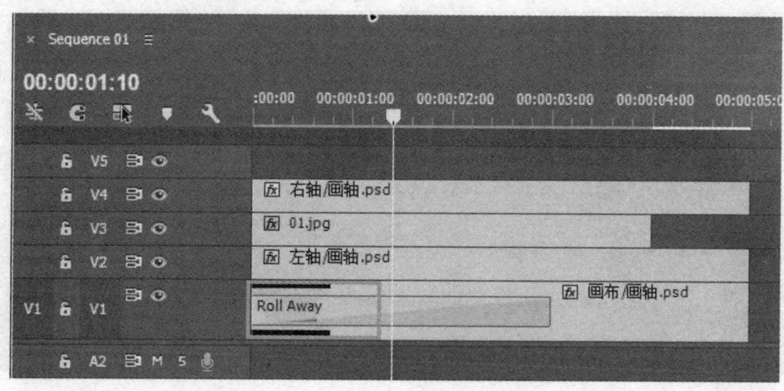

图 2-29

2）希望画卷展开的时间是3s，所以还需要对转场持续时间进行调整。

在"Timeline"（时间线）调板中，双击刚添加的"Roll Away"转场，调出"Effect Controls"（效果控制）调板，将"Duration"（转场时间）设置为"00:00:03:00"（即3s），如图2-30所示。

3）用同样的方法，将"Roll Away"转场拖到"Video 3"轨道中素材"01.jpg"的入点处，并将其转场持续时间也调整为3s，如图2-31所示。

此时，"Program"调板中的播放效果如图2-32所示。

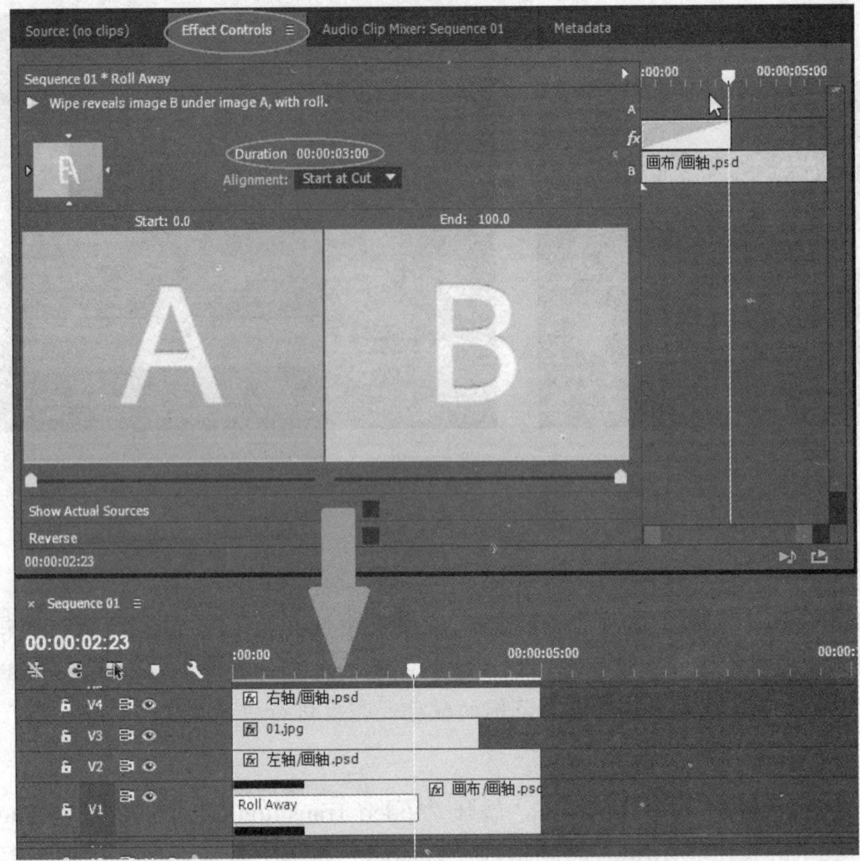

图 2-30

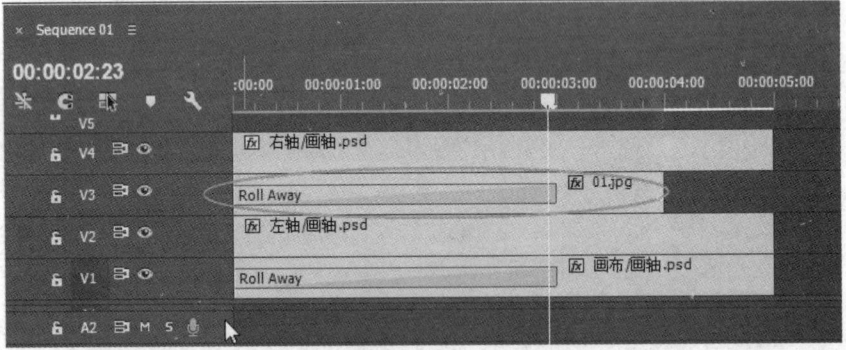

图 2-31

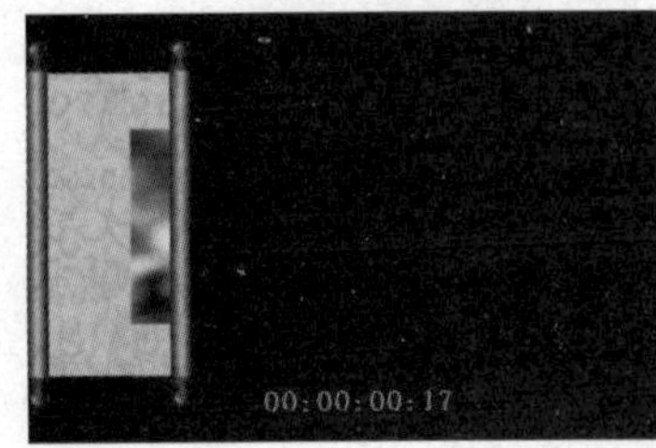

图 2-32

5．制作右侧画轴的位移动画

1）将当前时间指针置于00:00:00:00处，单击选中“Video 4”轨道中的“右轴/画轴.psd”素材，在“Effect Controls”（效果控制）调板中展开“Motion”项，在“Position”（位置）的第一个参数“360.0”上单击鼠标左键，将其设置修改为“-337.0”。

小提示

“Position”（位置）的2个参数分别代表素材的X坐标和Y坐标。修改这2个参数，可以改变素材在屏幕中的位置。

单击“Position”（位置）左边的“开关动画”按钮，开启此属性动画设置，即设置第1个关键帧，如图2-33所示。

2）将当前时间指针置于00:00:03:00处，将“Position”（位置）的第1个参数（即刚才的X坐标值）设置修改为“360.0”，“Position”属性会自动产生第2个关键帧，此时，会使“右轴/画轴.psd”素材产生由左向右的运动动画，如图2-34所示。

“Program”调板中的播放效果如图2-35所示。

从图2-35中可以看出，随着画轴的运动，“画卷”逐渐展开了，美丽的图画呈现在眼前。

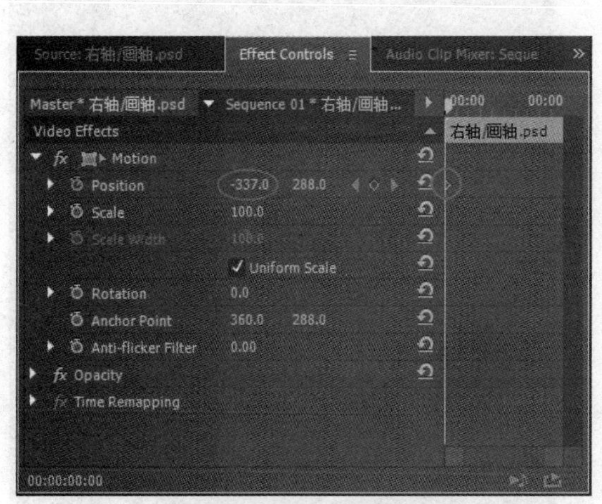

图　2-33

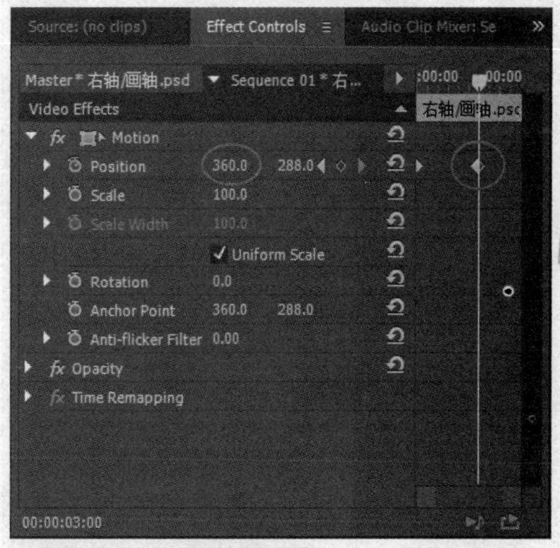

图　2-34

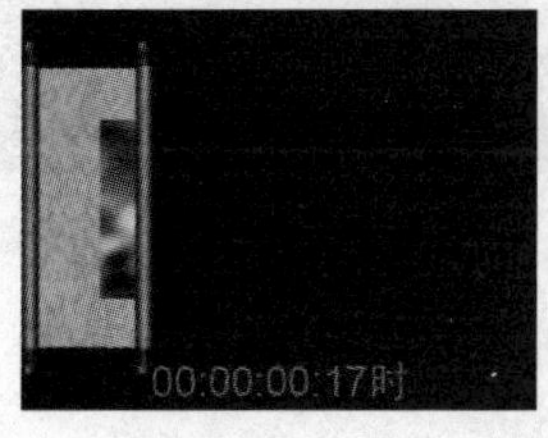

图　2-35

四、制作画卷中画面变色及放大动画

1. 画面由单色变为彩色

1）将当前时间指针置于00:00:03:00处，单击选中“Video 3”轨道中的“01.jpg”素材，在“Effect Controls”（效果控制）调板中，展开“Color Balance（HLS）”效果，单击其下的“Saturation”（饱和度）左边的“开关动画”按钮，开启此属性动画设置，即设置第1个关键帧；再在此调板中展开“Fast Color Corrector”效果，分别单击其下“Balance Magnitude”“Balance Gain”“Balance Angle”属性前的“开关动画”按钮，开启其动画设置，即设置关键帧，如图2-36所示。

2）将当前时间指针置于00:00:03:24处，将“Color Balance（HLS）”效果中的“Saturation”（饱和度）的值设为“0”；将“Fast Color Corrector”效果中的“Balance Magnitude”参数值设置为“0”；“Balance Gain”参数值设置为“20”；“Balance Angle”参数值设置为“0°”。自动产生第2个关键帧，如图2-37所示。

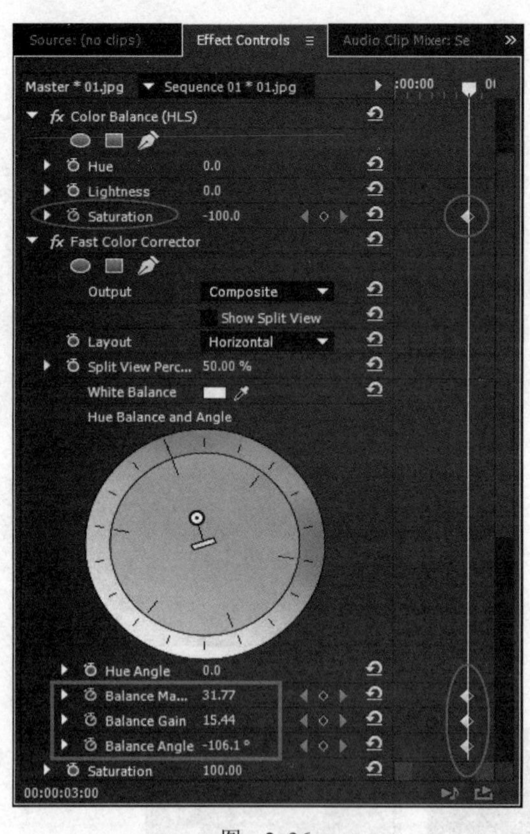

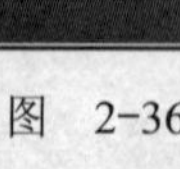

图 2-36

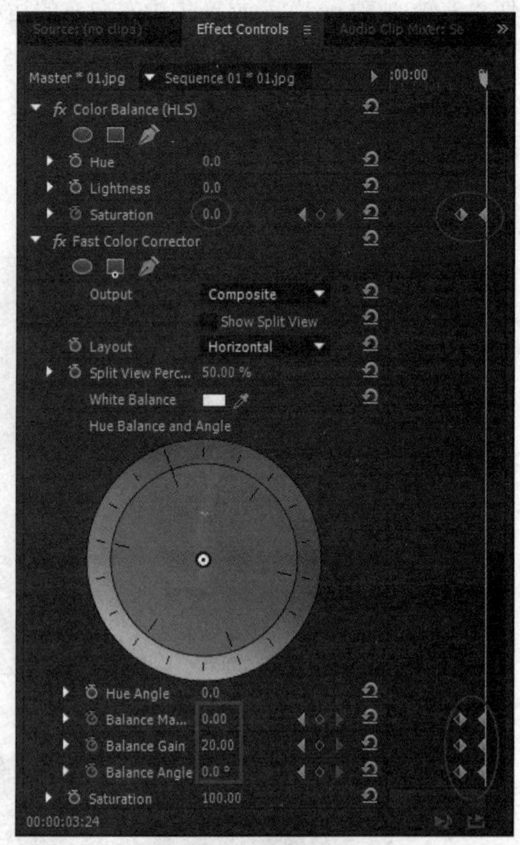

图 2-37

2. 画面放大动画

1）将当前时间指针置于00:00:04:00处，从“Project”调板的“flower”素材箱中，将素材文件“01.jpg”拖到“Video 4”轨道上方空白的当前时间指针处，释放鼠标后，轨道“Video 4”的上方会新增一条“Video 5”视频轨道，且“01.jpg”素材也置入此轨道当前时间指针处，如图2-38所示（注意：时间线调板中左上方的“吸附”按钮，应处于按下的状态）。

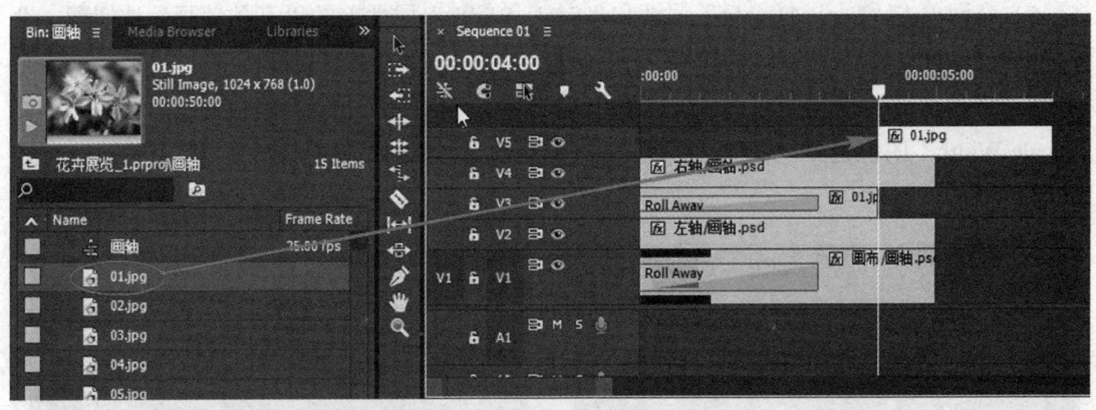

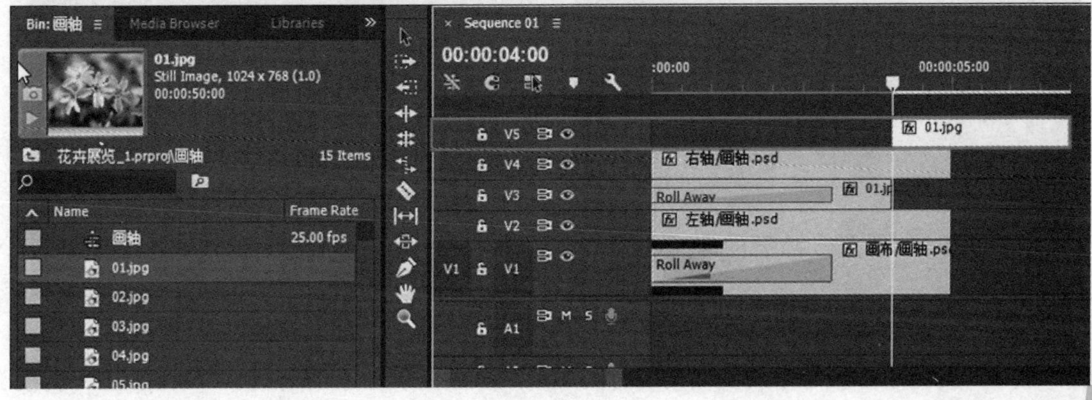

图 2-38

2）在“Video 5”轨道中素材“01.jpg”上单击鼠标右键，在弹出的快捷菜单中选择“Scale to Frame Size”命令，以使其满屏显示。

3）运用前面的方法，在“Timeline”调板中拖动此素材的出点至00:00:07:00处，即将其持续时间调整为3s，如图2-39所示。

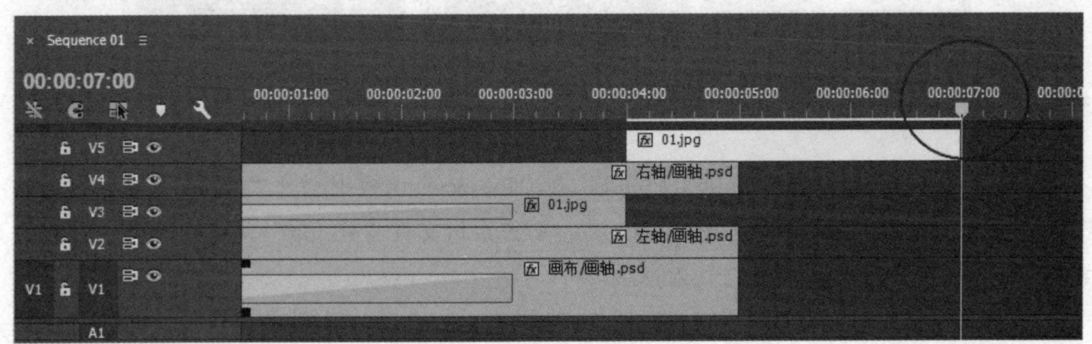

图 2-39

4）调整此素材大小：将当前时间指针置于00:00:04:00处，在“Effect Controls”（效果控制）调板中展开“Motion”项，取消“Scale”（比例）属性下的“Uniform Scale”（等比例）复选框的勾选，设置“Scale Height”的值为“45”，设置“Scale Width”的值为“70”。

5）分别单击“Scale Height”属性和“Scale Width”属性前的“开关动画”按钮，设置关键帧，如图2-40所示。

6）将当前时间指针置于00:00:05:00处，设置“Scale Height”的值为“100”，设置“Scale Width”的值也为“100”，即恢复图片的大小。此时，会自动产生第2个关键帧，如图2-41所示。

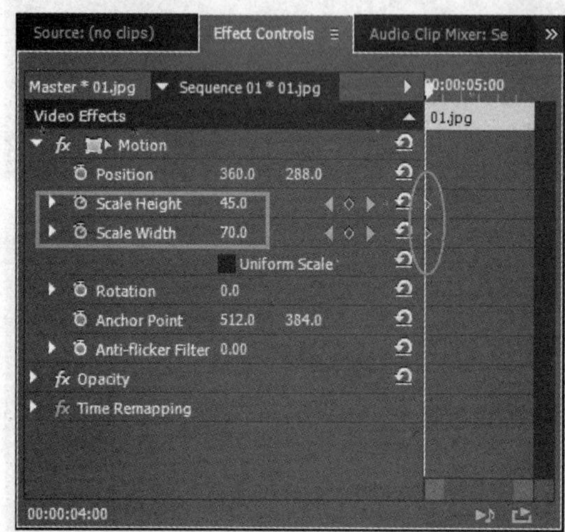

图 2-40

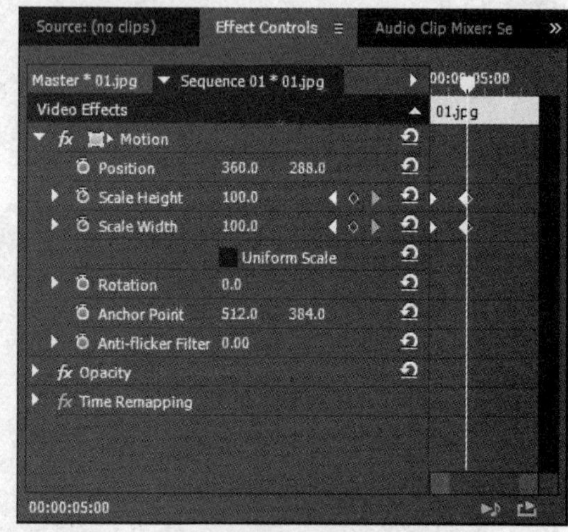

图 2-41

这样，就完成了画卷中的画面用1s时间逐渐放大到全屏显示的动画。“Program”调板中的播放效果如图2-42所示。

图 2-42

五、加入各花卉图片

1）将当前时间指针置于00:00:07:00处，在“Project”调板中展开“flower”素材箱，单击选中素材文件“02.jpg”，再按<Shift>键，单击素材文件“10.jpg”。这样，可同时选中素材“02.jpg”～“10.jpg”共9个文件。

2）将这9个文件一起拖到“Video 5”轨道中“01.jpg”素材文件的出点处，即当前时间指针处，完成素材的组接，如图2-43所示。

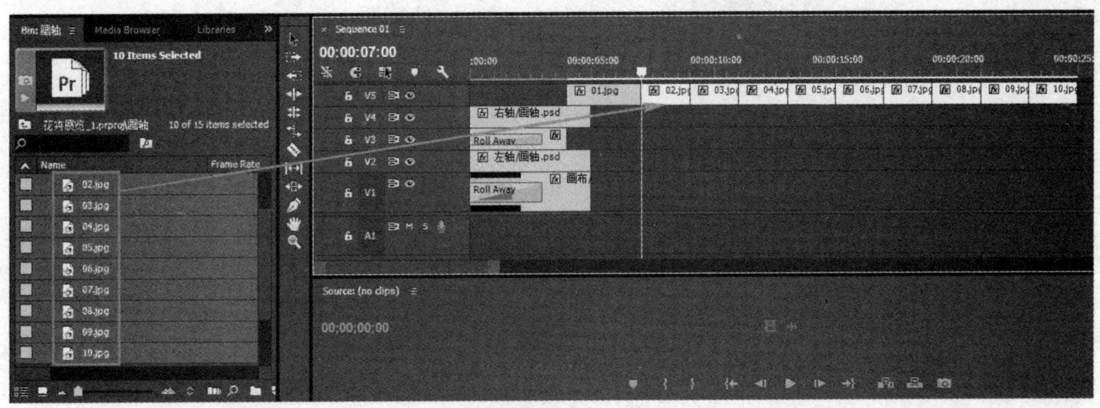

图 2-43

此时，“Timeline”调板如图2-44所示。

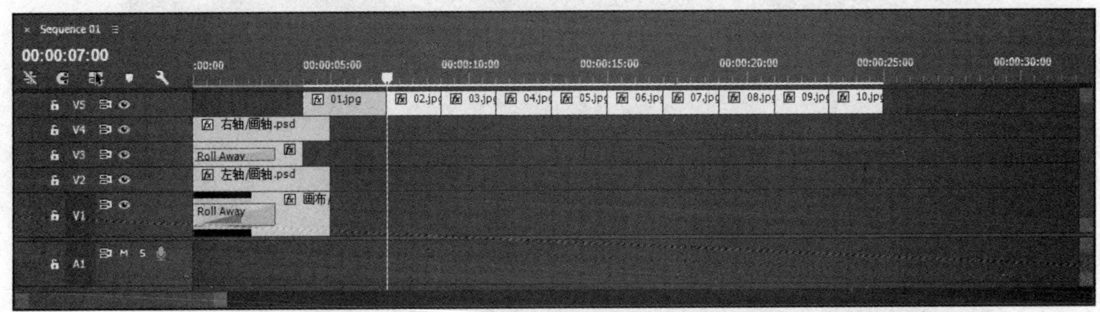

图2-44

在“Project”调板中选择素材时，可以同时选中多个素材，然后一同拖到“Timeline”调板的轨道中，实现多个文件的插入，提高制作效率。

3）因为这9个图片素材的画面尺寸均为1024×768，所以也要将它们调整为满屏显示。

在“Timeline”调板中使用“选择工具”拖曳出一个区域，将素材片段“02.jpg”～“10.jpg”同时选中，如图2-45所示。

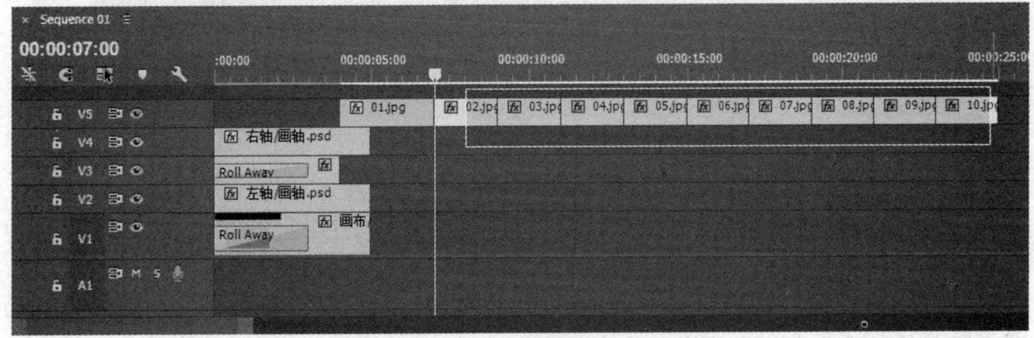

图 2-45

在选中的某一素材上单击鼠标右键，在弹出的快捷菜单中选择“Scale to Frame Size”选项，使这些素材片段全部满屏显示。

六、为各花卉图片加入转场效果

各图片间的转场时间都是1s，而且本例中添加的转场数量较多，所以，可先调整Premiere的默认转场持续时间，然后再为图片间添加转场。

1. 调整默认转场持续时间

执行“Edit”→“Preferences”→“General”命令，打开“Preferences”对话框。将“Video Transition Default Duration”项的数值设置为“25”（即将默认转场持续时间设置为25帧——1s），如图2-46所示，单击“OK”按钮关闭对话框。

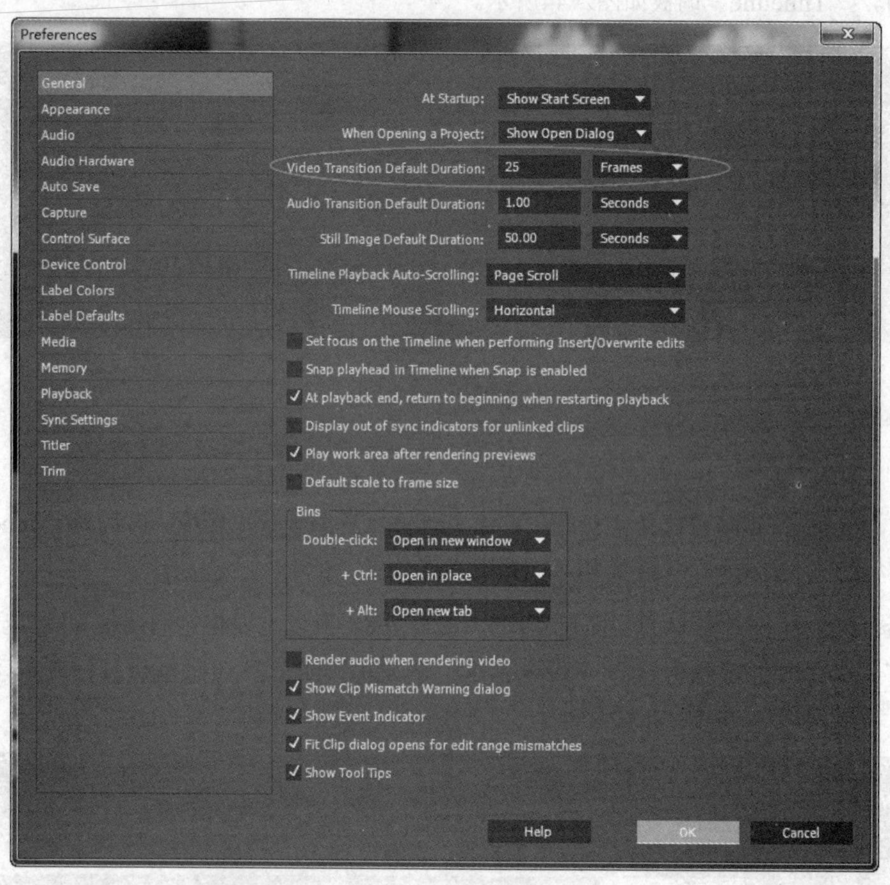

图 2-46

知识加油站

在“Preferences”对话框中，“Audio Transition Default Duration”项的数值为默认的音频转场持续时间。更改此数值，可对以后添加在音频素材片段上的转场产生影响。

2．添加转场效果

1）在“Effects”（效果）调板中，展开“Video Transitions”文件夹中的“3D Motion”文件夹，将其中的“Cube Spin”转场拖到“Video 5”轨道中素材“01.jpg”和素材“02.jpg”的中间，如图2-47所示。

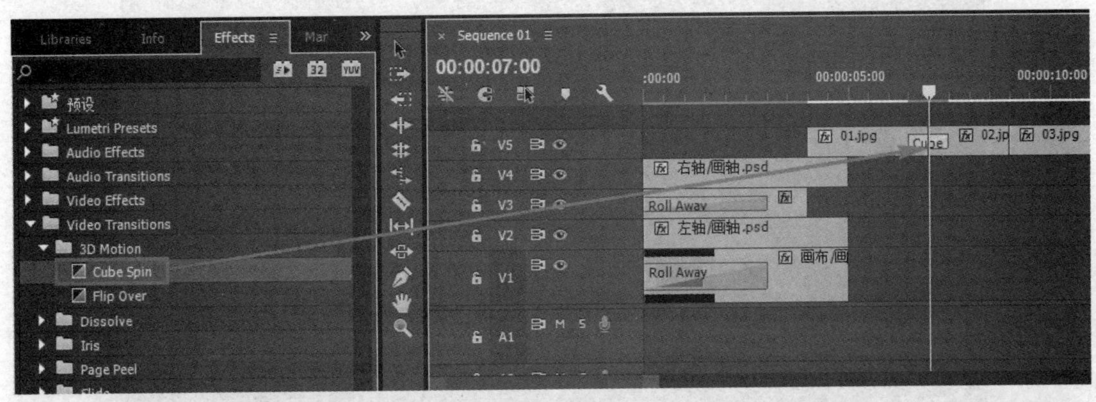

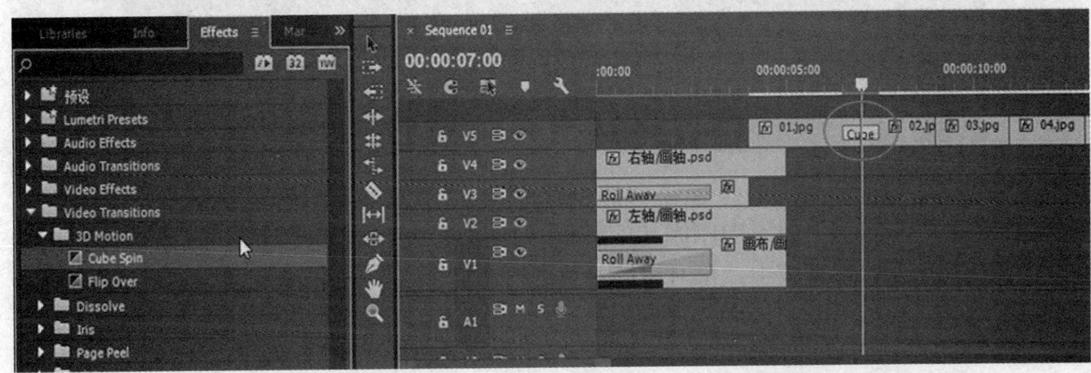

图 2-47

“Program”调板中的播放效果如图2-48所示。

图 2-48

知识加油站

当把某个转场从“Effects”（效果）调板拖到“Timeline”调板中2个素材片段间切线处的不同区域时，鼠标右下角会出现3种不同的图标，如图2-49所示。

图2-49中由上到下分别表示：转场的结束点与前一个素材片段的出点对齐、转场与两个素材间的切线居中对齐、转场的起始点与后一个素材片段的入点对齐。

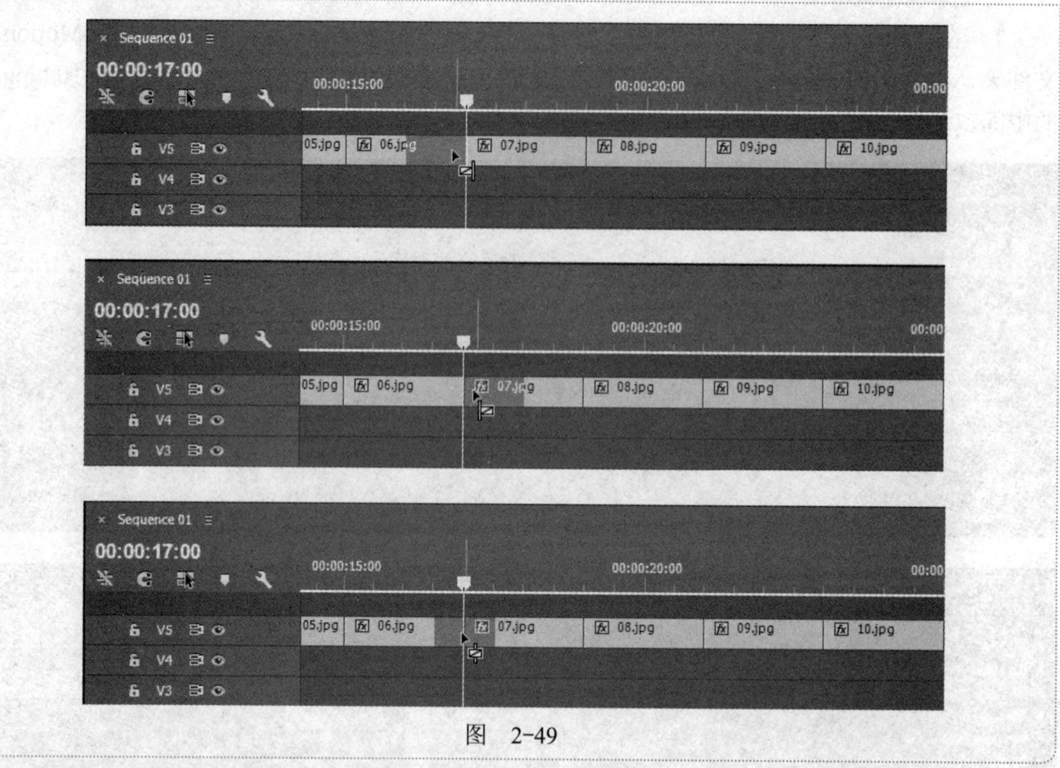

图 2-49

2）双击“Video 5”轨道中刚添加的转场，打开其“Effect Controls”（效果控制）调板，如图2-50所示。在调板中，可对转场参数进行调整。

说明：本例中，使用该转场的默认参数，不对其进行任何修改。

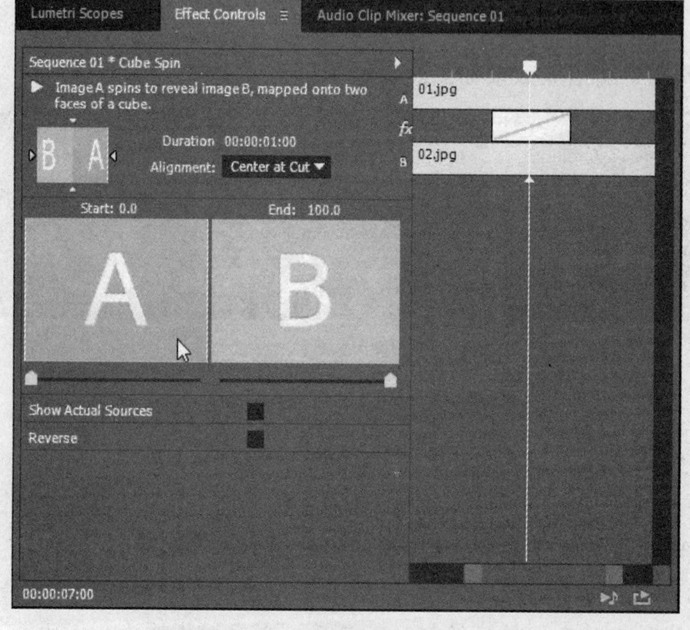

图 2-50

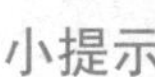
小提示

在调板中可通过修改“Duration”数值来改变转场的持续时间。

如图2-51所示，在“Alignment”右侧下拉列表框中，可选择转场的对齐方式；在图中圆圈标注的区域，可单击三角按钮改变转场方向；下方的“Show Actual Sources”复选框，代表是否显示画面素材；“Reverse”表示对转场进行翻转。

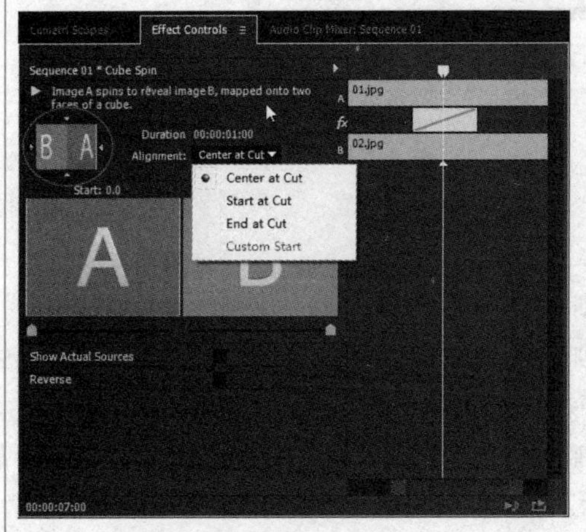

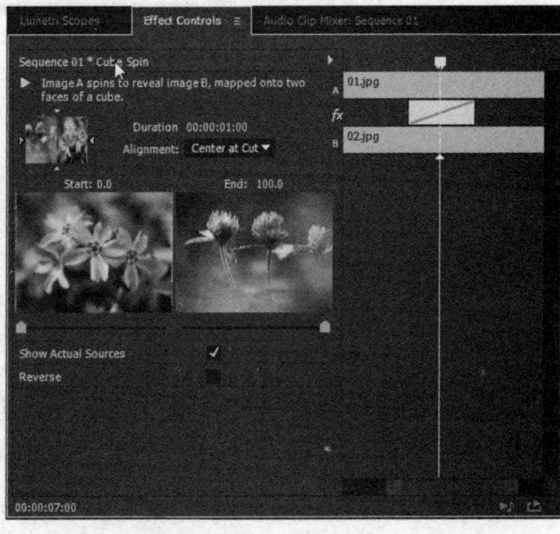

图 2-51

注意：不同的转场效果，其“Effect Controls”（效果控制）调板所显示的内容、参数选项也是有所不同的。

3）在“Effects”（效果）调板中，展开“Video Transitions”文件夹中的“Iris”文件夹，将其中的“Iris Star”转场拖到“Video 5”轨道中素材“02.jpg”和素材“03.jpg”的中间，如图2-52所示。

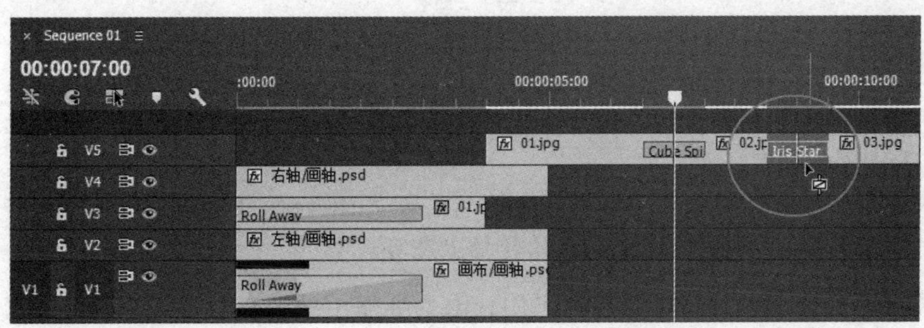

图 2-52

4）采用上面的方法，在素材“03.jpg”～素材“10.jpg”之间，分别加入如下的转场效果（共7种）。

素材“03.jpg”和素材“04.jpg”间，加入“Slide”文件夹中的“Slash Slide”转场。

素材“04.jpg”和素材“05.jpg”间，加入“Slide”文件夹中的“Swap”转场。

素材“05.jpg”和素材“06.jpg”间，加入“Wipe”文件夹中的“Gradient Wipe”转场，在弹出的“Gradient Wipe Settings”对话框中，直接单击“OK”按钮，如图2-53所示。

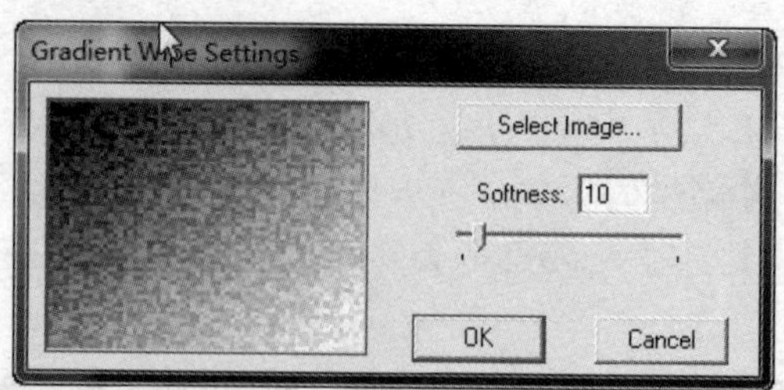

图 2-53

小提示

单击“Select Image”按钮，可打开“选择图片”对话框，以选择新的渐变划像转场用辅助图片；修改“Softness”数值或拖动滑块，可以调节渐变划像的柔和度。

素材“06.jpg”和素材“07.jpg”间，加入“Wipe”文件夹中的“Random Wipe”转场。

素材“07.jpg”和素材“08.jpg”间，加入“Stretch”文件夹中的“Stretch In”转场。

素材“08.jpg”和素材“09.jpg”间，加入“Wipe”文件夹中的“Venetian Blinds”转场。

素材“09.jpg”和素材“10.jpg”间，加入“Zoom”文件夹中的“Cross Zoom”转场。

此时，“Timeline”调板如图2-54所示。

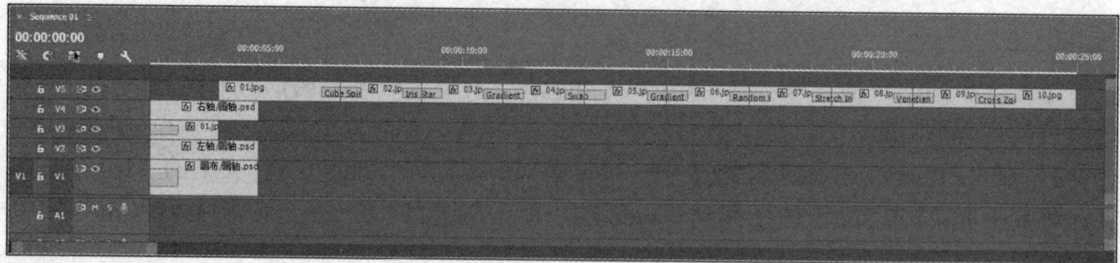

图 2-54

知识加油站

如果想要删除添加到素材片段上的转场效果，在“Timeline”调板中，单击选中此转场，按<Delete>键即可。

如果想用另一种转场来替换当前的转场，则从“Effects”（效果）调板中，将所需的转场拖到“Timeline”调板轨道中原来的转场上即可。

5）需要有一幅图片在持续2s后，再用1s由全屏缩小到画卷的中央。所以，向“Video 5”轨道中插入一个3s长的图片素材。

① 在“Project”调板中，展开“flower”素材箱，将素材文件“01.jpg”拖到“Video 5”轨道中素材片段“10.jpg”后面。

② 拖动素材文件“01.jpg”右侧出点至00:00:28:00处，即将其持续时间设为3s。

③ 在素材文件“01.jpg”上单击鼠标右键，在弹出的快捷菜单中选择“Scale to Frame Size”命令，使其满屏显示。

④ 在“Effects”（效果）调板中，展开“Video Transitions”文件夹中的“Wipe”文件夹，将其中的“Pinwheel”转场拖到“Video 5”轨道中素材“10.jpg”和素材“01.jpg”的中间，如图2-55所示。

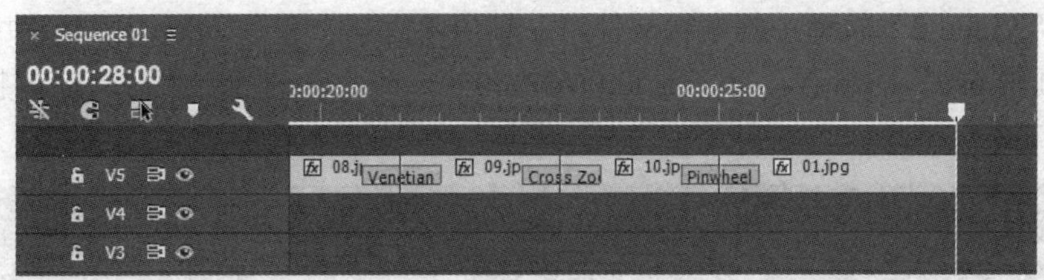

图 2-55

七、制作图片缩小及颜色变化动画

制作意图说明：使最后一幅图片用1s时间由全屏缩小至画卷中央，再用1s时间由彩色变为单色，从而与影片开头效果相呼应。

1. 再次“装配”画卷

1）将当前时间指针置于00:00:27:00处，在“Project”调板中展开“画轴”素材箱，单击选中“画布/画轴.psd”素材文件，并将其拖到“Video 1”轨道中的时间指针处。

2）将素材文件“左轴/画轴.psd”拖到“Video 2”轨道中，素材文件“右轴/画轴.psd”拖到“Video 4”轨道中。

3）由于图片在1s后才进行变色，所以，先将当前时间指针置于00:00:28:00处，展开“flower”素材箱，再把素材文件“01.jpg”拖到“Video 3”轨道中的当前位置，如图2-56所示。

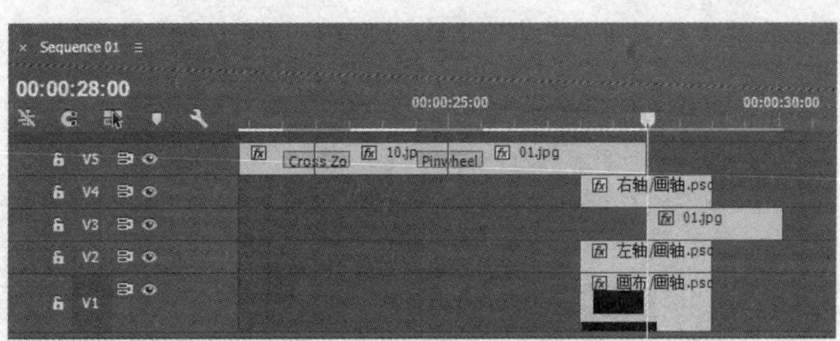

图 2-56

4）在“Video 3”轨道中素材文件“01.jpg”上单击鼠标右键，在弹出的快捷菜单中选择“Scale to Frame Size”命令，使其满屏显示。

2. 调整画卷持续时间

1）将“Video 1”轨道中的素材文件“画布/画轴.psd”和“Video 3”轨道中的素材文件“01.jpg”的出点，都拖到00:00:32:00处。即将它们的持续时间分别调整为5s和4s，如图2-57所示。

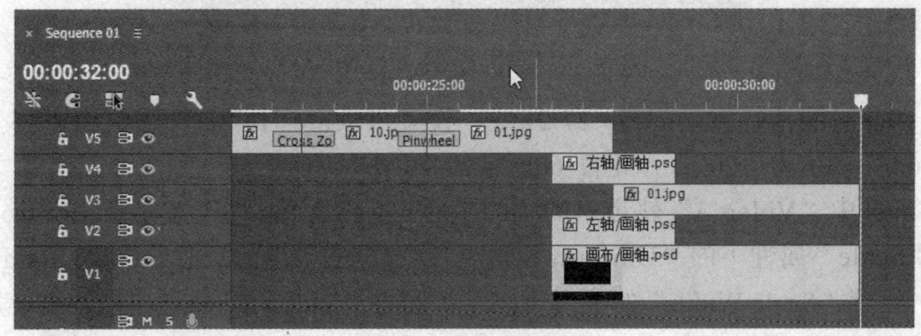

图 2-57

2）将“Video 2”轨道中的素材文件“左轴/画轴.psd”和“Video 4”轨道中的素材文件“右轴/画轴.psd”的出点，都拖到00:00:33:00处。即将它们的持续时间都调整为6s，如图2-58所示。

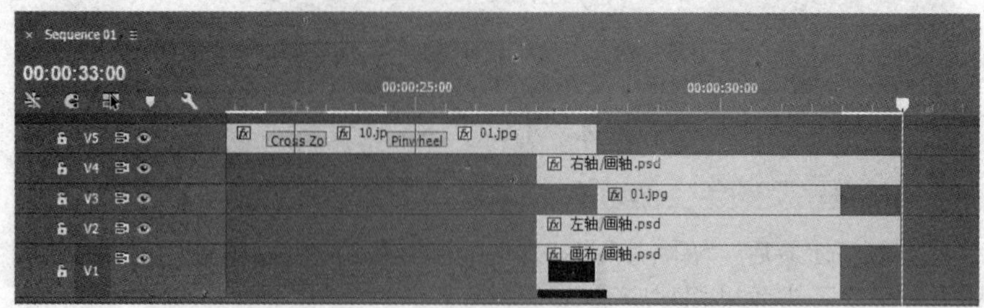

图 2-58

说明：多出来的1s用于制作2个画轴淡出的动画。

3. 制作图片缩小动画

1）将当前时间指针置于00:00:27:00处，单击选中“Video 5”轨道中的“01.jpg”素材文件，在“Effect Controls”（效果控制）调板中展开“Motion”项，取消“Scale”（比例）属性下的“Uniform Scale”（等比例）复选框的勾选。分别单击“Scale Height”属性和“Scale Width”属性前的“开关动画”按钮，设置关键帧，如图2-59所示。

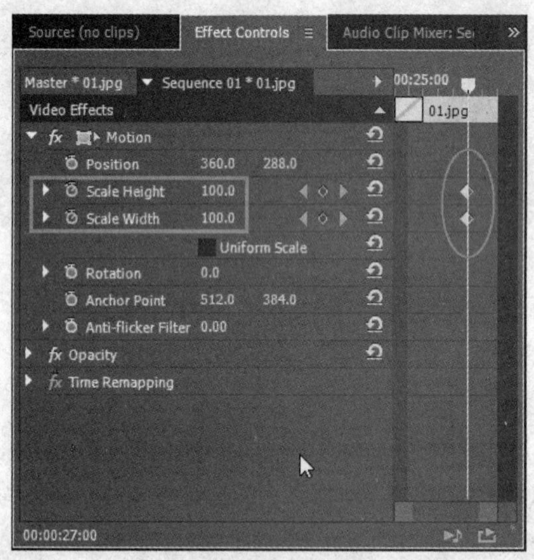

图 2-59

2）将当前时间指针置于00:00:27:24处，设置“Scale Height”的值为“45”，设置“Scale Width”的值为“70”，如图2-60所示。

3）单击选中“Video 3”轨道中的“01.jpg”素材文件，在“Effect Controls”调板中，取消“Scale”属性下的“Uniform Scale”复选框的勾选，设置“Scale Height”的值为“45”，设置“Scale Width”的值为“70”，即与“Video 5”轨道中图片缩小后的大小相一致。

图 2-60

4. 制作图片由彩色变为单色的动画

此动画与影片开头处的变色动画制作方法相同。

1）在“Effects”（效果）调板中，展开“Video Effects”文件夹中的“Color Correction”文件夹，将其中的“Color Balance（HLS）”效果拖到“Video 3”轨道中素材片段“01.jpg”上；再将“Fast Color Corrector”效果也拖到该素材片段上。

2）选中“Video 3”轨道中素材片段“01.jpg”，将当前时间指针置于00:00:28:00处，在“Effect Controls”（效果控制）调板中，展开“Color Balance（HLS）”效果，单击其下的“Saturation”（饱和度）左边的“开关动画”按钮，设置第1个关键帧；再在此调板中展开“Fast Color Corrector”效果，分别单击其下“Balance Magnitude”“Balance Gain”“Balance Angle”属性前的“开关动画”按钮，也设置关键帧。

3）将当前时间指针置于00:00:29:00处，将“Color Balance（HLS）”效果下的“Saturation”（饱和度）的值设为“-100”；分别将“Fast Color Corrector”效果下的“Balance Magnitude”参数值设置为“31.77”；“Balance Gain”参数值设置为“15.44”；“Balance Angle”参数值设置为“-106.1”，自动产生第2个关键帧，如图2-61所示。

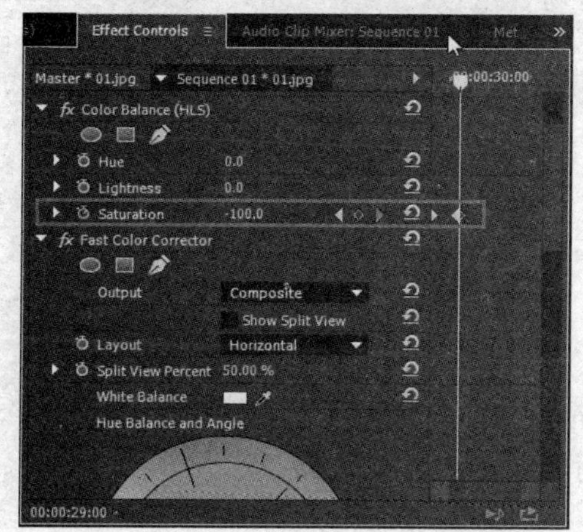

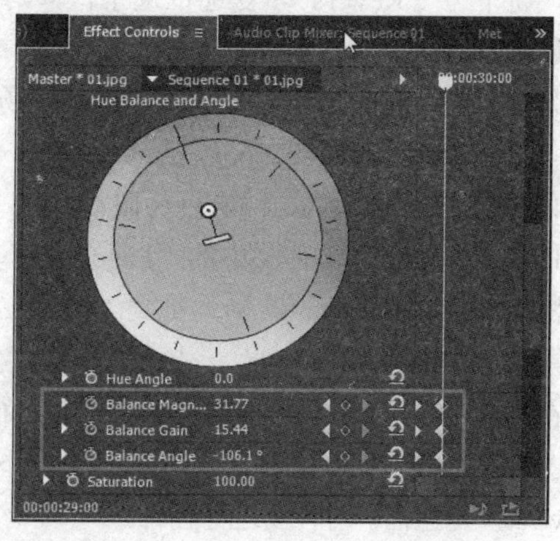

图 2-61

八、制作画卷“卷起”的效果

实现效果：画卷由右向左逐渐“卷起”。

1. 添加转场效果

1）在“Effects”（效果）调板中，展开“Video Transitions”文件夹中的“Page Peel”文件夹，将其中的“Roll Away”转场拖到“Video 1”轨道中素材“画布/画轴.psd”的出点处，如图2-62所示。

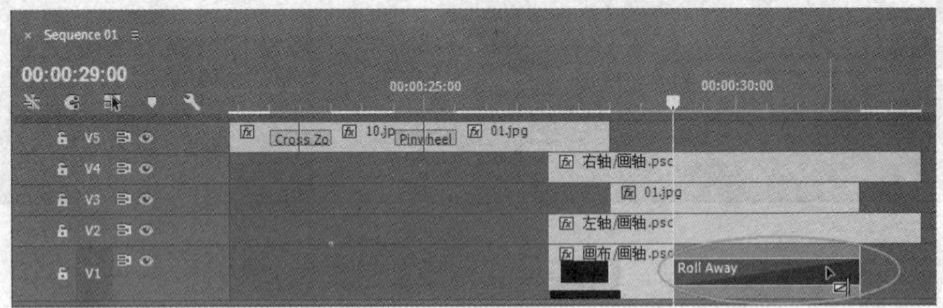

图 2-62

2）在“Video 1”轨道中，双击刚添加的转场，打开其“Effect Controls”（效果控制）调板，将“Duration”（转场时间）设置为“00:00:03:00”（即3s）。

3）拖动时间指针进行预览，发现画卷转场是由左向右进行的，与需要的效果相反，如图2-63所示。

图 2-63

因此，在“Effect Controls”（效果控制）调板中，将下方“Reverse”复选框选中，即对转场进行翻转，如图2-64所示。

此时，拖动时间指针进行预览，画卷转场效果由右向左“卷起”，如图2-65所示。

4）在“Effects”（效果）调板中，展开“Video Transitions”文件夹中的“Page Peel”文件夹，将其中的“Roll Away”转场拖到“Video 3”轨道中素材“01.jpg”的出点处。

在其“Effect Controls”调板中，将“Duration”数值也设置为“00:00:03:00”（即3s），选择下方的“Reverse”复选框，对转场进行翻转。

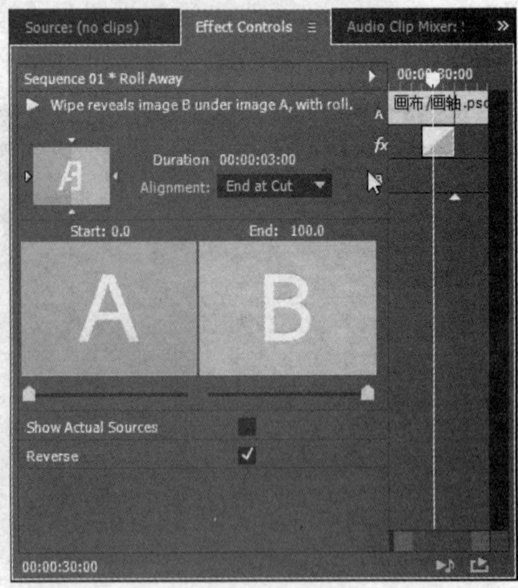

图 2-64

图 2-65

2. 制作右侧画轴的位移动画

1）将当前时间指针置于00:00:29:00处，单击选中“Video 4”轨道中的“右轴/画轴.psd”素材文件。在其“Effect Controls”调板中展开“Motion”项，单击“Position”（位置）左边的“开关动画”按钮，开启此属性动画设置，即设置第1个关键帧。

2）将当前时间指针置于00:00:32:00处，在“Effect Controls”调板中设置“Position”的第1个参数（X坐标）值为“-337.0”，完成动画的制作。

拖动时间指针进行预览，效果如图2-66所示。

图 2-66

九、加入背景音乐

1）拖动“Timeline”调板左下方的“缩放滑块”改变时间标尺的显示比例，使素材在调板中全部显示，以方便观察。

2）从“Project”调板中将音频素材文件“music.wma”，拖至“Timeline”调板“Audio 1”（音频）轨道中。注意，素材的入点应在影片开始处，即00:00:00:00处，如图2-67所示。

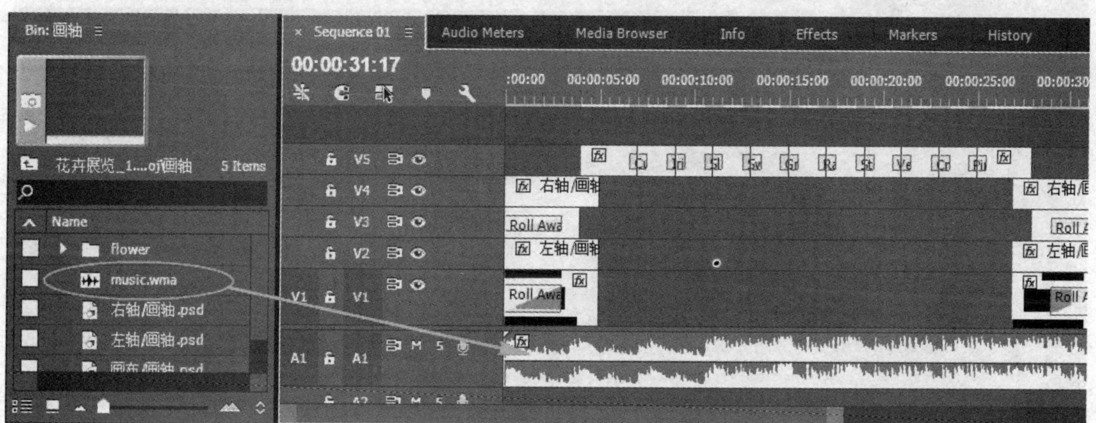

图 2-67

3）将当前时间指针置于00:00:33:00处，拖动“Timeline”调板左下方的“缩放滑块”改变时间标尺的显示比例，以便于编辑操作。

单击工具调板（工具箱）中的“剃刀工具”，在素材文件“music.wma”上当前时间指针处单击鼠标左键，对其进行分割，即将素材文件“music.wma”在00:00:33:00处分割，如图2-68所示。

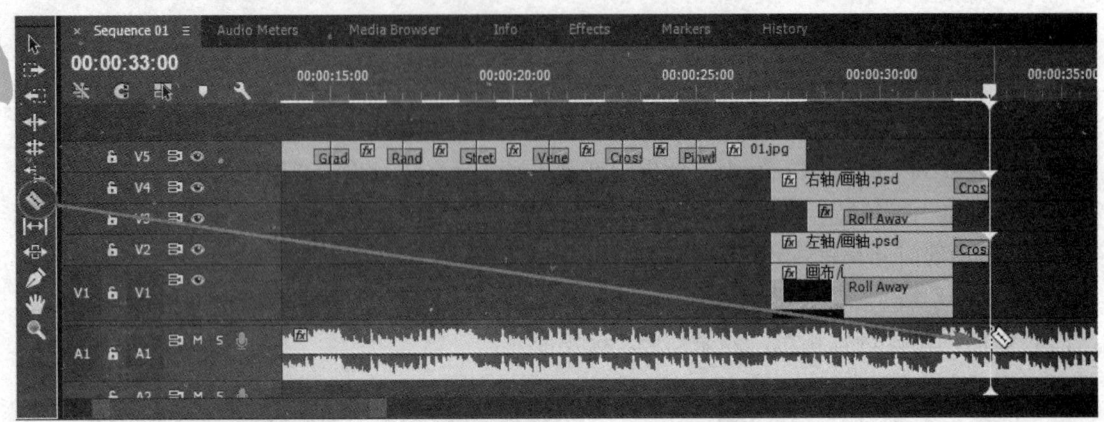

图 2-68

4）单击工具调板（工具箱）中的“选择工具”，再单击素材文件“music.wma”的后半部分，将其选中，按<Delete>键将其删除，如图2-69所示。

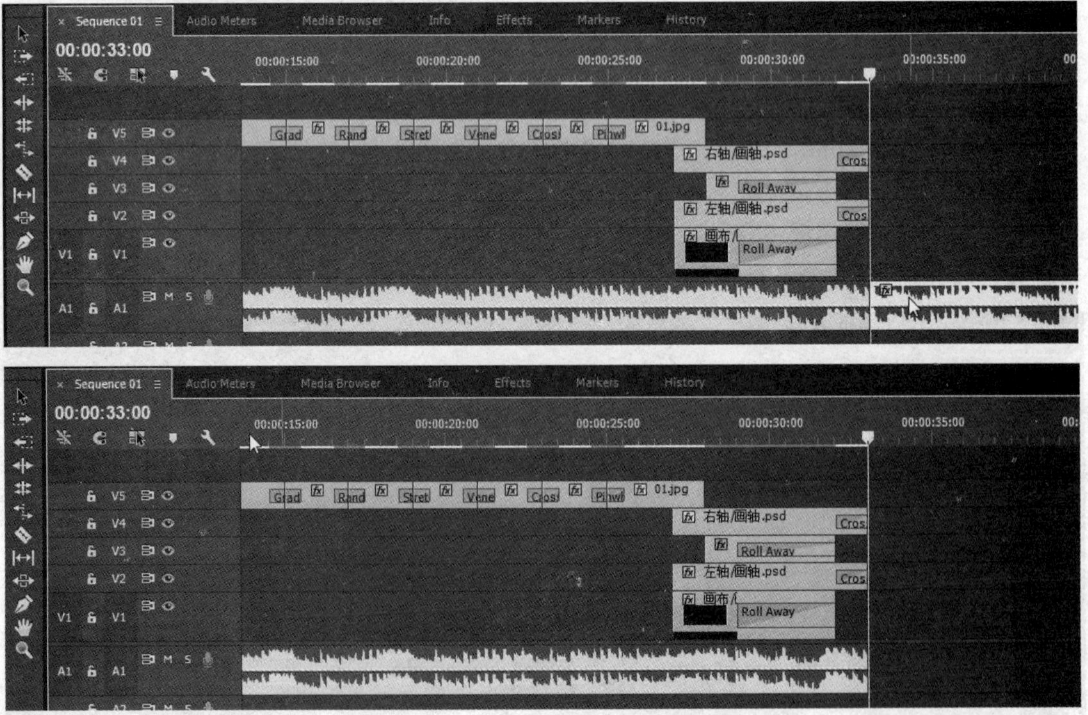

图 2-69

十、制作“淡出”效果

如果此时播放影片，会发现在影片结束时，画轴是突然消失的，而且背景音乐也是戛然而止，显得不太自然。所以，要对其进行处理。

1）在“Effects”（效果）调板中，展开“Video Transitions”文件夹中的“Dissolve”文件夹，将其中的“Cross Dissolve”转场分别拖到“Video 4”轨道中素材“右轴/画轴.psd”的出点处、“Video 2”轨道中素材“左轴/画轴.psd”的出点处。

2）在“Effects”（效果）调板中，展开“Audio Transitions”文件夹中的“Crossfade”文件夹，将其中的“Constant Power”转场拖到“Audio 1”轨道中素材“music.wma”的出点处。

双击“Audio 1”轨道中此音频转场，打开其“Effect Controls”调板。将“Duration”数值设置为00:00:02:00，即将音频转场持续时间设为2s。

此时“Timeline”调板如图2-70所示。

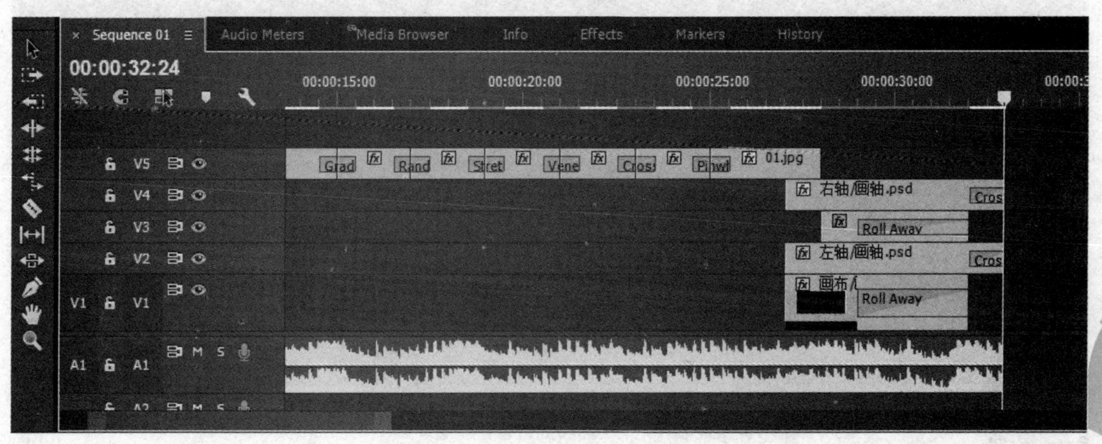

图 2-70

十一、输出影片

1）在“Timeline”（时间线）调板或“Program”（节目监视器）调板中任意位置单击鼠标左键，以激活调板。

2）执行“File”→“Export”→“Movie”命令，打开“Export Movie”（输出影片）对话框，在其中指定输出影片的保存路径及文件名，如图2-71所示。

单击对话框右下方的“Settings”按钮，打开“Export Movie Settings”对话框，确认“Export Audio”复选框处于选中状态，即输出音频，如图2-72所示，单击“OK”按钮关闭对话框。

单击“保存”按钮，关闭“Export Movie”（输出影片）对话框，开始影片的渲染输出，如图2-73所示。

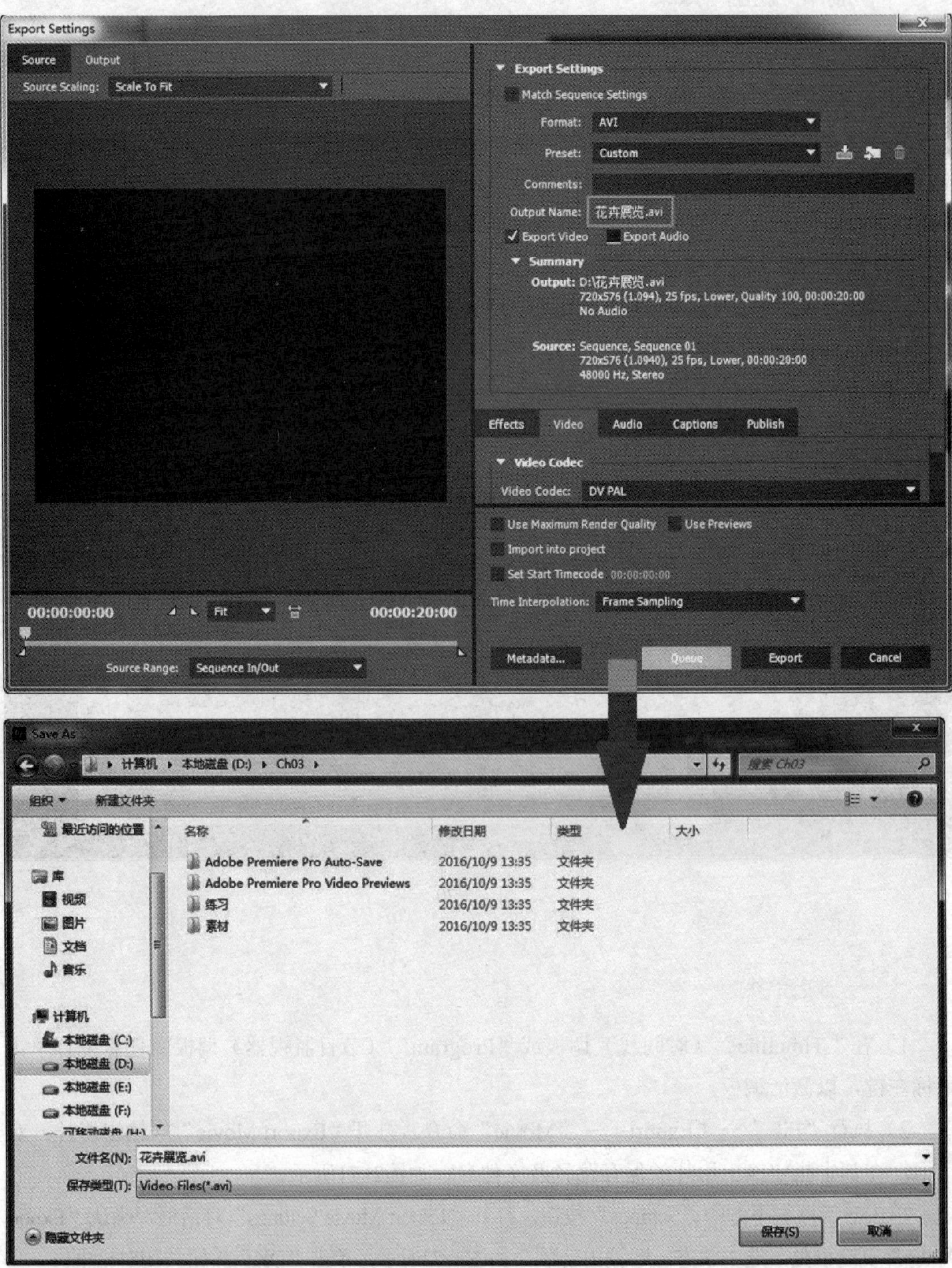
Export Settings
Source
Output
Source Scaling:
Scale To Fit
Export Settings
Match Sequence Settings
Format:
AVI
Preset:
Custom
Comments:
Output Name:
花卉展览.avi
Export Video
Export Audio
Summary
Output: D:\花卉展览.avi
720x576 (1.094), 25 fps, Lower, Quality 100, 00:00:20:00
No Audio
Source: Sequence, Sequence 01
720x576 (1.0940), 25 fps, Lower, 00:00:20:00
48000 Hz, Stereo
Effects
Video
Audio
Captions
Publish
Video Codec
Video Codec:
DV PAL
Use Maximum Render Quality
Use Previews
Import into project
Set Start Timecode 00:00:00:00
Time Interpolation:
Frame Sampling
00:00:00:00
Fit
00:00:20:00
Source Range:
Sequence In/Out
Metadata...
Queue
Export
Cancel
Save As
计算机
本地磁盘 (D:)
Ch03
搜索 Ch03
组织
新建文件夹
最近访问的位置
库
视频
图片
文档
音乐
计算机
本地磁盘 (C:)
本地磁盘 (D:)
本地磁盘 (E:)
本地磁盘 (F:)
名称
修改日期
类型
大小
Adobe Premiere Pro Auto-Save
2016/10/9 13:35
文件夹
Adobe Premiere Pro Video Previews
2016/10/9 13:35
文件夹
练习
2016/10/9 13:35
文件夹
素材
2016/10/9 13:35
文件夹
文件名(N):
花卉展览.avi
保存类型(T):
Video Files(*.avi)
隐藏文件夹
保存(S)
取消

图 2-71

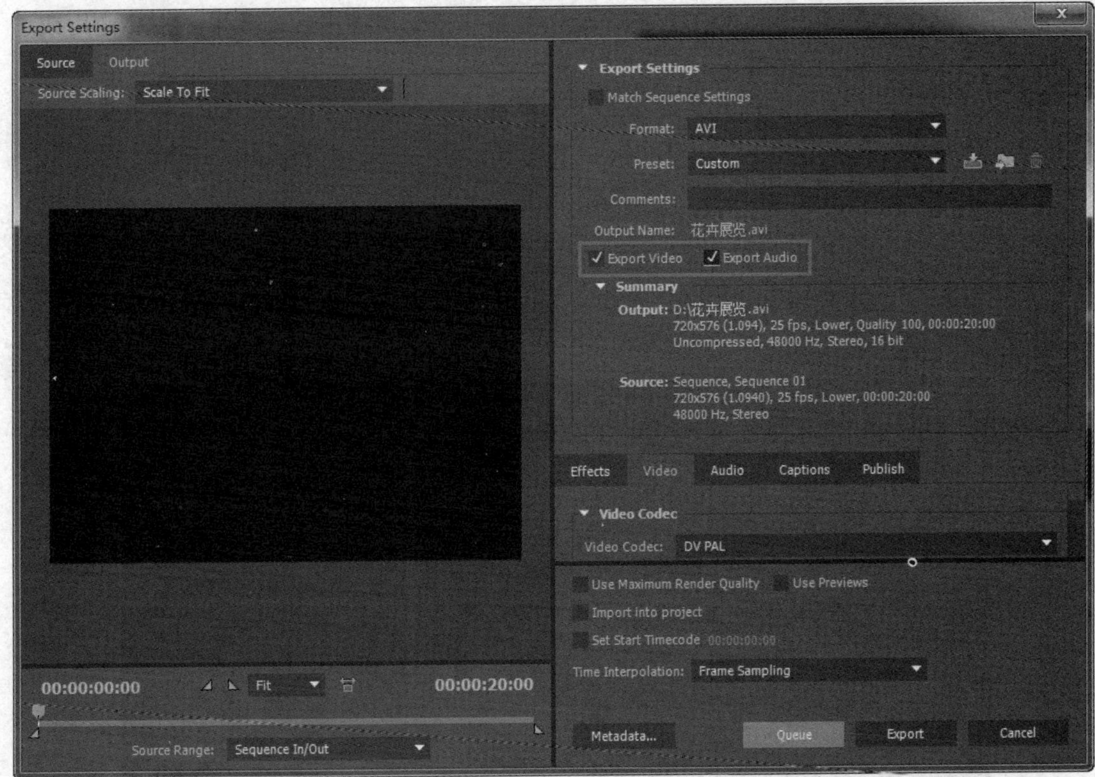

图 2-72

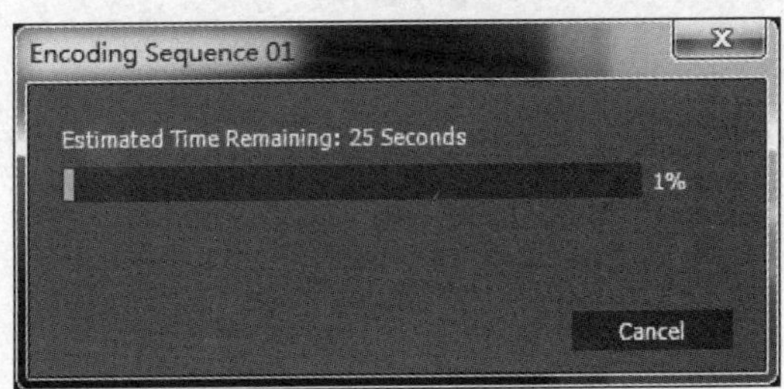

图 2-73

触类旁通

本项目运用了Premiere中的转场（Video Transitions & Audio Transitions）、效果（Video Effects）和属性的动画关键帧控制等，制作了一部关于花卉展览的影片。

其中，影片开始部分的画卷“展开”动画和结尾部分的画卷“卷起”动画是制作难点。制作中需要考虑画卷中的图片与画轴的轨道上下关系；结尾时，还要对转场进行翻转处理。

影片中间部分各图片间的转场较为简单，读者可以根据需要，选择自己喜欢的转场方式。

在视频制作中，两个相邻镜头间的切换就是转场。除了镜头的直接切换（硬切，即前一个素材片段的出点帧紧接着后一个素材片段的入点帧，没有任何的过渡）外，还有很多其他方式。

在实际编片工作中，要根据影片的主题、整体风格酌情使用转场效果，不要滥用或过多使用转场，否则会适得其反。

影片结尾处，为了使画面和音乐不至于突然消失，采用了“淡出”的转场效果。这样的效果，在影视制作中也是经常用到的。

实战强化

请利用配套素材的“Ch03”文件夹中“练习”文件夹内的素材，制作一段转场影片，效果如图2-74所示。

图 2-74

1．制作要求

1）影片中的长背景图片要有从左向右运动的位移动画。

2）各图片持续时间为2s，转场时间为1s。

3）要加入背景音乐，并适当调整其入点、出点。

4）影片开头及结尾要有淡入、淡出效果（包括声音素材）。

2．制作提示

1）使用“Video Transitions”文件夹中的各转场效果，需适当调整其转场属性设置。

2）“Timeline”调板可参看图2-75。

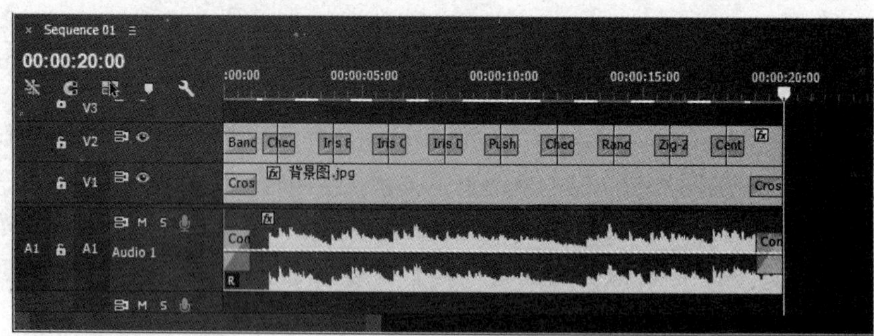

图 2-75

项目3 序列嵌套——时尚车展

项目情境

某汽车销售公司为配合汽车促销活动，计划举办一次名车展。

在展会上，将放映一系列的汽车短片，以展现名车魅力、吸引消费者，其中有一段“宝马”汽车篇的片花需要制作。

汽车销售公司的人员提供了一些“宝马”汽车的照片、图片，要求利用这些图片素材来制作。

制作要求：

1）时尚、富有动感。

2）有“画中画”的效果，增大信息量。

3）时间为15s。

4）配以欢快的背景音乐。

项目分析

序列嵌套可以对不同素材进行快速处理，比如调色、做动画、画中画效果，嵌套不仅能使时间线看起来整洁，而且还便于对素材进行剪辑和整理。

本项目时尚车展视频，需要展示汽车高端、大气和流线型车体的魅力，所以在编辑过程中，合理运用序列嵌套知识点来展示汽车图片，目的是让画面充满动感和活力，通过嵌套使视频中的多种汽车图片可以从不同角度详细介绍，还能体现车展的时尚和动感，从而掌握视频中序列嵌套的应用。在时尚车展视频中选择了欢快的背景音乐来衬托，使整个视频更具有新时代的信息魅力。

知识加油站

可以把一个序列作为素材片段插入到其他序列中，这种方式就叫作嵌套。

可以像操作普通素材一样，对嵌套序列素材片段进行选择、剪辑、加入效果等。还可以进行多级嵌套，来创建更为复杂的序列结构。

注意：对源序列中内容所做的任何修改，都会实时反映到其嵌套序列素材片段中，不可进行自身嵌套。

成品效果

渲染输出后的影片最终效果，如图3-1所示。

图 3-1

项目实施

一、新建项目文件

1）启动Premiere软件，单击“New Project”按钮，打开“New Project”（新建项目）对话框。

2）在对话框中展开“DV-PAL”项，选择其下的“Standard 48kHz”（我国目前通用的电视制式）。在对话框下方“Location”项的右侧单击“Browse”按钮，打开“浏览文件夹”对话框，新建或选择存放项目文件的目标文件夹，本例为“Ch04”，单击“确定”按钮，关闭“浏览文件夹”对话框。在“New Project”对话框最下方的“Name”项中键入项目文件的名称——“时尚车展”，单击“OK”按钮，完成项目文件的建立并关闭“New Project”对话框，进入Premiere的工作界面。

二、导入素材

1）分别导入两组持续时间不一的图片素材，所以要建立两个素材箱。执行“File”→“New”→“Bin”命令，或者单击“Project”调板最下方的“新建素材箱”按钮，新建一个素材箱，并为其重新命名为“10帧素材”。再次单击按钮，新建一个素材箱，并为其重新命名为“1秒素材”，如图3-2所示。

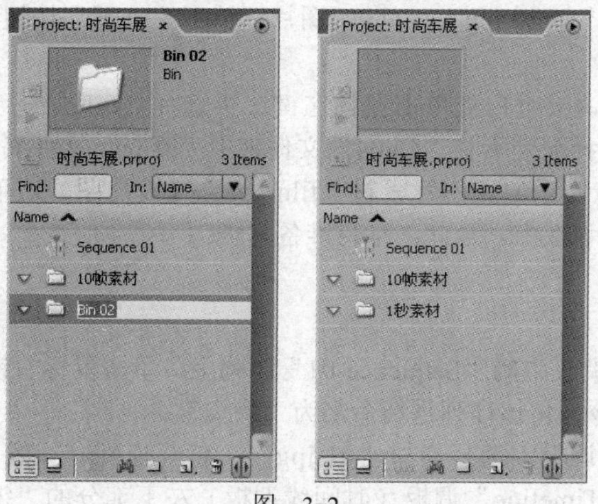

图 3-2

2）执行“Edit”→“Preferences”→“General”命令，打开“Preferences”对话框。将“Still Image Default Duration”项的数值修改为“10”（将默认导入静态图片的持续时间修改为10帧），如图3-3所示。

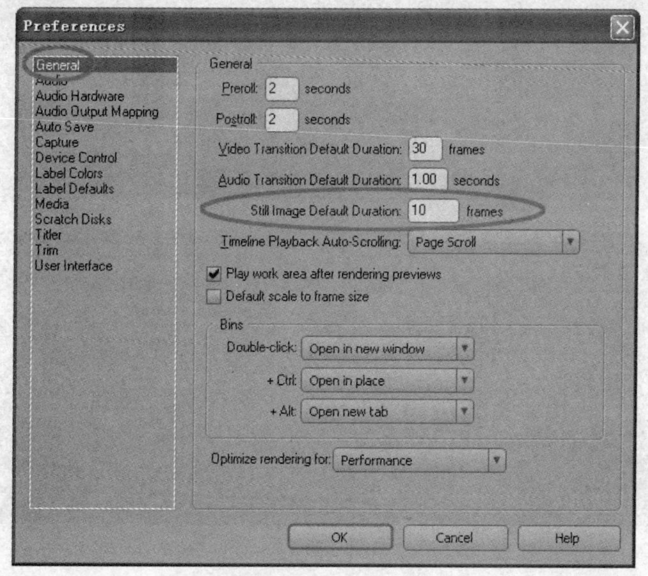

图 3-3

3）双击“10帧素材”素材箱，将其打开。选择“File”→“Import”命令（或按<Ctrl+I>组合键），打开“Import”（导入素材）对话框，选择配套素材“Ch04”文件夹中“素材”文件夹内的汽车图片素材“02.jpg”～“19.jpg”，共18幅图片（图片“01.jpg”在下面制作片头文字时要用到），单击“打开”按钮将这些图片导入“10帧素材”素材箱中。

4）再次执行“Edit”→“Preferences”→“General”命令，打开“Preferences”对话框。将“Still Image Default Duration”项的数值修改为“25”（将默认导入静态图片的持续时间修改为25帧即1s）。

5）双击“1秒素材”素材箱，将其打开。执行“File”→“Import”命令（或按<Ctrl+I>组合键），打开“Import”（导入素材）对话框，选择配套素材“Ch04”文件夹中“素材”文件夹内的“12.jpg”～“20.jpg”，共9幅图片，单击“打开”按钮将这些图片导入“1秒素材”素材箱中。

6）在“Project”调板空白处单击鼠标左键，再选择“File”→“Import”命令，打开“Import”对话框，选择配套素材“Ch04”文件夹中“素材”文件夹内的“01.jpg”、声音素材“bg.wav”（背景音乐）、图片素材“film.tga”（胶片图），单击“打开”按钮将这些素材导入“Project”调板中。至此，素材准备完毕。

三、片头的制作

1）在“Project”调板中的“Sequence 01”序列上，单击鼠标右键，在弹出的快捷菜单中选择“Rename”命令，将该序列重新命名为“片头”。

2）在“Project”调板中选择素材“01.jpg”，将其拖到时间线“片头”中的“Video 1”轨道。左右拖动“Timeline”调板（时间线调板）左下部分的“缩放滑块”，改变时间标尺的显示比例，以调整“01.jpg”在时间线调板中的显示，如图3-4所示。

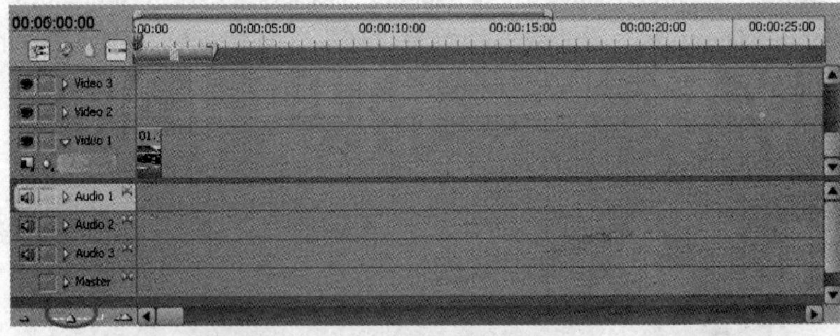

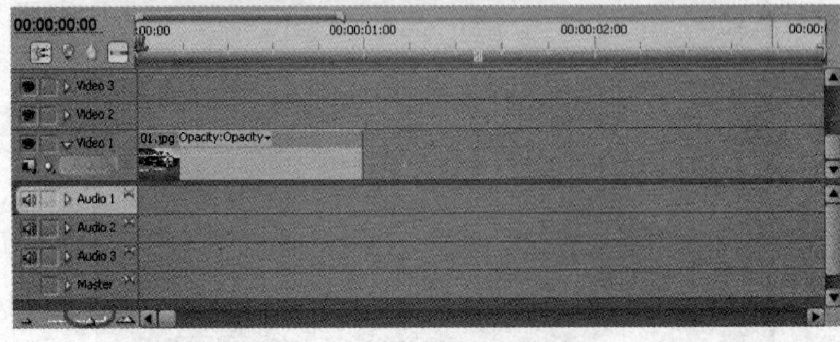

图 3-4

小提示

可以在英文输入法的状态下，通过按<–>、<=>和<\>3个快捷键来分别实现缩小查看、放大查看和以默认合适大小显示时间线上的全部素材，熟练运用快捷键可以显著提高工作效率。

3）由于图片素材“01.jpg”的图像尺寸为1024×768（在项目调板中的素材“01.jpg”上单击鼠标右键，在弹出的快捷菜单中选择“Properties”，新出现的窗口中会发现素材的相关信息），而项目设置中图像尺寸为720×576。显然，素材尺寸偏大，致使图片在“Program”调板中显示不全。为此，在时间线调板中素材“01.jpg”上单击鼠标右键，在弹出的快捷菜单中选择“Scale to Frame Size”选项，以使其满屏显示，如图3-5所示。

图 3-5

小提示

虽然可以通过"Scale to Frame Size"命令使过大或过小素材满屏显示，但是，对小于项目设置中图像尺寸的素材来讲，会使图像清晰度下降。

为此，在视频编辑中应尽量使用等于或大于项目设置中图像尺寸的素材。

4）要做3s的片头，现在"Timeline"调板（时间线调板）中素材"01.jpg"的持续时间只有1s，为此，需要进行一些调整。

将当前时间指针移至00:00:03:00（3s）处，移动鼠标到时间线中素材"01.jpg"的右侧"出点"位置，会出现"剪辑出点"图标，拖动其出点至时间指针处，如图3-6所示。

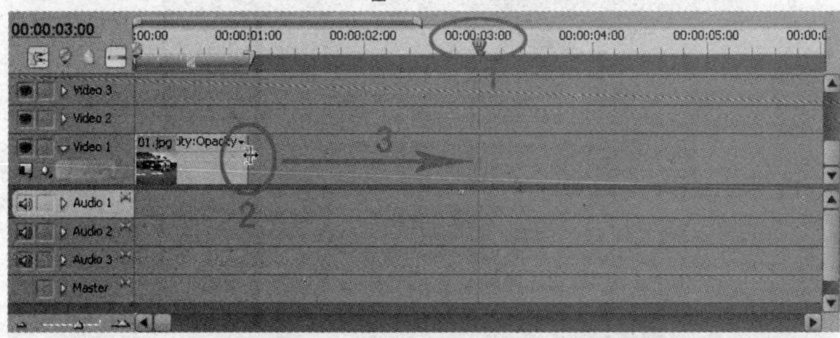

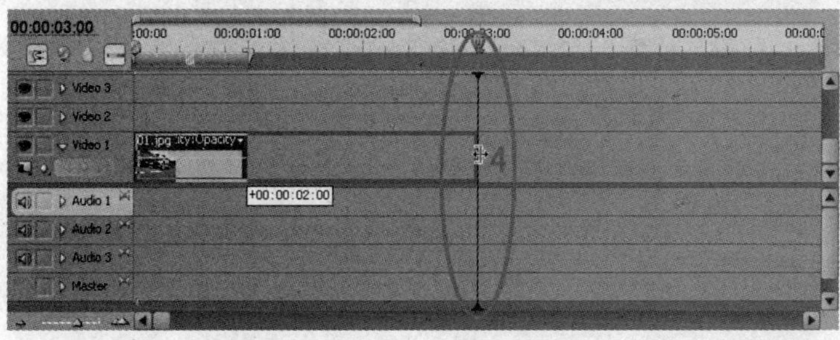

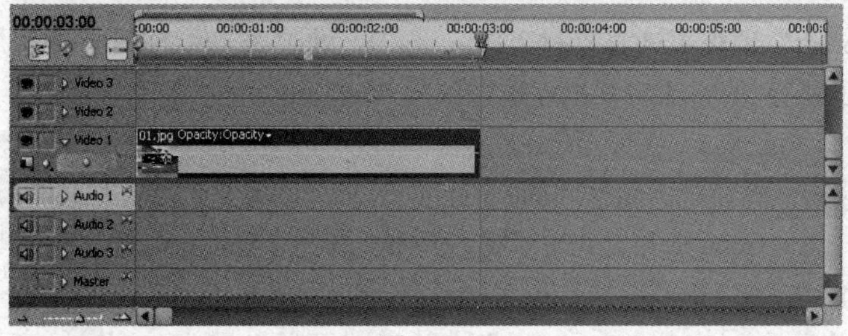

图 3-6

5）胶片素材“film.tga”是有6个小画幅的图片，如图3-7所示。

图 3-7

后面要在每个小画幅处都放置一幅汽车图片，所以需要占用6条视频轨道，加之素材“film.tga”还需占用1条，目前空余2条视频轨道，所以还少5条视频轨道。

添加视频轨道：执行“Sequence”→“Add Tracks”命令（或在“Timeline”调板的轨道名称上单击鼠标右键），在弹出的“Add Tracks”对话框中进行如图3-8所示的设置，并单击“OK”按钮退出。

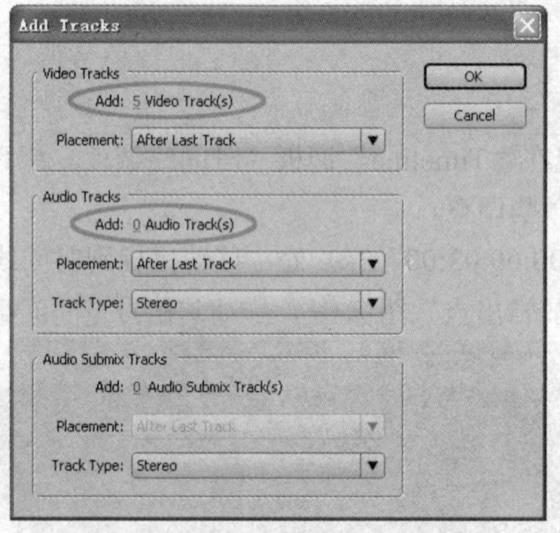

图 3-8

此时，“Timeline”调板的变化如图3-9所示。

图 3-9

6）在“Project”调板中选择素材“film.tga”，将其拖到时间线“片头”中的“Video 8”轨道，利用步骤4）的方法将其出点也拖到00:00:03:00（3s）处。

7）改变素材“film.tga”在屏幕中的位置。单击“Program”（节目监视器）调板下方的“到入点”按钮，当前时间指针回到00:00:00:00处。单击选中“Video 8”轨道中的“film.tga”素材，在“Effect Controls”（效果控制）调板中展开“Motion”项，设置其下“Position”（位置）属性的值为“617.0”和“445.0”（分别代表X坐标和Y坐标），如图3-10所示。

8）设置胶片动画。单击“Position”左边的“开关动画”按钮，开启此属性动画设置，即设置第一个关键帧◆。单击“Program”（节目监视器）调板下方的“到出点”按钮→}，在“Effect Controls”调板中设置“Position”属性的（X坐标）值为“100.0”，“Position”属性会自动产生第2个关键帧◆，此时，会使“film.tga”胶片素材产生由右向左的运动动画，如图3-11所示。

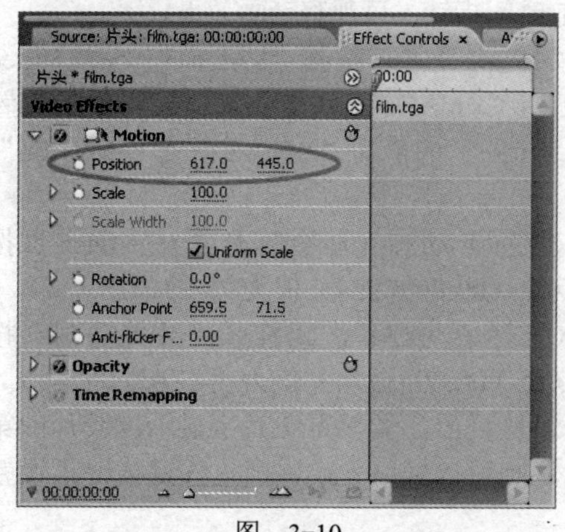

图 3-10

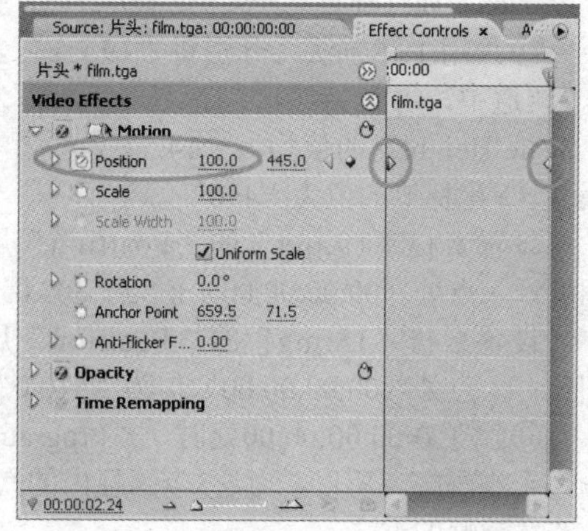

图 3-11

9）为胶片小画幅加入汽车图片并设置动画。

①单击“Program”（节目监视器）调板下方的“到入点”按钮{←，当前时间指针回到00:00:00:00。在“Project”调板中展开“1秒素材”素材箱，将“20.jpg”素材拖到“Timeline”调板的“Video 2”轨道中，并将其出点也拖到00:00:03:00处，即把持续时间设置为3s。

②在“Effect Controls”（效果控制）调板中展开“Motion”项，取消“Scale”（比例）属性下的“Uniform Scale”（等比例）复选框的勾选，设置“Scale Height”的值为“14.5”，设置“Scale Width”的值为“14”；设置“Position”（位置）属性的值为“115.0”和“446.0”，如图3-12所示。

图 3-12

③由于小图片要随胶片的运动而同步运动，所以要参照胶片素材的运动参数变化来设置动画。

胶片素材的“Position”属性（X坐标）值在00:00:00:00和00:00:03:00时分别为“617.0”和“100.0”，即从右向左运动了517（617.0–100.0=517.0）个像素。

④ 确认当前时间指针在00:00:00:00处，单击选中“Timeline”调板中的“20.jpg”素材，再在“Effect Controls”（效果控制）调板中单击“Position”左边的“开关动画”按钮，开启此属性动画设置，即设置第一个关键帧；单击“Program”（节目监视器）调板下方的“到出点”按钮，将“Position”属性的（X坐标）值设置为“–414.0”（103–517=–414），“Position”属性会自动产生第2个关键帧，拖动当前时间指针，可观察动画效果。

⑤ 采用上述方法，分别将“19.jpg”素材至“15.jpg”素材拖到“Video 3”～“Video 7”轨道中，并把持续时间都延长为3s；在“Effect Controls”（效果控制）调板中设置“Scale Height”的值均为“14.5”，设置“Scale Width”的值为“14”，设置“Position”属性（Y坐标）的值为“446”。

设置素材“19.jpg”的“Position”属性（X坐标）动画（注意打开“开关动画”按钮）：入点处（00:00:00:00）值为“307.0”，出点处（00:00:02:24）值为“–210.0”。

设置素材“18.jpg”的“Position”属性（X坐标）动画（注意打开“开关动画”按钮）：入点处（00:00:00:00）值为“510.0”，出点处（00:00:02:24）值为“–7.0”。

⑥ 由于在00:00:00:00处时，“Program”（节目监视器）调板无法完全显示出胶片的第4～6个小画幅，所以，对这3个画幅内的汽车图片动画可以采用先设置出点关键帧，再设置入点关键帧的方法。

单击“Program”（节目监视器）调板下方的“到出点”按钮，在“Effect Controls”（效果控制）调板中设置素材“15.jpg”的“Position”属性（X坐标）动画（注意打开“开关动画”按钮）：出点处（00:00:02:24）值为“609.0”，入点处值为“1126.0”（609.0+517.0=1126.0）。

用同样的方法，设置素材“16.jpg”的“Position”属性（X坐标）动画（注意打开“开关动画”按钮）：出点处（00:00:02:24）值为“406.0”，入点处值为“923.0”。

设置素材“17.jpg”的“Position”属性（X坐标）动画（注意打开“开关动画”按钮）：出点处（00:00:02:24）值为“207.0”，入点处值为“724.0”。

此时，可以拖动当前时间指针观察胶片的整体动画效果，如图3-13所示。

图 3-13

10）制作片头文字。

① 将当前时间指针置于00:00:00:00处，执行“File”→“New”→“Title”命令（或执行“Title”→“New Title”→“Default Still”命令），弹出“New Title”对话框，输入字幕名称“片头文字”，单击“OK”按钮关闭对话框，调出“Title Designer”调板。

② 在绘制区域单击输入文字的开始点，出现闪动光标，输入文字“车行天下”，输入完毕后单击“字幕工具调板”中的“选择工具”按钮结束输入。保持文本的选择状态，执行“Title”→“Font”命令，在字体列表中选择“STXingkai”字体。

③ 在右侧“Title Properties”（字幕属性）调板中，设置“Font Size”（字号）为“100”，文本填充颜色为红色（R：247，G：10，B：10）；添加“Outer Strokes”（外边线），“Size”值为“22”，填充颜色为白色，如图3-14所示。

图 3-14

④ 对文本进行变形修饰。

在右侧“Title Properties”（字幕属性）调板中，调节“Properties”属性下“Distort”的X值为“57”，Y值为“-41”。此时，文本发生变形，但大小和字间距就有些不合适了。为此，调节“Font Size”（字号）为“137”，“Kerning”为“-62”；执行“Title”→“Position”→“Horizontal Center”命令，使文本水平居中，再适当调整文本的上下位置，如图3-15所示。

图 3-15

进阶操作：

对文本添加投影：将“Shadow”属性前的复选框选中；设置“Opacity”值为“75”、“Angle”值为“–225.0”、“Distance”值为“7.0”、“Spread”值为“21.0”。

如果文本与画面内容对比不明显，则可以在文本下方绘制一个带有颜色的图形，并调整图形的不透明度：单击“字幕工具调板”中的“矩形工具”按钮，绘制一个矩形，调整矩形的填充颜色（R：17，G：113，B：205）及大小；执行“Title”→“Arrange”→“Send to Back”命令，将矩形置于文本下方；调节“Fill”属性中的“Opacity”值至合适大小（50%），如图3-16所示。

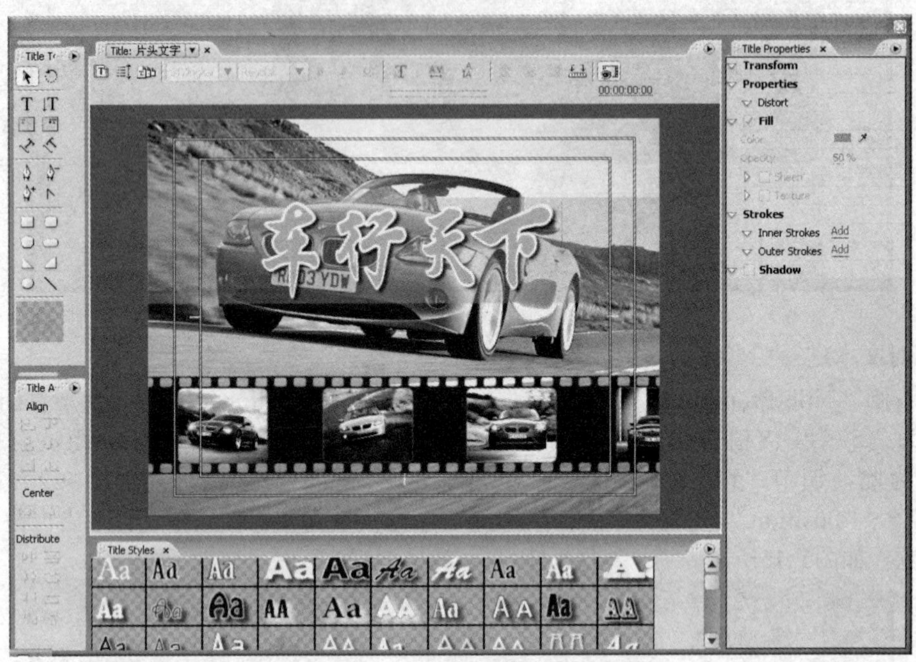

图　3-16

本例接下来的操作，将使用这样的文本效果。该字幕文件已保存为“片头文字_进阶.prtl”，读者可将其导入到“Project”调板中使用。

⑤ 导入“进阶操作”中的字幕文件：在“Project”调板空白处单击，再执行“File”→“Import”命令（或按<Ctrl+I>组合键），打开“Import”（导入素材）对话框，选择配套素材“Ch04”文件夹中的“片头文字_进阶.prtl”文件，单击“打开”按钮将其导入到“Project”调板中。至此，片头所用字幕制作完成。

11）在“Timeline”调板中装配文字。

将“Project”调板中“片头文字_进阶”素材拖至时间线“片头”中最上层视频轨道“Video 8”的上方空白处，如图3-17所示。

释放鼠标后，轨道“Video 8”的上方会新增一条“Video 9”视频轨道，且“片头文字_进阶”素材也已置入此轨道中。运用前面的方法，将“片头文字_进阶”素材的持续时间也调整为3s，与其他素材等长，制作完成，如图3-18所示。

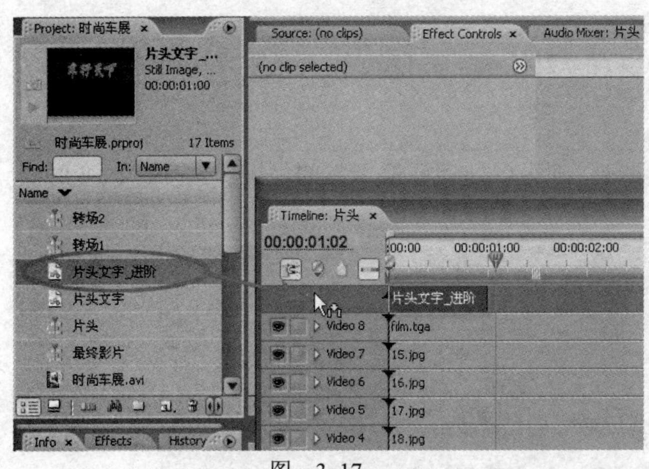
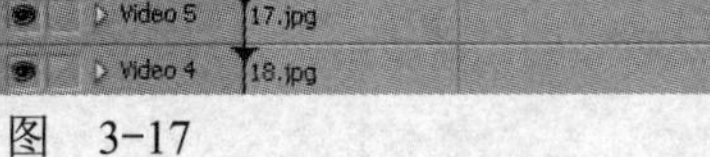

图　3-17

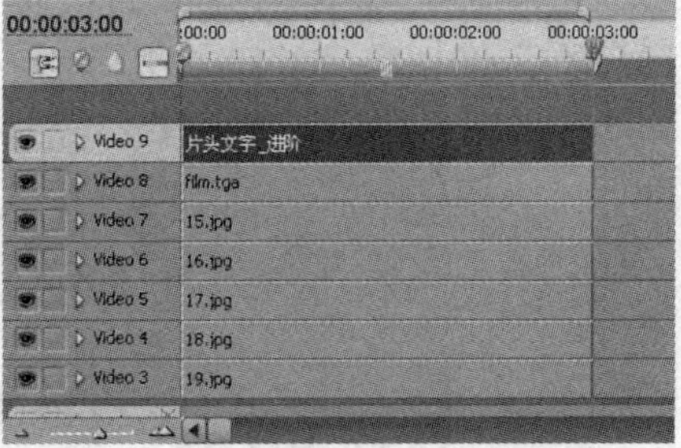

图　3-18

四、制作子序列

1．制作6s序列

1）单击“Project”调板下方的新建按钮，在弹出的菜单中选择“Sequence”选项（或选择“File”→“New”→“Sequence”命令），出现“New Sequence”对话框，输入新序列的名称“10帧”，单击“OK”按钮关闭对话框，如图3-19所示。

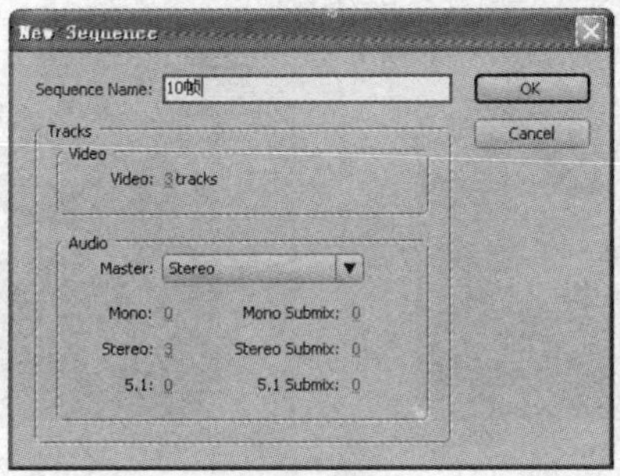

图　3-19

2）在“Project”调板中展开“10帧素材”素材箱，按<Shift>键选中素材“19.jpg”～“05.jpg”共15个素材，将其拖到时间线“10帧”的“Video 1”轨道中，如图3-20所示。

图　3-20

小提示

因为要制作6s的序列，即6（s）×25（帧/s）=150帧，所以需要10帧的素材共计15个。

如果时间线调板中的素材不便于观察，则可以拖动调板下方的“缩放滑块”改变时间标尺的显示比例，如图3-21所示。

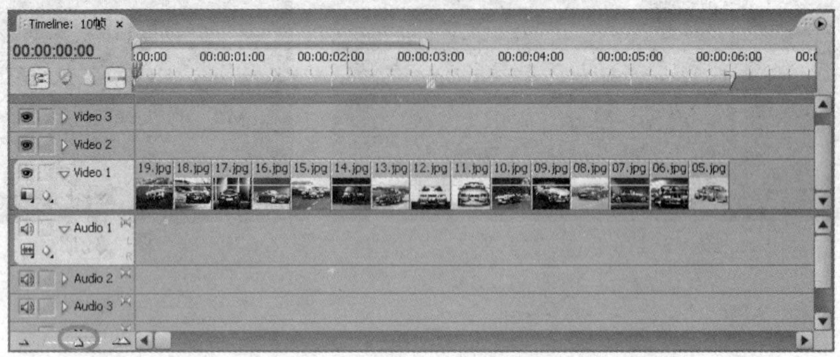

图 3-21

3）执行“Edit”→“Select All”命令（或按<Ctrl+A>组合键）全选“Video 1”轨道中的所有素材，并在素材上单击鼠标右键，在弹出的快捷菜单中选择“Scale to Frame Size”选项，选中的全部素材将满屏显示，如图3-22所示。

图 3-22

4）单击“Project”调板空白处，取消对素材的选择。

单击“Project”调板下方的新建按钮，在弹出的菜单中选择“Sequence”选项（或执行“File”→“New”→“Sequence”命令），出现“New Sequence”对话框，输入新序列的名称“1秒”，并单击“OK”按钮关闭对话框。

5）在“Project”调板中展开“1秒素材”素材箱，按<Shift>键选中素材“17.jpg”～“12.jpg”共6个素材，将其拖到时间线“1秒”的“Video 1”轨道中。

6）为便于观察时间线调板中的素材，可以拖动调板下方的“缩放滑块”改变时间标尺的显示比例。

7）执行“Edit”→“Select All”命令（或按<Ctrl+A>组合键）全选“Video 1”轨道中的所有素材，并在素材上单击鼠标右键，在弹出的快捷菜单中选择“Scale to Frame Size”选项，选中的全部素材在“Program”调板中将满屏显示。

小提示

如果不取消选择，则将来新建序列时，会建立在当前的素材箱中，不便于管理，如图3-23所示。

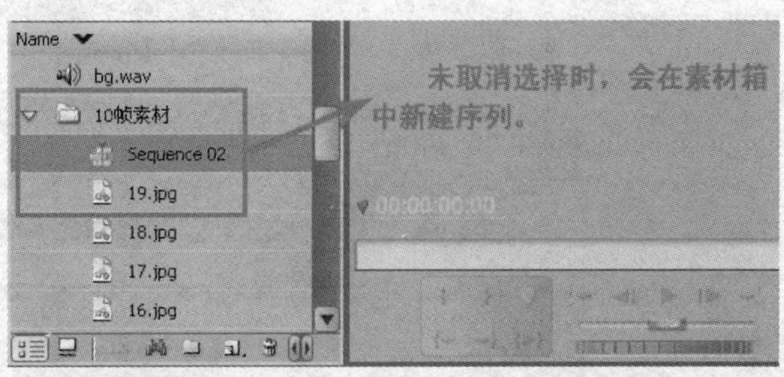

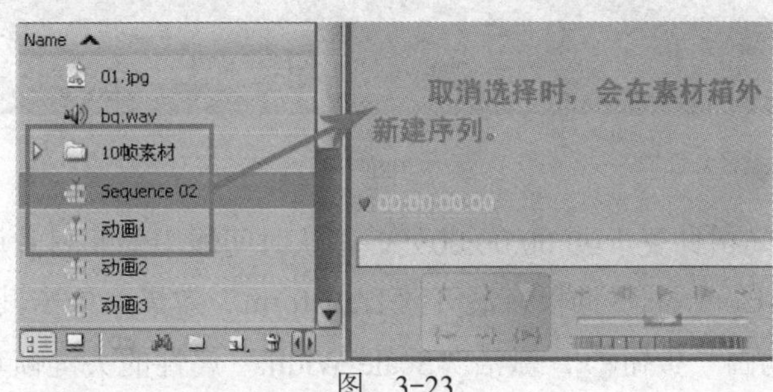

图 3-23

2. 制作2s序列

为了给影片增加动感，再来制作3段2s的序列。

制作意图说明：

3段2s的序列内容分别为汽车图片的Y轴旋转动画、X轴旋转动画、不透明度的变化动画。在2s时间内，动画过程仅为前8帧，其余为动画完成后的静止持续时间。

（1）Y轴旋转动画

1）单击“Project”调板空白处，取消对素材的选择。单击“Project”调板下方的新建按钮，在弹出的菜单中选择“Sequence”选项（或执行“File”→“New”→“Sequence”命令），出现“New Sequence”对话框，输入新序列的名称“动画1”，并单击“OK”按钮关闭对话框。

2）在“Project”调板中展开“1秒素材”素材箱，选中素材“18.jpg”将其拖到时间线“动画1”的“Video 1”轨道中。

3）将当前时间指针置于00:00:02:00处，拖动素材片段“18.jpg”的右侧出点至时间指针处，即将素材片段“18.jpg”的持续时间设为2s。

小提示

也可先执行“Edit”→“Preferences”→“General”命令，打开“Preferences”对话框，将“Still Image Default Duration”项的数值修改为“50”（即将默认导入静态图片的持续时间修改为50帧），在“Project”调板中导入所需的图片素材，这样导入的素材在拖到时间线轨道中时，其持续时间就是2s。

4）利用前面所讲的方法，使素材在“Program”调板中满屏显示。

5）在“Effects”（效果）调板中，展开“Video Effects”文件夹中的“Distort”文件夹，将其中的“Transform”效果拖到素材片段“18.jpg”上，如图3-24所示。

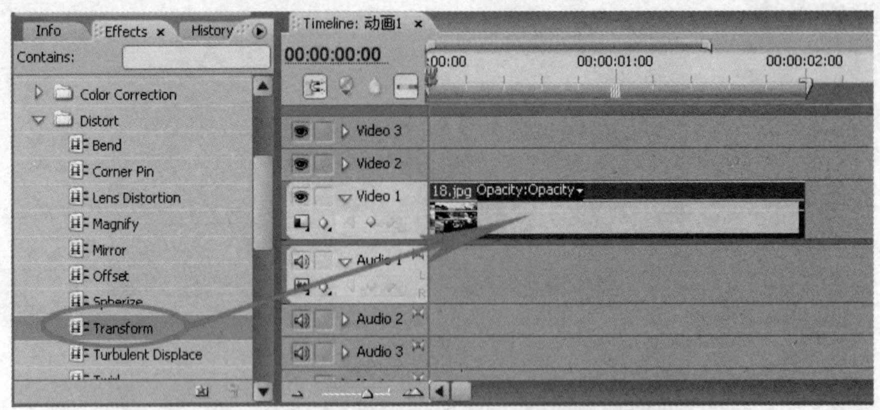

图 3-24

6）将当前时间指针置于00:00:00:00处，确认时间线中的素材片段“18.jpg”处于被选择状态，在“Effect Controls”调板，展开“Transform”效果，单击其“Scale Width”属性名称左边的“开关动画”按钮，激活“Scale Width”属性的关键帧功能，同时记录第1个关键帧，再将其参数设置为“–100”。

7）将当前时间指针置于00:00:00:08处，在“Effect Controls”调板中，将“Scale Width”属性的参数设置为“100”，随即会产生第2个关键帧，如图3-25所示。

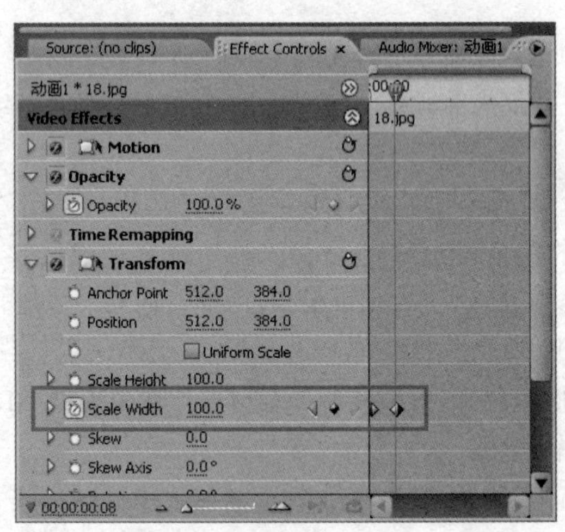

图 3-25

小提示

这个动画是巧妙利用宽度方向的负值缩放来模拟图片的旋转，从而产生了图片沿着Y轴“旋转”的效果。

“Program”调板中的播放效果如图3-26所示。

图 3-26

（2）X轴旋转动画

1）单击“Project”调板空白处，取消对素材的选择，单击“Project”调板下方的新建按钮，在弹出的菜单中选择“Sequence”选项（或执行“File”→“New”→“Sequence”命令），出现“New Sequence”对话框，输入新序列的名称“动画2”，单击“OK”按钮关闭对话框。

2）在“Project”调板中展开“1秒素材”素材箱，选中素材“19.jpg”将其拖到时间线“动画2”的“Video 1”轨道中。

3）将素材片段“19.jpg”的持续时间设为2s。

4）利用前面的方法，使素材在“Program”调板中满屏显示。

5）在“Effects”（效果）调板中，展开“Video Effects”文件夹中的“Distort”文件夹，将其中的“Transform”效果拖到素材片段“19.jpg”上。

6）将当前时间指针置于00:00:00:00处，确认时间线中的素材片段“19.jpg”处于被选择状态，在“Effect Controls”调板中，展开“Transform”效果，单击其“Scale Height”属性名称左边的“开关动画”按钮，激活“Scale Height”属性的关键帧功能，同时记录第一个关键帧，再将其参数设置为“–100”。

7）将当前时间指针置于00:00:00:08处，在“Effect Controls”调板中，将“Scale Height”属性的参数设置为“100”，随即会产生第2个关键帧，如图3-27所示。

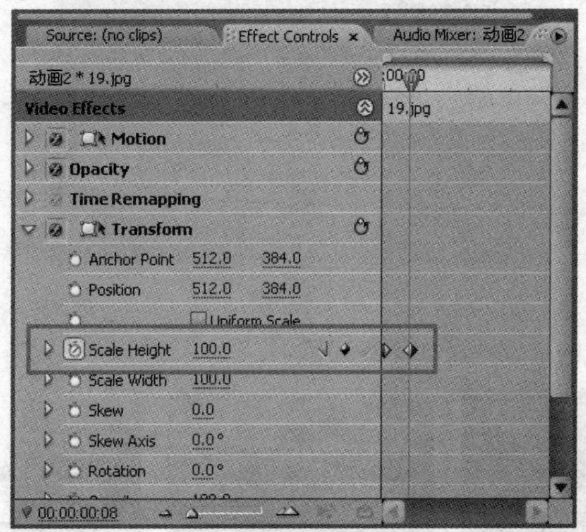

图 3-27

“Program”调板中的播放效果如图3-28所示。

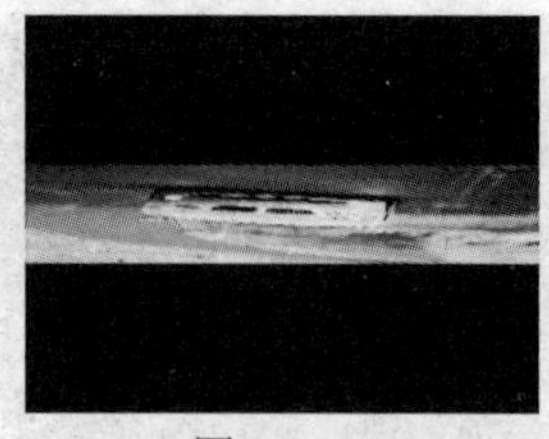

图 3-28

（3）不透明度变化动画

1）单击“Project”调板空白处，取消对素材的选择。单击“Project”调板下方的新建按钮，在弹出的菜单中选择“Sequence”选项（或执行“File”→“New”→“Sequence”命令），出现“New Sequence”对话框，输入新序列的名称“动画3”，并单击“OK”按钮关闭对话框。

2）在“Project”调板中展开“1秒素材”素材箱，选中素材“20.jpg”将其拖到时间线“动画3”的“Video 1”轨道中。

3）将素材片段“20.jpg”的持续时间设为2s。

4）利用前面的方法，使素材在“Program”调板中满屏显示。

5）将当前时间指针置于00:00:00:00处，确认时间线中的素材片段“20.jpg”处于被选择状态，在“Effect Controls”调板中，展开“Opacity”项，将“Opacity”（不透明度）属性的参数设置为“0”（即素材不可见），产生第1个关键帧。

6）将当前时间指针置于00:00:00:08处，在“Effect Controls”调板中，将“Opacity”属性的参数设置为“100”（即素材完全可见），随即会产生第2个关键帧，如图3-29所示。

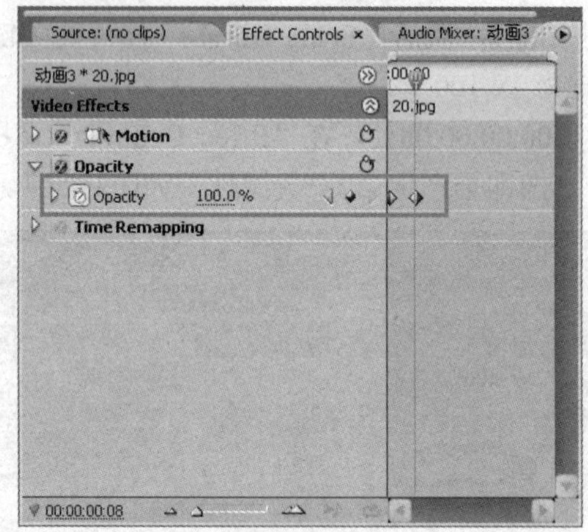

图 3-29

“Program”调板中的播放效果如图3-30所示。

图 3-30

五、制作转场用嵌套序列

制作原因说明：由于在本实例中从片头过渡到影片时，要应用转场效果，而在影片结束时也会应用转场效果，如果不对序列嵌套，则添加转场后，会出现错误的结果，所以需要再制作2个转场用嵌套序列。

1．6s转场用序列

1）单击“Project”调板空白处，取消对素材的选择。单击“Project”调板下方的新建按钮，在弹出的菜单中选择“Sequence”选项（或执行“File”→“New”→“Sequence”命令），出现“New Sequence”对话框，输入新序列的名称“转场1”，并将“Video”轨道数设置为“4”，单击“OK”按钮关闭对话框，如图3-31所示。

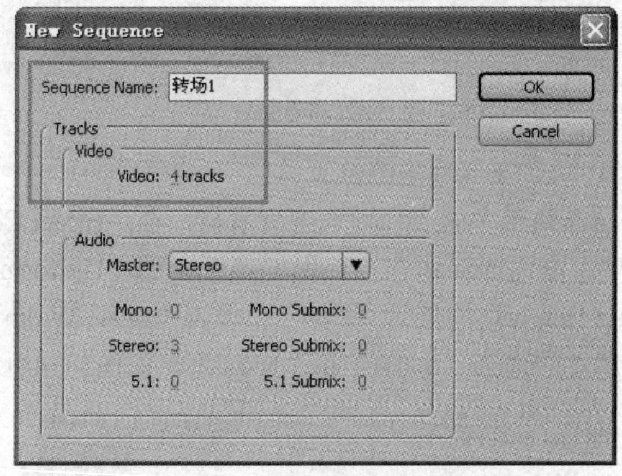

图 3-31

2）在“Project”调板中，选中序列“1秒”将其拖到时间线“转场1”的“Video 1”轨道中，如图3-32所示。

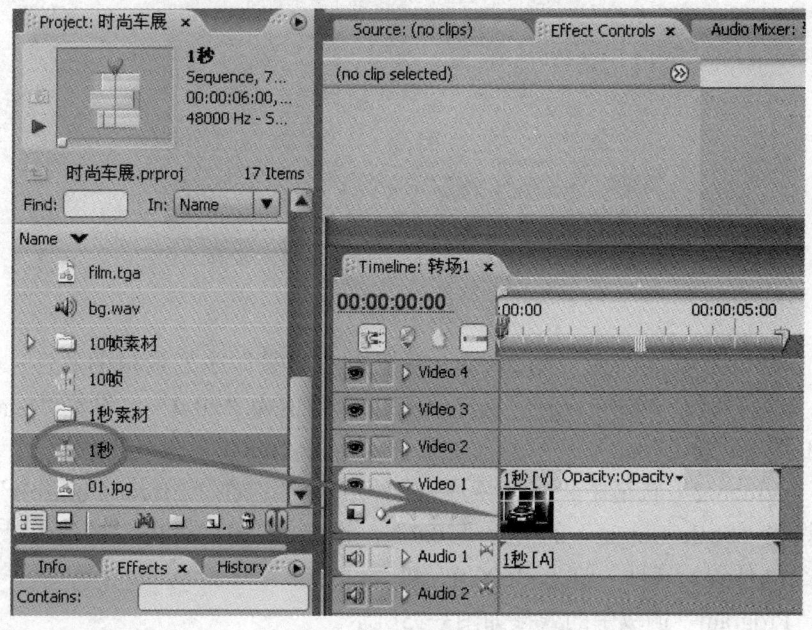

图 3-32

3）分别将序列“10帧”拖到“Video 2”～“Video 4”轨道中，如图3-33所示。

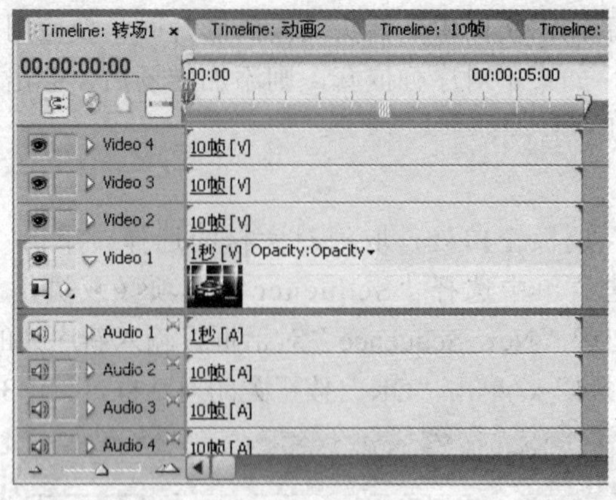

图 3-33

4）改变序列素材“10帧”在屏幕中的位置。

①单击选中“Video 4”轨道中的“10帧”序列素材，在“Effect Controls”（效果控制）调板中展开“Motion”项，取消“Scale”（比例）属性下的“Uniform Scale”（等比例）复选框的勾选，设置“Scale Height”的值为“20.0”，设置“Scale Width”的值为“21.0”；设置“Position”（位置）属性的值为“600.0”和“150.0”，如图3-34所示。

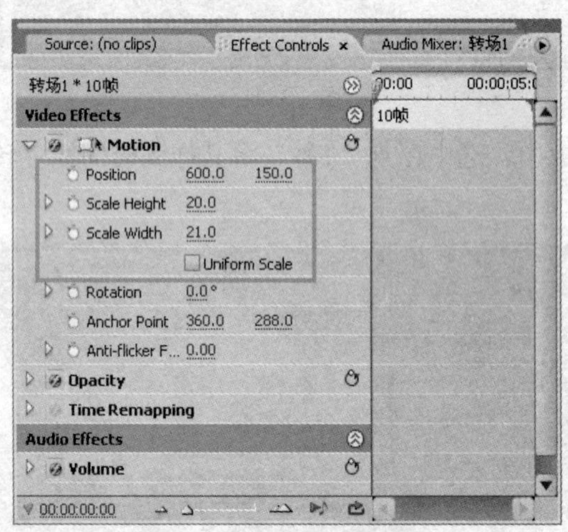

图 3-34

②采用同样的方法，改变“Video 3”轨道中“10帧”序列素材的属性：在“Effect Controls”（效果控制）调板中设置“Scale Height”的值为“20.0”，设置“Scale Width”的值为“21.0”，设置“Position”（位置）属性的值为“600.0”和“288.0”。

③改变“Video 2”轨道中“10帧”序列素材的属性：在“Effect Controls”（效果控制）调板中设置“Scale Height”的值为“20.0”，设置“Scale Width”的值为“21.0”，设置“Position”（位置）属性的值为“600.0”和“426.0”。

此时，“Program”调板中的效果如图3-35所示。

图 3-35

④改变“Video 1”轨道中序列素材“1秒”在屏幕中的位置。

利用上述方法，在“Effect Controls”（效果控制）调板中设置“Scale Height”的值为“68.0”，设置“Scale Width”的值为“66.0”，设置“Position”（位置）属性的值为“273.0”和“288.0”，如图3-36所示。

图 3-36

2. 2s转场用序列

1）单击“Project”调板空白处，取消对素材的选择。单击“Project”调板下方的新建按钮，在弹出的菜单中选择“Sequence”选项（或执行“File”→“New”→“Sequence”命令），出现“New Sequence”对话框，输入新序列的名称“转场2”，并将“Video”轨道数设置为“4”，单击“OK”按钮关闭对话框。

2）在“Project”调板中展开“1秒素材”素材箱，选中素材“17.jpg”将其拖到时间线“转场2”的“Video 1”轨道中，并将其持续时间调整为2s，利用前面所讲的方法，使素材在“Program”调板中满屏显示（Scale to Frame Size）。

分别将序列“动画3”拖到“Video 2”～“Video 4”轨道中，如图3-37所示。

图 3-37

3）改变序列素材“动画3”在屏幕中的位置。

①单击选中“Video 4”轨道中的“动画3”序列素材，在“Effect Controls”（效果控制）调板中展开“Motion”项，取消“Scale”（比例）属性下的“Uniform Scale”（等比例）复选框的勾选，设置“Scale Height”的值为“20.0”，设置“Scale Width”的值为“21.0”，设置“Position”（位置）属性的值为“600.0”和“150.0”。

②采用同样的方法，改变“Video 3”轨道中“动画3”序列素材属性：在“Effect Controls”（效果控制）调板中设置“Scale Height”的值为“20.0”，设置“Scale Width”的值为“21.0”，设置“Position”（位置）属性的值为“600.0”和“288.0”。

③改变“Video 2”轨道中“动画3”序列素材属性：在“Effect Controls”（效果控制）调板中设置“Scale Height”的值为“20.0”，设置“Scale Width”的值为“21.0”，设置“Position”（位置）属性的值为“600.0”和“426.0”。

4）改变“Video 1”轨道中素材“17.jpg”在屏幕中的位置。

利用如上方法，在“Effect Controls”（效果控制）调板中设置“Scale Height”的值为“68.0”，设置“Scale Width”的值为“66.0”，设置“Position”（位置）属性的值为“273.0”和“288.0”。

“Program”调板在时间00:00:00:02时的效果如图3-38所示。

图 3-38

5）如果现在播放影片，会发现右侧3个小画面（“动画3”序列素材）的不透明度变化动画是同时进行的，显得有些单调。因此，将分别调整“Video 3”和“Video 2”轨道中“动画3”序列素材的出现时间，使影片产生一定的节奏感。

①将当前时间指针置于00:00:00:08处，单击鼠标左键并向右拖动“Video 3”轨道中的“动画3”序列素材，使其入点吸附于当前时间指针处。通过此操作，使“Video 3”轨道中的“动画3”序列素材向后延迟8帧出现，如图3-39所示。

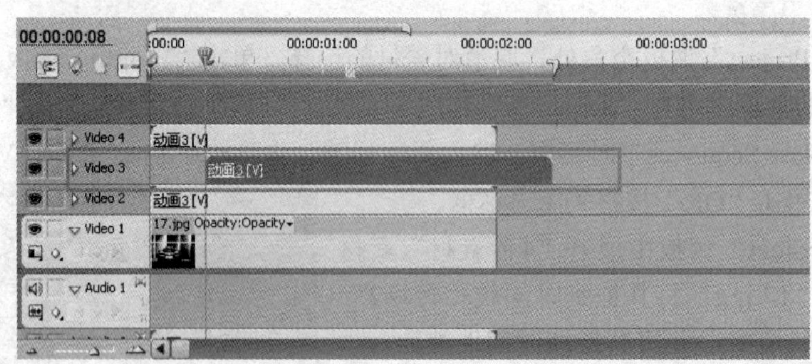

图 3-39

②将当前时间指针置于00:00:00:16处，单击并向右拖动“Video 2”轨道中的“动画3”序列素材，使其入点吸附于当前时间指针处。通过此操作，使“Video 2”轨道中的“动画

3”序列素材向后延迟16帧出现，如图3-40所示。

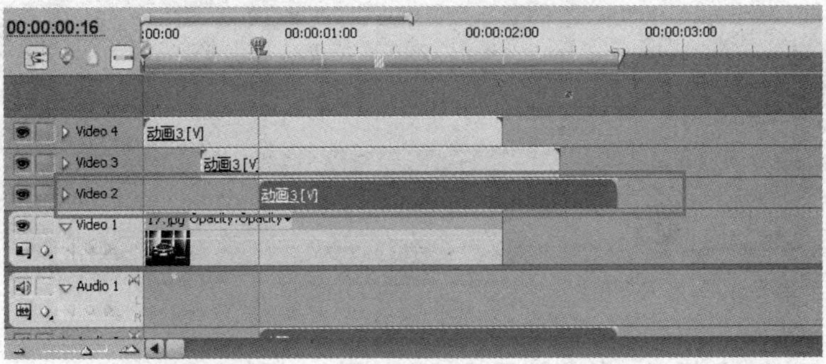

图 3-40

③ 调整“Video 3”“Video 2”轨道中素材的出点位置：移动鼠标到“Video 3”轨道中序列素材“动画3”右侧“出点”的位置，会出现“剪辑出点”图标，向左拖动其出点至00:00:02:00处，如图3-41所示。

图 3-41

同样，调整“Video 2”轨道中序列素材“动画3”的出点至00:00:02:00处，如图3-42所示。

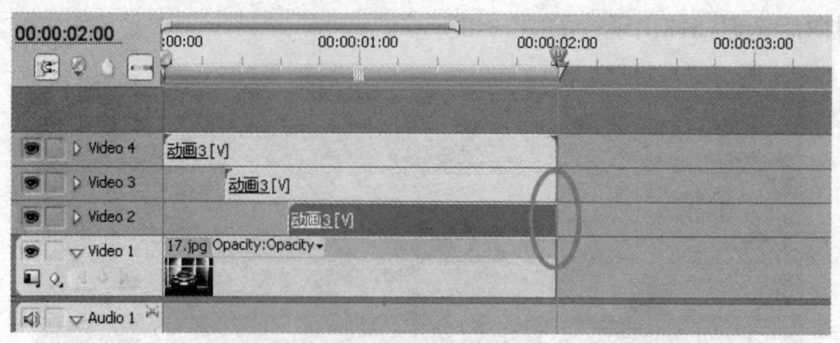

图 3-42

此时，“Program”调板中的影片播放效果如图3-43所示。

图 3-43

至此，转场用2个嵌套序列制作完毕。

六、制作最终影片

制作说明：

新建一个序列，将前面所制作的各素材、序列都置于此新序列中，再加入必要的转场效果及背景音乐素材，从而完成最终影片的制作。

1）单击“Project”调板空白处，取消对素材的选择。单击“Project”调板下方的新建按钮，在弹出的菜单中选择“Sequence”选项（或执行“File”→“New”→“Sequence”命令），出现“New Sequence”对话框，输入新序列的名称“最终影片”，并将“Video”轨道数设置为“4”，单击“OK”按钮关闭对话框。

2）从“Project”调板中选择“片头”序列素材，拖到时间线“最终影片”的“Video 4”轨道。

将序列素材“转场1”也拖到“Video 4”轨道，置于“片头”序列素材之后，如图3-44所示。

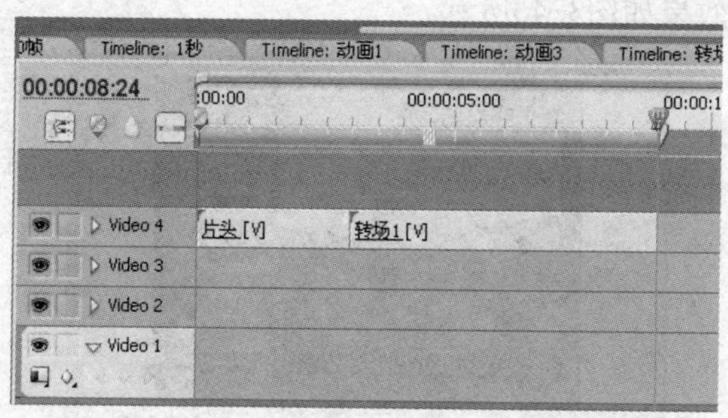

图 3-44

3）在“Project”调板中展开“1秒素材”素材箱，选中“15.jpg”素材，拖到“Video 4”轨道“转场1” 序列素材之后，即拖到00:00:09:00处；调整其持续时间为2s（运用前面所讲拖动素材出点的方法，拖动其出点至00:00:11:00处）；再利用“Scale to Frame Size”使其满屏显示。

在“Project”调板中拖动“动画1”序列素材分别到“Video 3”“Video 2”“Video 1”中，如图3-45所示。

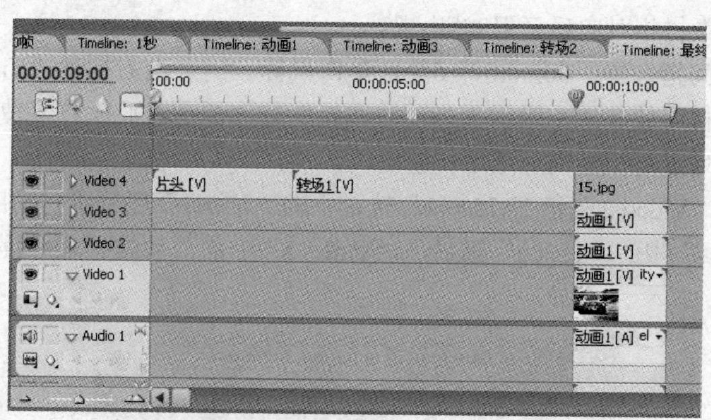

图 3-45

①调整素材的大小及位置。

a）选中“Video 4”中的“15.jpg”素材，在“Effect Controls”（效果控制）调板中设置“Scale Height”的值为“68.0”，设置“Scale Width”的值为“66.0”，设置“Position”（位置）属性的值为“273.0”和“288.0”。

b）选中“Video 3”中的“动画1”序列素材，在“Effect Controls”（效果控制）调板中设置“Scale Height”的值为“20.0”，设置“Scale Width”的值为“21.0”，设置“Position”（位置）属性的值为“600.0”和“150.0”。

c）选中“Video 2”中的“动画1”序列素材，在“Effect Controls”（效果控制）调板中设置“Scale Height”的值为“20.0”，设置“Scale Width”的值为“21.0”，设置“Position”（位置）属性的值为“600.0”和“288.0”。

d）选中“Video 1”中的“动画1”序列素材，在“Effect Controls”（效果控制）调

板中设置“Scale Height”的值为“20.0”，设置“Scale Width”的值为“21.0”，设置“Position”（位置）属性的值为“600.0”和“426.0”。

“Program”调板的效果如图3-46所示。

图 3-46

②制作序列素材的延时出现效果。

a）将当前时间指针置于00:00:09:08处，单击鼠标左键并向右拖动“Video 2”轨道中的“动画1”序列素材，使其入点吸附于当前时间指针处。通过此操作，使“Video 2”轨道中的“动画1”序列素材相对向后延迟8帧出现。

b）将当前时间指针置于00:00:09:16处，单击鼠标左键并向右拖动“Video 1”轨道中的“动画1”序列素材，使其入点吸附于当前时间指针处。即通过此操作，使“Video 1”轨道中的“动画1”序列素材相对向后延迟16帧出现。

c）分别调整“Video 2”和“Video 1”轨道中的“动画1”序列素材的出点至00:00:11:00处，即与“Video 4”中的“15.jpg”素材、“Video 3”中的“动画1”序列素材的出点对齐，如图3-47所示。

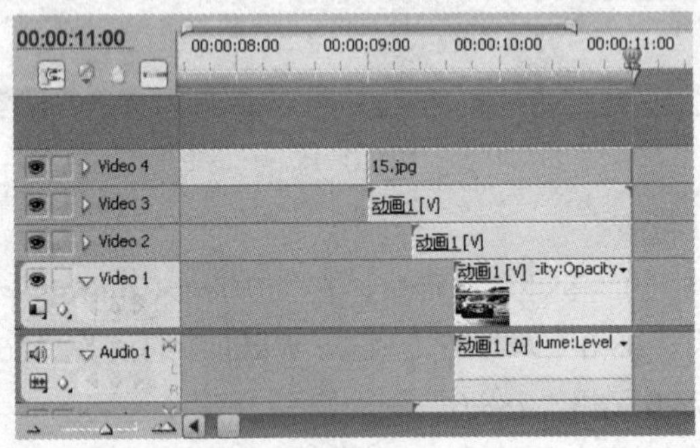

图 3-47

4）在“Project”调板中展开“1秒素材”素材箱，选中“16.jpg”素材，拖到“Video 4”轨道“15.jpg”素材之后，即拖到00:00:11:00处；调整其持续时间为2s（运用前面所讲拖动素材出点的方法，拖动其出点至00:00:13:00处）；再利用“Scale to Frame Size”使其满屏显示。

在“Project”调板中拖动“动画2”序列素材分别到“Video 3”“Video 2”“Video 1”中，如图3-48所示。

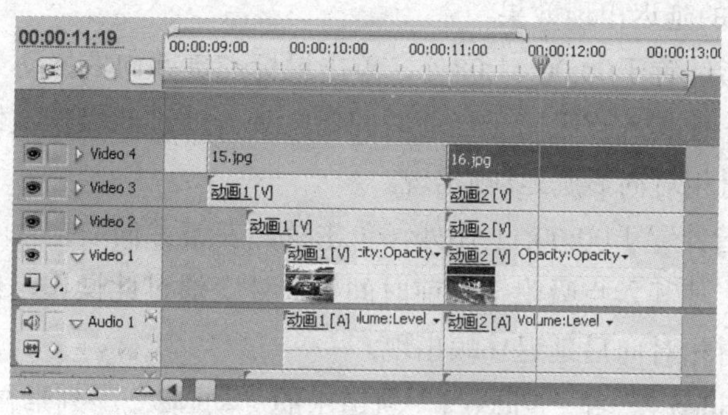

图 3-48

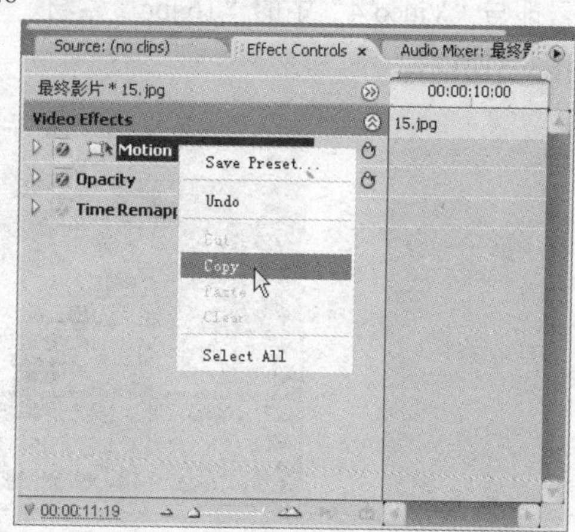

图 3-49

①调整素材的大小及位置。

由于“Video 4”轨道中的“16.jpg”素材与“15.jpg”素材的大小及在屏幕中的位置相同，“动画2”序列素材与“动画1”序列素材在各自相应轨道中的大小、屏幕中的位置也相同，所以，可以采用属性间的复制、粘贴方法，提高制作效率。

a）选中“Video 4”轨道中的“15.jpg”素材，在“Effect Controls”（效果控制）调板中“Motion”属性上单击鼠标右键，在弹出的快捷菜单中选择“Copy”选项，如图3-49所示。

选中“Video 4”轨道中的“16.jpg”素材，在“Effect Controls”（效果控制）调板中“Motion”属性上单击鼠标右键，在弹出的快捷菜单中选择“Paste”选项。

b）采用此方法，分别复制不同轨道“动画1”序列素材的“Motion”属性，并粘贴到相应轨道的“动画2”序列素材。

“Program”调板中的效果如图3-50所示。

图 3-50

②制作序列素材的延迟出现效果。

a）将当前时间指针置于00:00:11:08处，单击鼠标左键并向右拖动“Video 2”轨道中的“动画2”序列素材，使其入点吸附于当前时间指针处。通过此操作，使“Video 2”轨道中的“动画2”序列素材相对向后延迟8帧出现。

b）将当前时间指针置于00:00:11:16处，单击鼠标左键并向右拖动“Video 1”轨道中的“动画2”序列素材，使其入点吸附于当前时间指针处。通过此操作，使“Video 1”轨道中的“动画2”序列素材相对向后延迟16帧出现。

c）分别调整“Video 2”和“Video 1”轨道中的“动画2”序列素材的出点至00:00:13:00处，即与“Video 4”中的“16.jpg”素材、“Video 3”中的“动画2”序列素材的出点对齐，如图3-51所示。

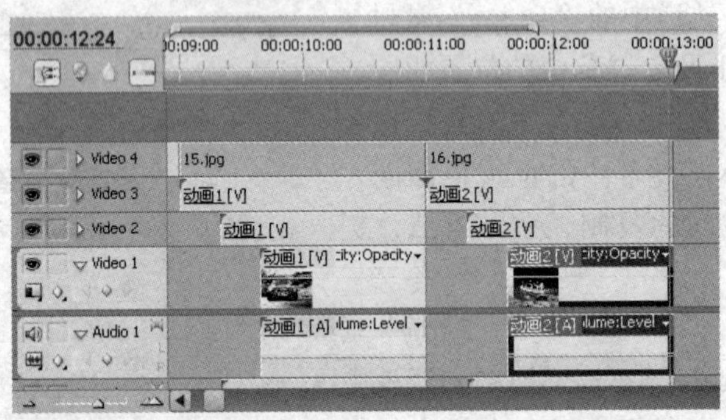

图 3-51

5）从“Project”调板中选择“转场2”序列素材，拖到时间线“最终影片”“Video 4”轨道的“16.jpg”素材后。至此，素材组接完毕，如图3-52所示。

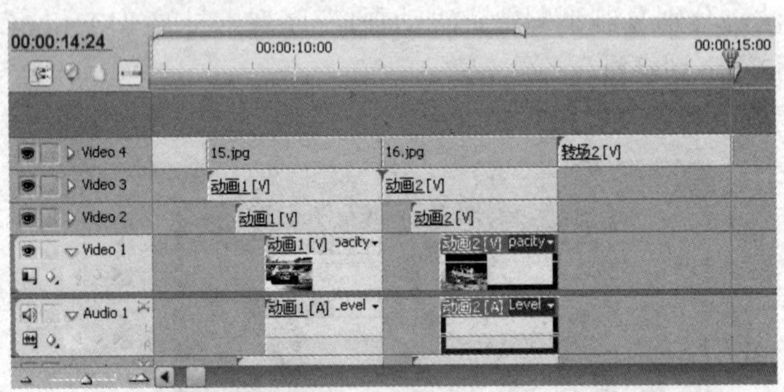

图 3-52

6）对素材加入转场效果。

①在“Effects”（效果）调板中，展开“Video Transitions”文件夹中的“Dissolve”文件夹，将其中的“Cross Dissolve”转场拖到“Video 4”轨道的序列素材“片头”的入点处，如图3-53所示。

在“Timeline”（时间线）调板中，双击刚添加的转场，调出“Effect Controls”（效果控制）调板，将“Duration”（转场时间）设置为“00:00:00:15”（即15帧），如图3-54所示。

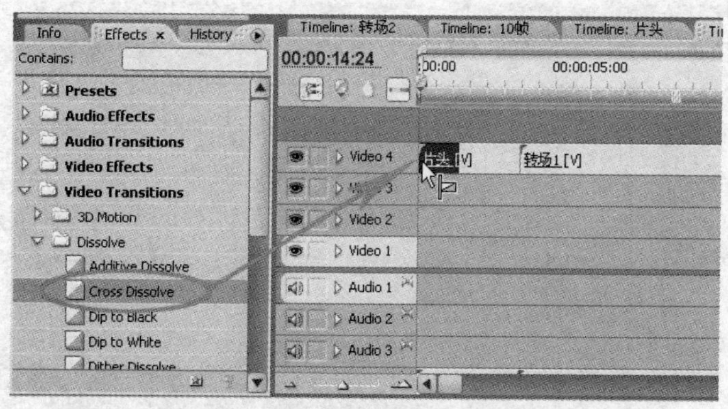

图 3-53

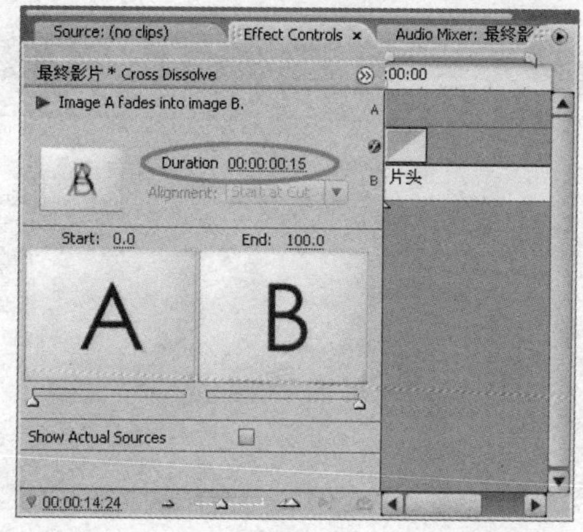

图 3-54

②采用相同的方法，分别在“Video 4”轨道的序列素材“转场1”的入点处、序列素材“转场2”的出点处也应用“Cross Dissolve”转场，并将“Duration”（转场时间）都设置为“00:00:00:15”，如图3-55所示。

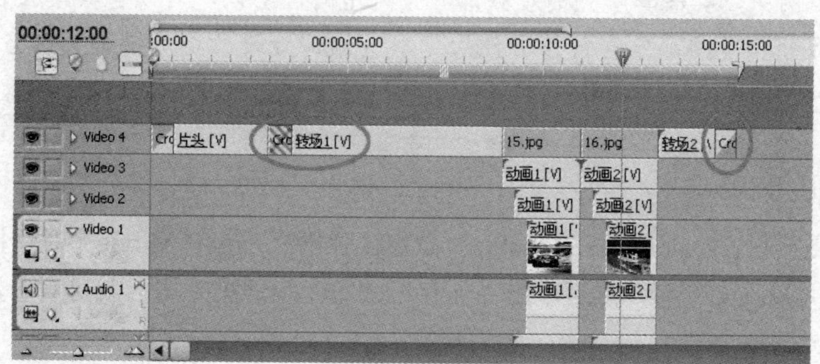

图 3-55

7）加入背景音乐。

从“Project”调板中，拖动音频素材文件“bg.wav”至音频轨道“Master”下方空白处，会自动添加一条“Audio 5”轨道，同时素材也置入其中，如图3-56所示。

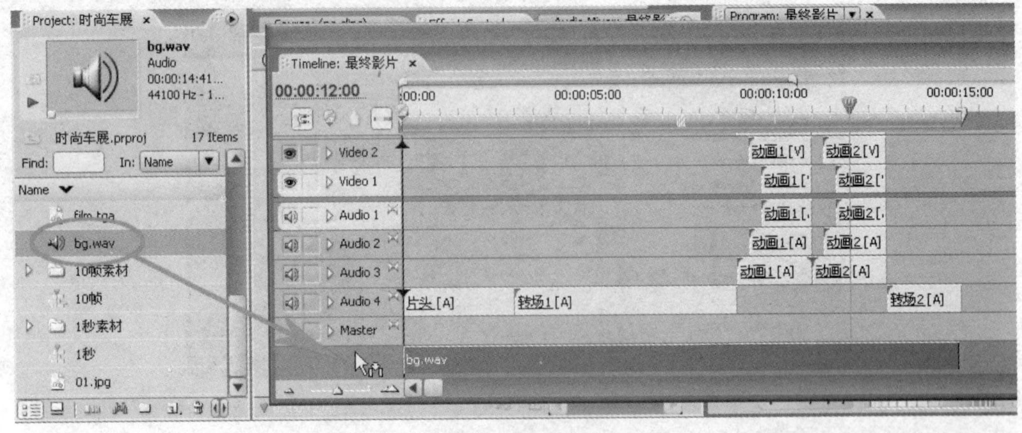

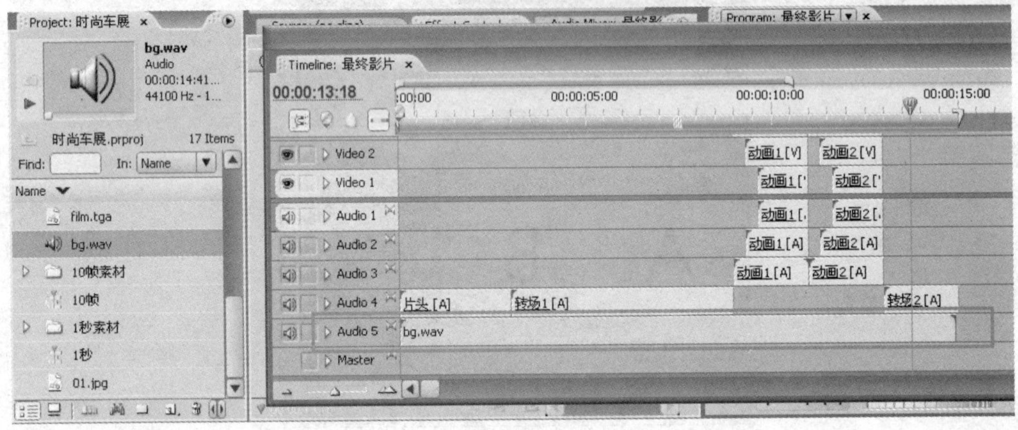

图 3-56

小提示

在将嵌套序列素材从“Project”调板拖至“Timeline”调板的“Video”（或“Audio”）轨道中时，其音频（或视频）部分也会自动添加到相应的“Audio”（或“Video”）轨道中。

本例中，各嵌套序列的音频部分是无用的，所以，可以将其单独删除（先取消视频部分和音频部分的链接，然后选中音频部分进行删除），再将音频素材“bg.wav”拖到空白的“Audio”轨道中，而不用新添加一条“Audio”轨道。

七、影片的输出

执行“File”→“Export”→“Movie”命令，弹出“Export Movie”对话框，从中选择保存目标路径并输入文件名，然后单击“保存”按钮，等渲染完毕后就可观看影片了。

触类旁通

本项目的制作具有一定的难度，运用了Premiere中的素材属性动画、标题字幕、序列嵌套、转场效果等，制作了一部关于车展的影片片花。

片头部分的制作是第一个难点，主要是胶片素材在运动时，其中各小画幅画面也要随之运动。

小提示

这部分如果放到合成软件中去制作会比较简单。以Adobe After Effects软件为例，将小画幅内画面素材层设置为胶片素材层的“子层”，然后对胶片素材设置位移动画即可。

这就提示大家，在实际的视频编辑工作中，最好还要掌握一些相关的其他软件，如合成软件、三维动画制作软件、平面制作软件等，综合运用能提高工作效率。

第二个难点就是序列嵌套及多级嵌套、对嵌套素材的灵活运用，在学习过程中读者可以把嵌套序列当作一个普通的包含视频和音频的素材去操作。

实战强化

请读者利用本例的图片素材，制作车展序列嵌套效果。

制作要求：

1）影片长度为5s。

2）影片在同一时刻，下方3幅小画面的素材是不一样的。

3）构图及色彩美观，体现出车展的主题特色。

第2篇 综合实例篇

项目4 结婚纪念电子相册

项目情境

一对新人拿来他们的婚纱照片，要制作成电子相册，在结婚典礼当天通过大屏幕投影给各位亲朋好友播放，一是可以展示自己的婚纱照片，二是使来宾们在典礼开始前这段时间不至于“空等”。

制作要求：

1）风格新颖。

2）动画效果丰富且流畅、连贯。

3）构图及色彩美观。

4）要加入音乐，烘托气氛。

项目分析

电子相册就是把静态的照片制作成动态的视频，添加丰富、绚丽的动画和转场效果及特效、字幕等，使照片的表现更具活力。

本项目通过对照片进行设计处理，让学习者掌握使用Photoshop软件为照片调色、合成背景、加相框等方法。同时利用Premiere软件完成照片组接、制作动画、加入转场、添加字幕等处理，在同一时刻有多种效果出现，最后用淡入、淡出的背景音乐来衬托，使电子相册更具动感。

成品效果

影片最终的渲染输出效果，如图4-1所示。

图 4-1

项目实施

一、新建项目文件

1）启动Premiere软件，单击“New Project”按钮，打开“New Project”对话框新建项目。

2）在对话框中展开“DV-PAL”项，选择其下的“Standard 48kHz”。在对话框下方指定保存路径（目录）并将其命名为“结婚相册”，单击“OK”按钮关闭对话框，进入Premiere的工作界面。

二、导入素材

1. 素材文件夹的导入

1）执行“Edit”→“Preferences”→“General”命令，打开“Preferences”对话框。将“Still Image Default Duration”项的数值设置为“100”（即将默认导入静止图片的持续时间设置为100帧），单击“OK”按钮关闭对话框。

2）执行“File”→“Import”命令（或按<Ctrl+I>组合键），打开“Import”（导入素材）对话框。在对话框中找到配套素材“Ch05”文件夹中的“素材”文件夹，打开后，再选中“photo”文件夹，单击“Import”对话框右下方的“Import Folder”按钮，将“photo”文件夹及其内的所有素材都导入到“Project”调板中。

3）采用同样的方法，将“背景”文件夹（在配套素材“Ch05”文件夹中的“素材”文件夹内）也导入到“Project”调板中。

此时，“Project”调板如图4-2所示。

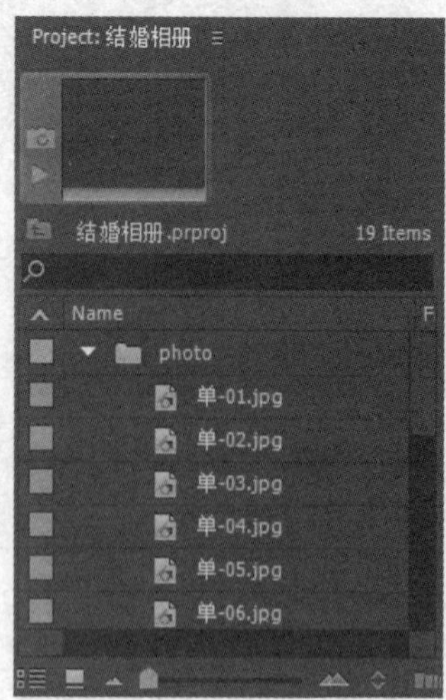

图 4-2

2. 导入Photoshop素材文件

1）在“Project”调板空白处单击，执行“File”→“Import”命令（或按<Ctrl+I>组合键），打开“Import”（导入素材）对话框。在对话框中找到配套素材“Ch05”文件夹中的“素材”文件夹，打开后选中“黑方格.psd”文件，单击“Import”对话框的“打开”按钮，弹出“Import Layered File”（导入分层文件）对话框。

2）在“Import Layered File”对话框的“Import As”下拉列表框中选择“Footage”（素材），在下方的“Layer Options”（层选项）栏中选择“Merged Layers”（合并层），然后单击“OK”按钮，即以素材方式导入合并图层后的psd文件。

3）用同样的方法，导入“片头字.psd”文件。

3. 导入音频素材文件

在“Project”调板空白处单击，再执行“File”→“Import”命令（或按<Ctrl+I>组合键），打开“Import”（导入素材）对话框。在对话框中找到配套素材“Ch05”文件夹中的“素材”文件夹，打开后选中“music.mp3”文件，单击“Import”对话框的“打开”按钮，关闭对话框。

此时，“Project”调板如图4-3所示。

图 4-3

三、制作片头

1）在“Project”调板中，展开“背景”素材箱，将其中的素材文件“001.avi”拖到“Timeline”调板的V2轨道中。

2）移动当前时间指针至00:00:15:00处，再移动鼠标到时间线V2轨道中素材“001.avi”的右侧“出点”位置，会出现“剪辑出点”图标，向左拖动其出点至时间指针处，即将其持续时间调整为15s。

3）将“Project”调板中的“片头字.psd”素材拖到V3轨道中。

4）在“Effects”（效果）调板中，展开“Video Transitions”文件夹中的“Dissolve”文件夹，将其中的“Cross Dissolve”转场分别拖到V3轨道中素材“片头字.psd”的入点处和出点处（确认在“Effect Controls”调板中，转场持续时间为1s），对其加入“淡入”“淡出”的效果，如图4-4所示。

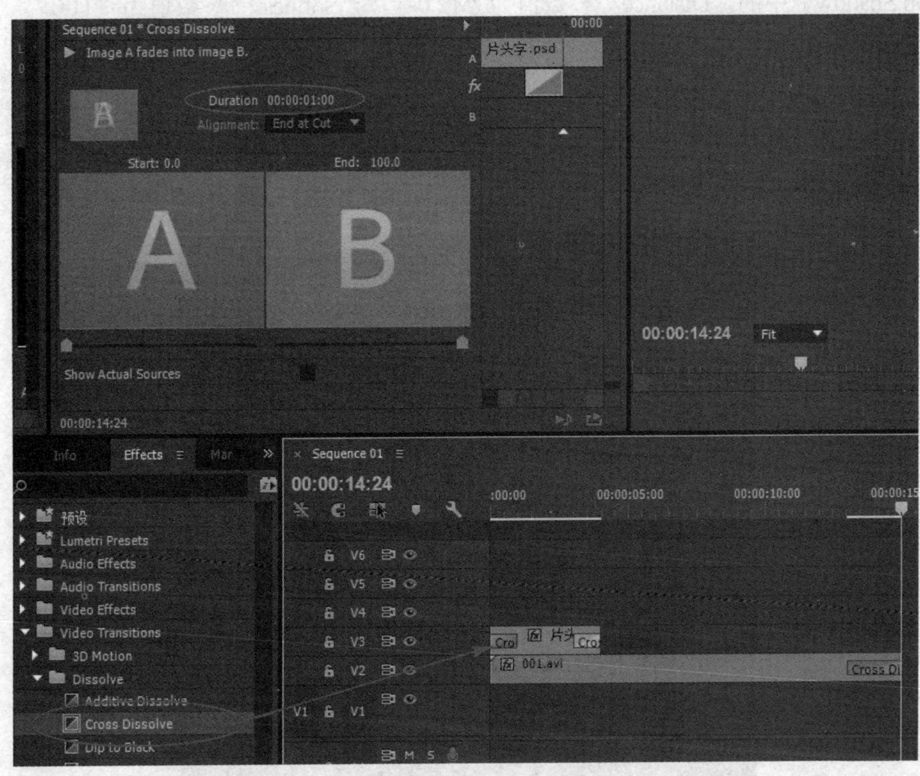

图 4-4

四、制作动画片段（1）

1. 添加视频轨道

执行“Sequence”→“Add Tracks”命令（或在轨道控制区域单击鼠标右键，在弹出的快捷菜单中选择“Add Tracks”命令），出现“Add Tracks”（添加轨道）对话框，在其中输入添加轨道的数量：3条Video轨道，0条Audio轨道，单击“OK”按钮关闭对话框。

2. 第1段照片动画

1）在“Project”调板中，展开“photo”素材箱，将其中的素材文件“合-01.jpg”拖到V3轨道中素材“片头字.psd”的后面。在此素材上单击鼠标右键，在弹出的快捷菜单中选择“Speed/Duration”命令，设置其持续时间为00:00:06:00，即6s，如图4-5所示。

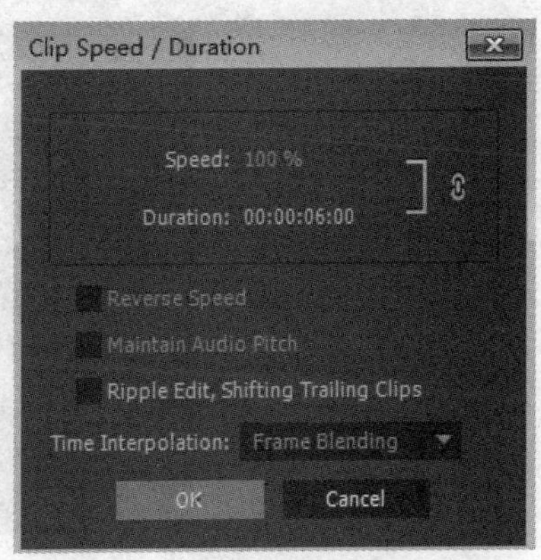

图 4-5

2）移动当前时间指针至00:00:04:00处，单击选中素材文件“合-01.jpg”，在其“Effect Controls”调板中，设置“Position”的X坐标值为“874.0”，单击“Position”

左侧的“开关动画”按钮，开启此属性动画设置，为其设置第一个关键帧；设置“Scale”的值为“80.0”。

3）在“Effects”调板中，展开“Video Effects”文件夹中的“Perspective”文件夹，将其中的“Drop Shadow”效果拖到V3轨道中的素材“合-01.jpg”上。在“Effect Controls”调板中，设置“Drop Shadow”中的“Distance”参数值为“12.0”，“Softness”参数值为“11.0”。

小提示

“Perspective”为“透视效果”，其中的“Drop Shadow”是在素材片段的后方添加一个投影，投影的外形由素材片段的“Alpha”通道决定。

此时，素材“合-01.jpg”的“Effect Controls”调板如图4-6所示。

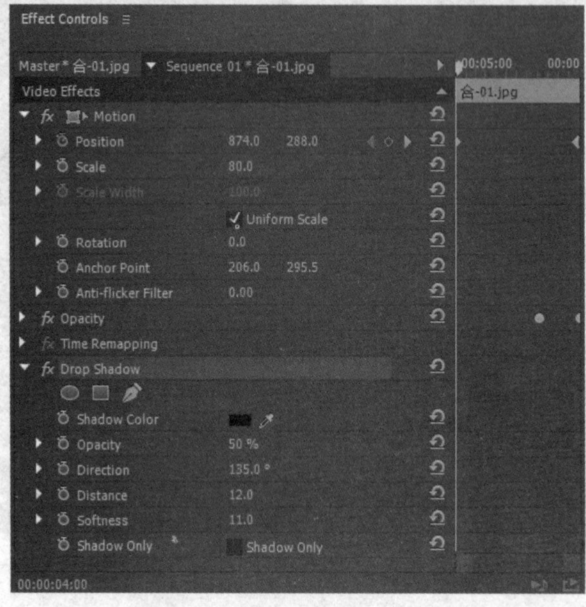

图 4-6

4）将时间指针移动到00:00:08:00处，在“Effect Controls”调板中，展开“Opacity”（不透明度）项，单击“Opacity”右侧的“添加/移除关键帧”按钮，在此处添加一个关键帧，如图4-7所示。

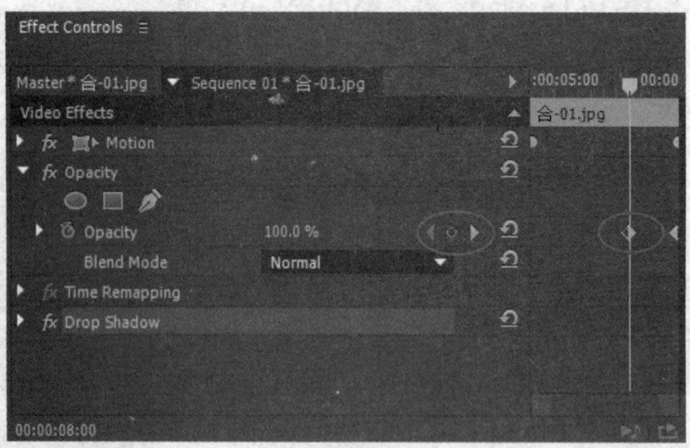

图 4-7

将时间指针移动到00:00:09:24处，设置“Opacity”的值为“0”，自动产生第2个关键帧。

5）将“Motion”项中“Position”的X坐标值设置为“-166.0”。此时，调板如图4-8所示。

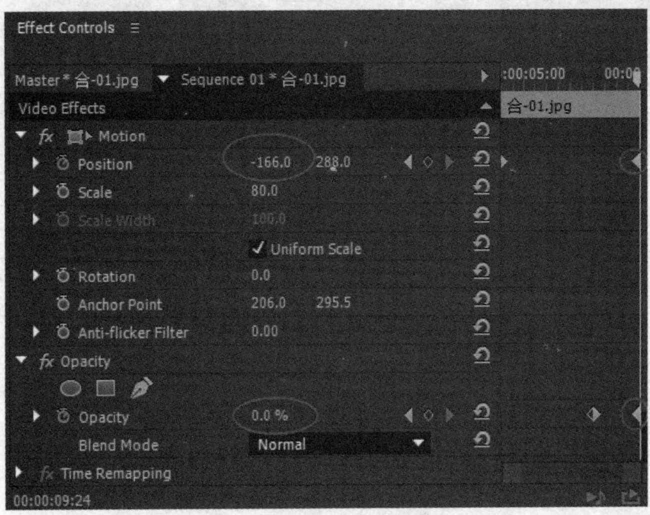

图　4-8

此时，“Program”调板中的播放效果如图4-9所示。

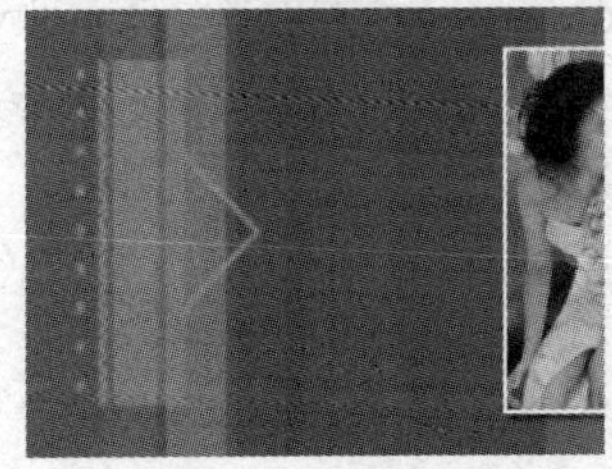  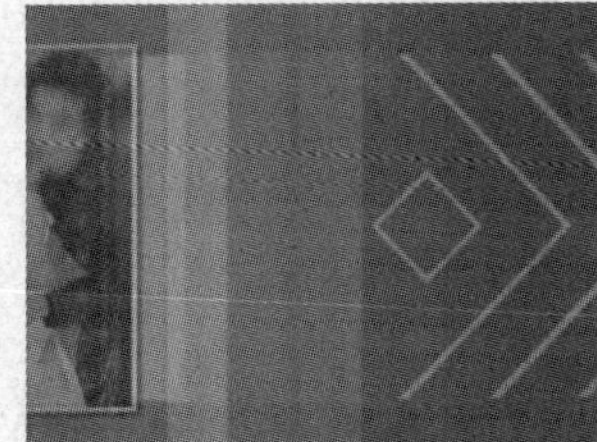

图　4-9

3．第2段照片动画

1）将时间指针移动到00:00:08:07处，从“Project”调板中拖动素材“合-02.jpg”到V4轨道。在此素材上单击鼠标右键，在弹出的快捷菜单中执行“Speed/Duration”命令，设置其持续时间为00:00:06:00。

2）选中素材“合-02.jpg”，在“Effect Controls”调板中，设置“Position”的X坐标值为“-159.0”，单击“Position”左侧的“开关动画”按钮，为其设置第1个关键帧；设置“Scale”的值为“80.0”。

3）在“Effects”调板中，展开“Video Effects”文件夹中的“Perspective”文件夹，将其中的“Drop Shadow”效果拖到V4轨道中素材“合-02.jpg”上。在“Effect Controls”调板中，设置“Drop Shadow”中的“Distance”参数值为“12.0”，“Softness”参数值为“11.0”。

4）将时间指针移动到00:00:12:07处，在“Effect Controls”调板中，展开“Opacity”项，单击“Opacity”右侧的“添加/移除关键帧”按钮，在此处添加一个关键帧；将时间指针移动到00:00:14:06处，设置“Opacity”的值为“0”，自动产生第2个关键帧。

5）将“Motion”项中“Position”的X坐标值设置为“872.0”，使其产生由左向右的运动。

此时，“Program”调板中的播放效果如图4-10所示。

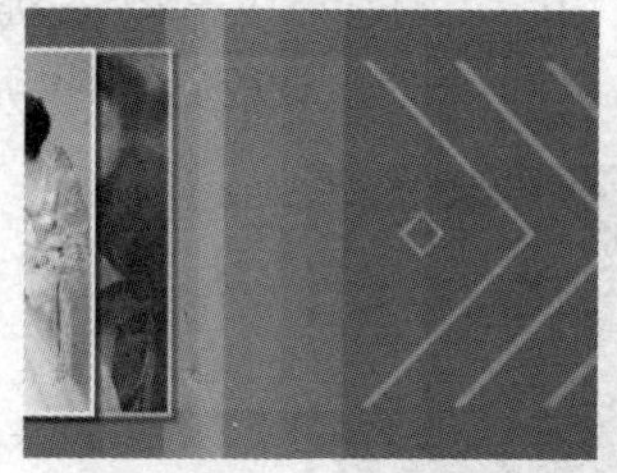

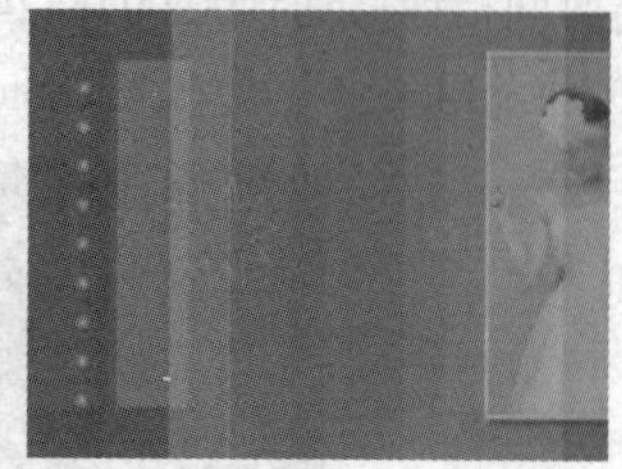

图 4-10

4. 第3段照片动画

1）将时间指针移动到00:00:13:15处，从“Project”调板中拖动素材“单-01.jpg” 到V3轨道。在此素材上单击鼠标右键，在弹出的快捷菜单中选择“Speed/Duration”命令，设置其持续时间为00:00:06:00。

2）在其“Effect Controls”调板中，设置“Position”的Y坐标值为“-243.0”，单击“Position”左侧的“开关动画”按钮，为其设置关键帧；设置“Scale”的值为“80.0”，单击“Scale”左侧的“开关动画”按钮，也为其设置关键帧。

3）从“Effects”调板中拖动“Drop Shadow”效果至素材“单-01.jpg”上；“Effect Controls”调板中的参数设置同上。

4）将时间指针移动到00:00:16:17处，在“Effect Controls”调板中单击“Opacity”右侧的“添加/移除关键帧”按钮，为“Opacity”属性添加一个关键帧；将时间指针移动到00:00:19:14处，设置“Opacity”值为“0”，自动产生第2个关键帧。

5）将“Motion”项中“Position”的Y坐标值设置为“1280.0”，“Scale”的值设置为“290.0”。

此时，“Program”调板中的播放效果如图4-11所示。

图 4-11

5. 第4段照片动画

1）将时间指针移动到00:00:18:05处，从“Project”调板中拖动素材“单-02.jpg”到V4轨道。在此素材上单击鼠标右键，在弹出的快捷菜单中执行“Speed/Duration”命令，设置其持续时间为00:00:06:00。

2）在其“Effect Controls”调板中，设置“Position”的Y坐标值为“815.0”，并单击“Position”左侧的“开关动画”按钮，为其设置关键帧；设置“Scale”的值为“80.0”，单击“Scale”左侧的“开关动画”按钮，也为其设置关键帧。

3）从“Effects”调板中拖动“Drop Shadow”效果至素材“单-02.jpg”上；“Effect Controls”调板中的参数设置同上。

4）将时间指针移动到00:00:21:05处，在“Effect Controls”调板中单击“Opacity”右侧的“添加/移除关键帧”按钮，为“Opacity”属性添加一个关键帧；将时间指针移到00:00:24:04处，设置“Opacity”的值为“0”。

5）将“Motion”项中“Position”的Y坐标值设置为“–659.0”，“Scale”的值设置为“276.0”。

此时，“Program”调板中的播放效果如图4–12所示。

图 4–12

6. 第5段照片动画

1）将时间指针移动到00:00:22:23处，从“Project”调板中拖动素材“合-03.jpg”到V3轨道。

2）在其“Effect Controls”调板中，设置“Scale”的值为“80.0”。

3）设置“Position”的X坐标值为“880.0”，单击“Position”左侧的“开关动画”按钮，设置关键帧；将时间指针移动到00:00:24:23处，设置X坐标值为“360.0”；将时间指针移动到00:00:26:23处，设置X坐标值为“876.0”。

4）添加“Drop Shadow”效果，“Effect Controls”调板中的参数设置同上。

此时，“Program”调板中的播放效果如图4–13所示。

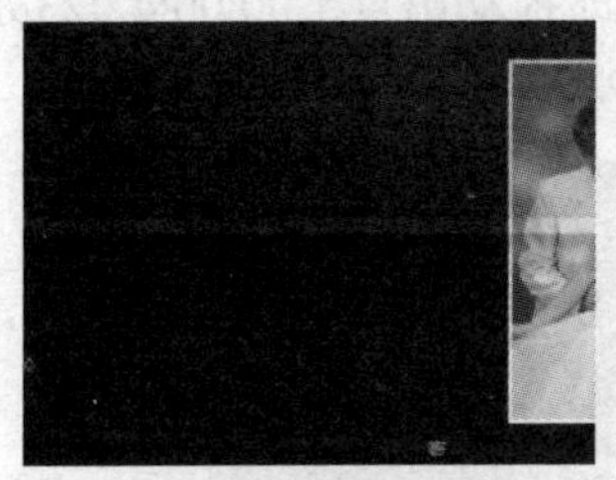

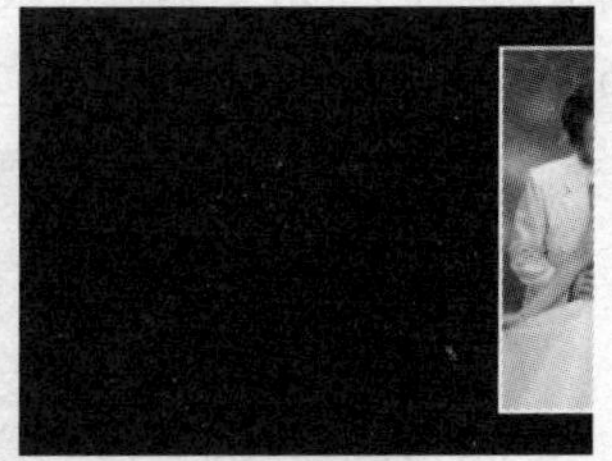

图 4–13

7. 添加背景素材

1）将时间指针移至00:00:13:00处，从“Project”调板的“背景”素材箱中拖动“002.avi”素材到V1轨道中。

2）移动时间指针到00:00:26:23处，将鼠标移到该素材右侧出点位置，拖动出点到时间指针处，即缩短其持续时间。

3）在“Effects”调板中，展开“Video Transitions”文件夹中的“Dissolve”文件夹，将其中的“Cross Dissolve”转场拖到V2轨道中素材“001.avi”的出点处；在“Effect Controls”调板中，将转场持续时间设置为00:00:02:00。

此时“Timeline”调板如图4–14所示。

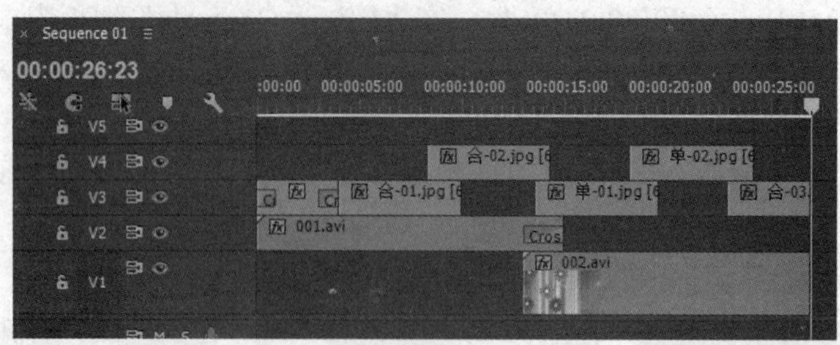

图 4-14

五、制作动画片段（2）

1）组接素材。

①在“Project”调板的“Photo”素材箱中，单击选中“单-03.jpg”素材，再按住<Ctrl>键，分别单击“单-03.jpg”“合-04.jpg”“单-04.jpg”“合-05.jpg”素材（即按顺序选中4个素材文件）。松开<Ctrl>键，将它们同时拖到V3轨道中“合-03.jpg”素材片段的后面，如图4-15所示。

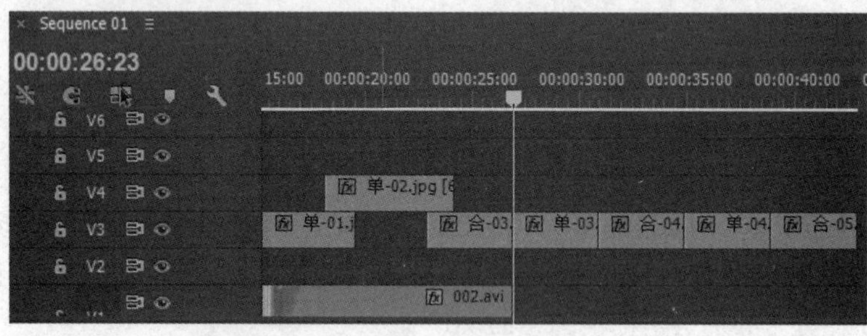

图 4-15

②拖动“背景”素材箱内的“003.avi”到V1 轨道中素材片段“002.avi”的后面。拖动其右侧出点与V3轨道中素材片段“合-05.jpg”的出点对齐，即拖动出点至00:00:42:23处，如图4-16所示。

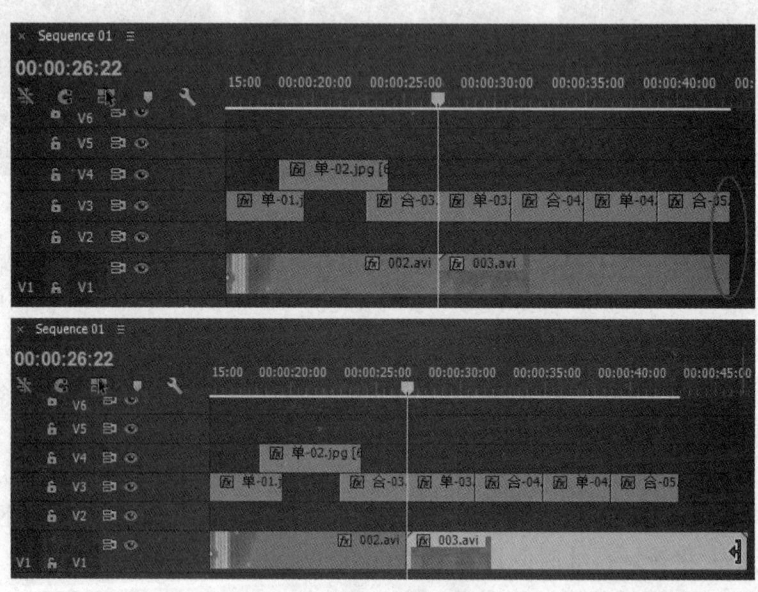

图 4-16

小提示

也可先将时间指针移动到00:00:42:23处，再拖动素材“003.avi”右侧的出点至该处。

2）分别在各自的“Effect Controls”调板中，将“单-03.jpg”“合-04.jpg”“单-04.jpg”“合-05.jpg”4个照片素材Scale的值设置为“152.0”；再对这4个素材分别添加“Drop Shadow”效果，其参数设置同前面各素材。

小提示

由于各素材的“Drop Shadow”（投影）效果参数设置都相同，所以可采用复制、粘贴的方法来提高操作效率。即打开已添加了该效果素材的“Effect Controls”调板，在“Drop Shadow”名称上单击鼠标右键，在弹出的快捷菜单中选择“Copy”选项；打开目标素材的“Effect Controls”调板，在调板空白处单击鼠标右键，在弹出的快捷菜单中选择“Paste”选项。

“Effect Controls”调板如图4-17所示。

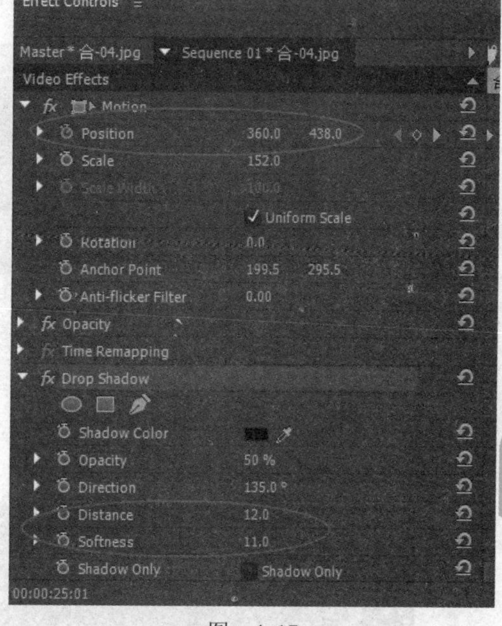

图　4-17

3）制作照片上下运动的动画。

①将时间指针移至00:00:26:23处，单击选中“单-03.jpg”素材。在其“Effect Controls”调板中，设置“Position”的Y坐标值为“158.0”，并单击“Position”左侧的“开关动画”按钮，为其设置关键帧；将时间指针移至00:00:30:23处，设置“Position”的Y坐标值为“436.0”。

②单击选中“合-04.jpg”素材，在其“Effect Controls”调板中，设置“Position”的Y坐标值为“438.0”，并单击“Position”左侧的“开关动画”按钮，为其设置关键帧；将时间指针移至00:00:34:23处，设置“Position”的Y坐标值为“142.0”。

③单击选中“单-04.jpg”素材，在其“Effect Controls”调板中，设置“Position”的Y坐标值为“139.0”，并单击“Position”左侧的“开关动画”按钮，为其设置关键帧；将时间指针移至00:00:38:23处，设置“Position”的Y坐标值为“438.0”。

④单击选中“合-05.jpg”素材，在其“Effect Controls”调板中，设置“Position”的Y坐标值为“439.0”，并单击“Position”左侧的“开关动画”按钮，为其设置关键帧；将时间指针移至00:00:42:23处，设置“Position”的Y坐标值为“140.0”。

六、制作动画片段（3）

1．组接素材

1）将时间指针移至00:00:42:23处，在“Project”调板的“Photo”素材箱中，单击选中“单-05.jpg”素材，再按住<Ctrl>键，分别单击“单-05.jpg”“单-07.jpg”“合-01.jpg”“单-06.jpg”“合-06.jpg”素材（即按顺序选中5个素材文件）。松开<Ctrl>键，将它们同时拖到V4轨道中。

2）在“单-05.jpg”素材上单击鼠标右键，在弹出的快捷菜单中执行“Speed/Duration”命令，设置其持续时间为00:00:03:05。

3）用同样的方法，将“单-07.jpg”“合-01.jpg”“单-06.jpg”“合-06.jpg”素材的持续时间都调整为00:00:03:05；在轨道中重新拖动它们的位置，使其首尾相接，中间无空隙，如图4-18所示。

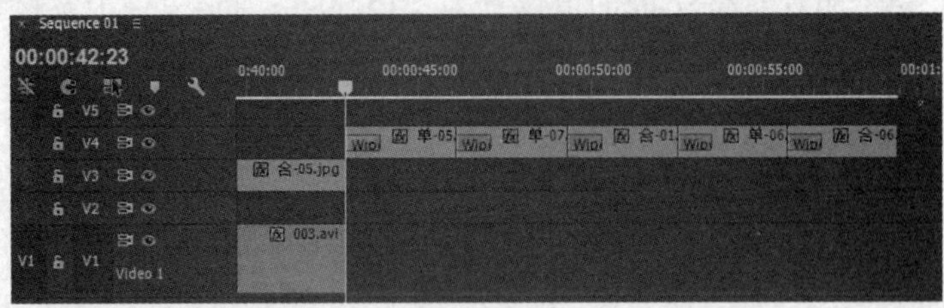

图 4-18

4）拖动“背景”素材箱内的“bg1.avi”到V1 轨道中素材片段“003.avi”的后面，如图4-19所示。

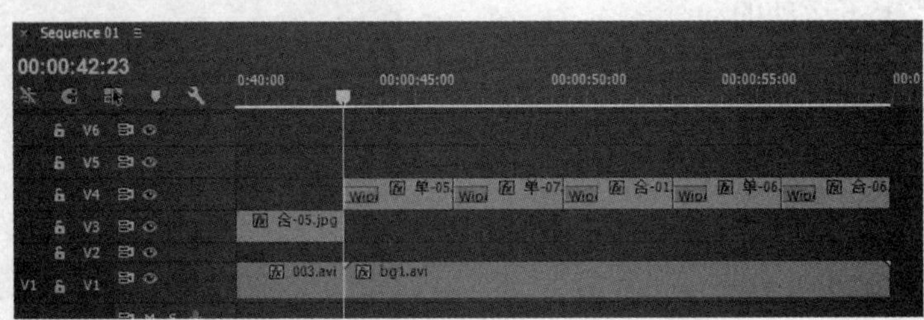

图 4-19

2. 设置照片属性

1）单击选中“单-05.jpg”素材，在其“Effect Controls”调板中，设置“Position”的X坐标值为“503.0”，Y坐标值为“279.0”，Scale的值为“80.0”。

2）为其添加“Drop Shadow”（投影）效果，参数设置同前面各素材，如图4-20所示。

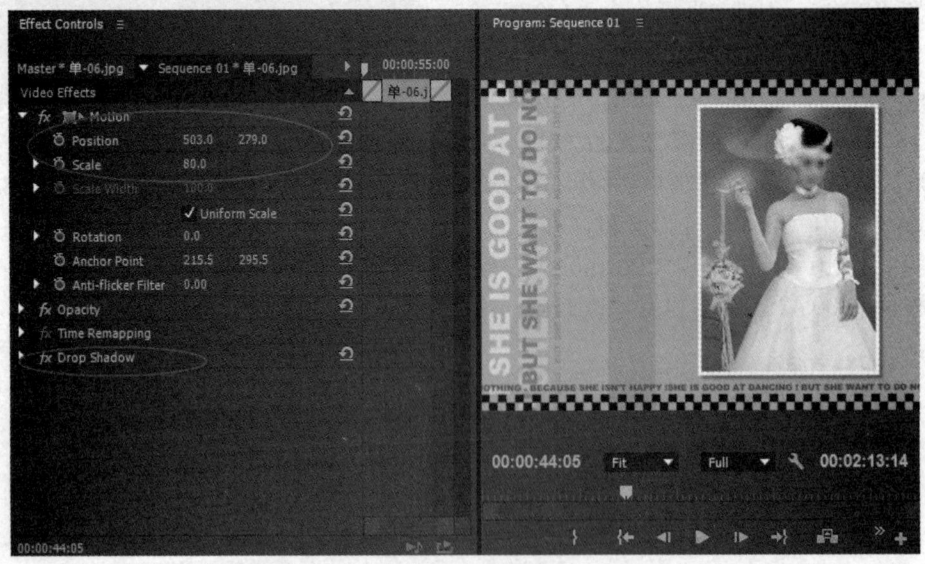

图 4-20

3）在“Effect Controls”调板中，单击选中“Motion”属性，再按住<Ctrl>键，单击“Drop Shadow”，将它们选中，如图4-21所示。

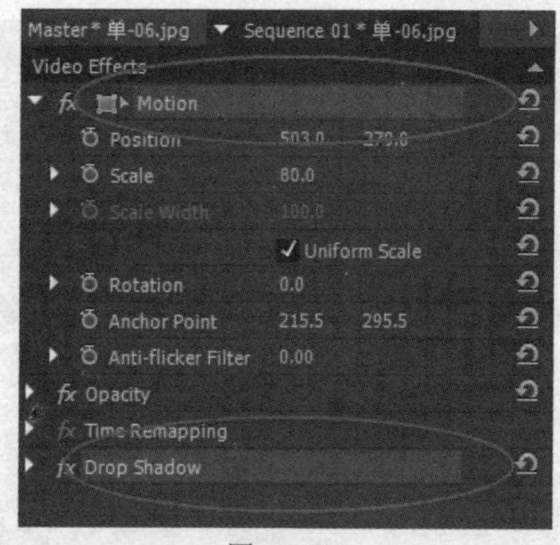

图 4-21

执行“Edit”→“Copy”命令，将其复制。

4）单击选中“单-07.jpg”素材，执行“Edit”→“Paste”命令，将2个属性粘贴至该素材。

5）用同样的方法，将属性粘贴至“合-01.jpg”“单-06.jpg”“合-06.jpg”素材。

3．添加转场效果

1）在“Effects”（效果）调板中，展开“Video Transitions”文件夹中的“Wipe”文件夹，将其中的“Wipe”转场拖到素材“单-05.jpg”的入点处。

2）在“Effect Controls”调板中，调整转场方向为“左下角”，持续时间为00:00:01:00，如图4-22所示。

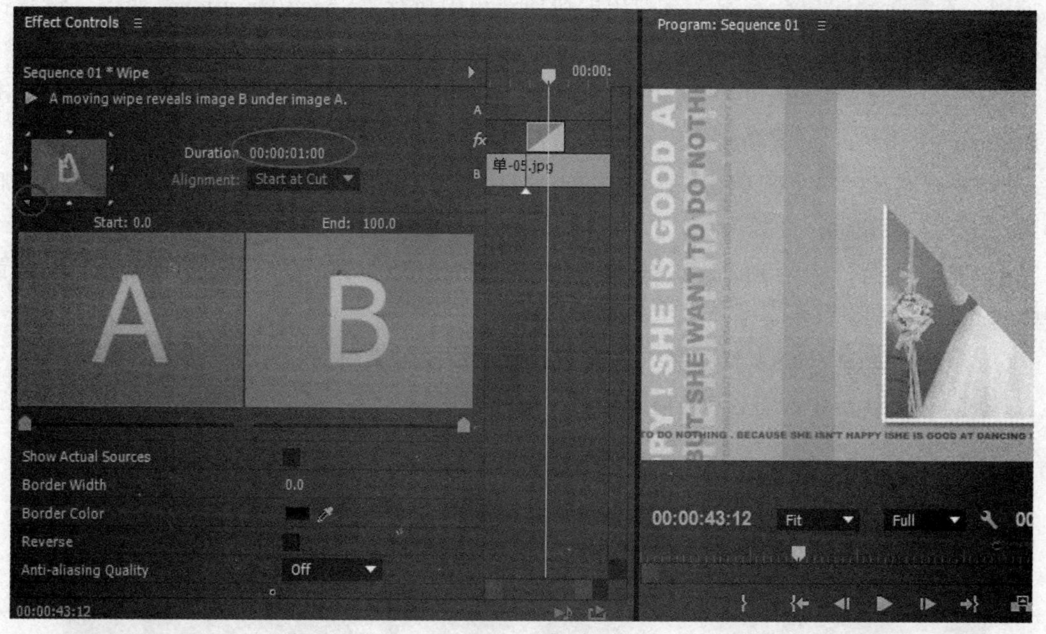

图 4-22

3）分别为素材“单-07.jpg”“合-01.jpg”“单-06.jpg”“合-06.jpg”的入点位置

添加“Wipe”转场，其转场方向采用默认的“左侧”，持续时间均为00:00:01:00，如图4-23所示。

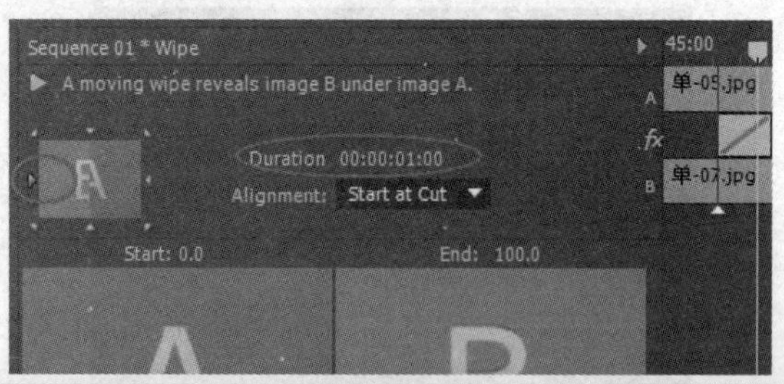

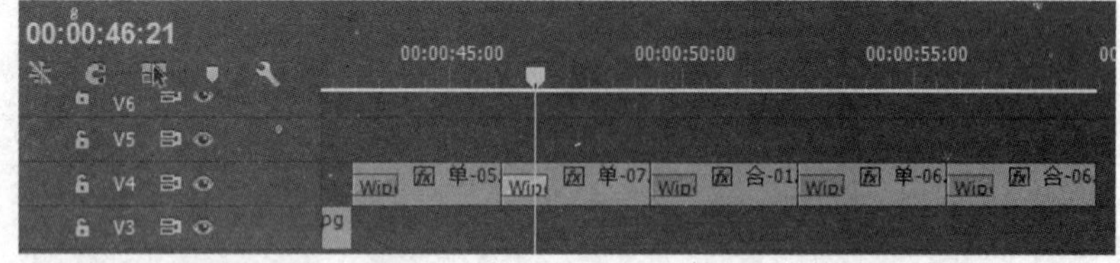

图 4-23

七、制作动画片段（4）

1．添加背景素材

1）拖动“背景”素材箱内的“004.avi”到V1 轨道中素材片段“bg1.avi”的后面。

2）将时间指针移至00:01:08:23处，拖动其右侧出点至该处。

2．第1段照片动画

1）将时间指针移至00:00:58:23处，从“Photo”素材箱中，将“单-08.jpg”素材拖到V2轨道中；在其上单击鼠标右键，在弹出的快捷菜单中执行“Speed/Duration”命令，设置持续时间为00:00:10:00。

2）在“Effect Controls”调板中，设置“Position”的X坐标值为“-128.0”，单击“Position”左侧的“开关动画”按钮，设置第1个关键帧，设置“Scale”的值为“55.0”。

3）将时间指针移至00:01:03:23处，展开“Opacity”项，单击“Opacity”右侧的“添加/移除关键帧”按钮，在此处添加1个关键帧。

4）将时间指针移至00:01:08:22处，设置“Position”的X坐标值为“842.0”，设置“Opacity”的值为“0”。

5）添加“Drop Shadow”效果，其参数设置同前面各素材。

此时，“Program”调板中的播放效果如图4-24所示。

  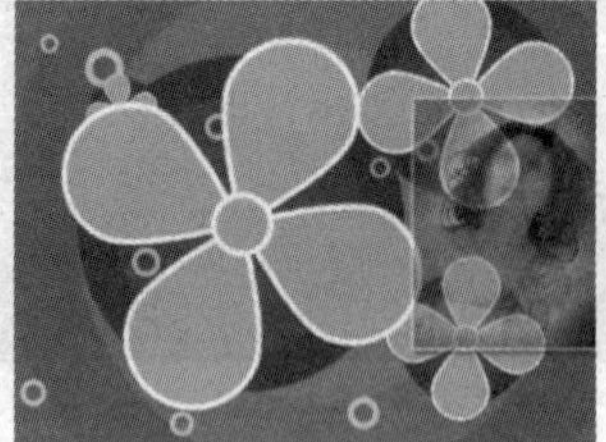

图 4-24

3．第2段照片动画

1）将时间指针移至00:01:00:24处，从“Photo”素材箱中，将“单-09.jpg”素材拖到V3轨道中，在其上单击鼠标右键，在弹出的快捷菜单中执行“Speed/Duration”命令，设置持续时间为00:00:06:00。

2）在其“Effect Controls”调板中，设置“Position”的X坐标值为“838.0”，单击“Position”左侧的“开关动画”按钮，设置第1个关键帧，设置“Scale”的值为“60.0”。

3）将时间指针移至00:01:03:24处，展开“Opacity”项，单击“Opacity”右侧的“添加/移除关键帧”按钮，在此处添加1个关键帧。

4）将时间指针移至00:01:06:23处，设置“Position”的X坐标值为“–127.0”，设置“Opacity”的值为“0”。

5）添加“Drop Shadow”效果，其参数设置同前面各素材。

此时，“Program”调板中的播放效果如图4–25所示。

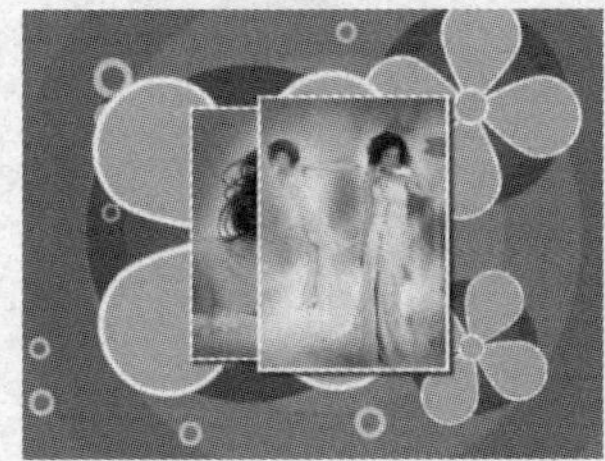

图　4–25

4．第3段照片动画

1）将时间指针移至00:01:03:13处，从“Photo”素材箱中，将“合-07.jpg”素材拖到V4轨道中；在其上单击鼠标右键，在弹出的快捷菜单中选择“Speed/Duration”命令，设置持续时间为00:00:05:10。

2）在其“Effect Controls”调板中，设置“Position”的X坐标值为“–199.0”，并单击“Position”左侧的“开关动画”按钮，设置第1个关键帧，设置“Scale”的值为“70.0”。

3）将时间指针移至00:01:06:13处，展开“Opacity”项，单击“Opacity”右侧的“添加/移除关键帧”按钮，在此处添加1个关键帧。

4）将时间指针移至00:01:08:22处，设置“Position”的X坐标值为“706.9”，设置“Opacity”的值为“20.3”。

5）添加“Drop Shadow”效果，其参数设置同前面各素材。

5．第4段照片动画

1）将时间指针移至00:01:04:13处，从“Photo”素材箱中，将“单-01.jpg”素材拖到V5轨道中。在其上单击鼠标右键，在弹出的快捷菜单中选择“Speed/Duration”命令，设置持续时间为00:00:04:10。

2）在其“Effect Controls”调板中，设置“Position”的X坐标值为“871.0”，单击“Position”左侧的“开关动画”按钮，设置第1个关键帧，设置“Scale”的值为“80.0”。

3）将时间指针移至00:01:06:19处，展开“Opacity”项，单击“Opacity”右侧的“添加/移除关键帧”按钮，在此处添加1个关键帧。

4）将时间指针移至00:01:08:22处，设置“Position”的X坐标值为“1.0”，设置“Opacity”的值为“0”。

5）添加“Drop Shadow”效果，其参数设置同前面各素材。

此时，“Program”调板中的播放效果如图4-26所示。

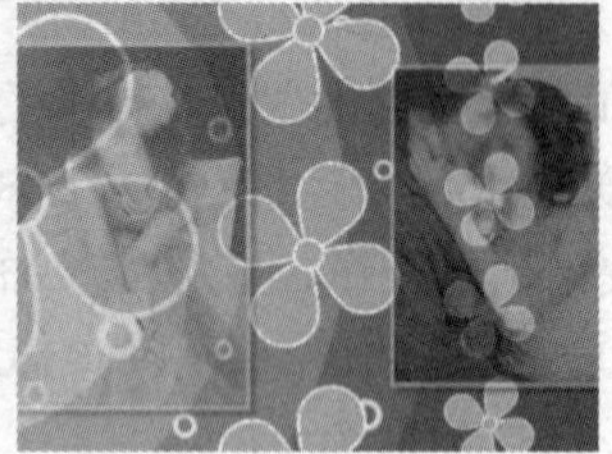

图 4-26

“Timeline”调板如图4-27所示。

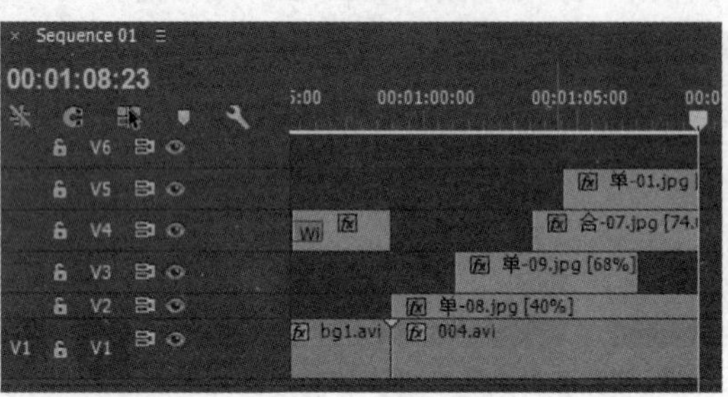

图 4-27

八、制作动画片段（5）

制作说明：此步骤将制作8段照片的位置、缩放、旋转、不透明度动画，以丰富画面内容、增强画面节奏，但是操作较为繁杂，望读者要有耐心。

1. 添加背景素材

1）拖动“背景”素材箱内的“001.avi”到V1 轨道中素材片段“004.avi”的后面。

2）将时间指针移至00:01:20:11处，拖动其右侧出点至该处。

2. 第1段照片动画

1）将时间指针移至00:01:08:23处，从“Photo”素材箱中，将“合-01.jpg”素材拖到V2轨道中。

2）在其“Effect Controls”调板中进行设置。

设置“Position”的X坐标值为“71.8”，Y坐标值为“476.6”，单击“Position”左侧的“开关动画”按钮，设置第1个关键帧。设置“Scale”的值为“30.0”，单击“Scale”左侧的“开关动画”按钮，设置第1个关键帧。单击“Rotation”左侧的“开关动画”按钮，设置第1个关键帧。设置“Opacity”的值为“80.0”。

3）将时间指针移至00:01:12:22处，在“Effect Controls”调板中进行设置。

设置“Position”的X坐标值为“360.0”，Y坐标值为“288.0”；“Scale”的值为“150.0”；“Rotation”的值为“360.0”（即旋转1圈）；“Opacity”的值为“0”。

此时，“Program”调板中的播放效果如图4-28所示。

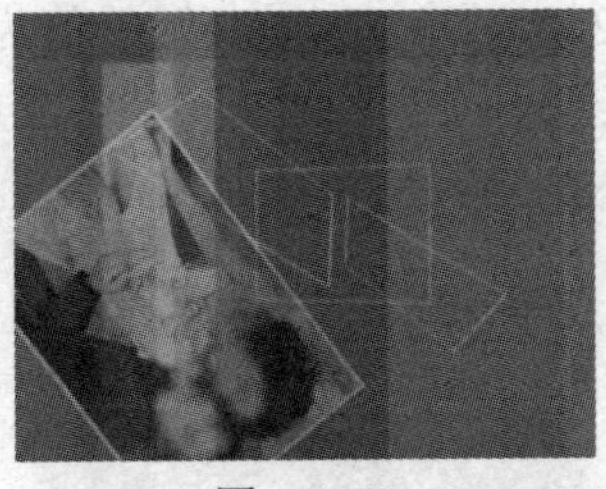
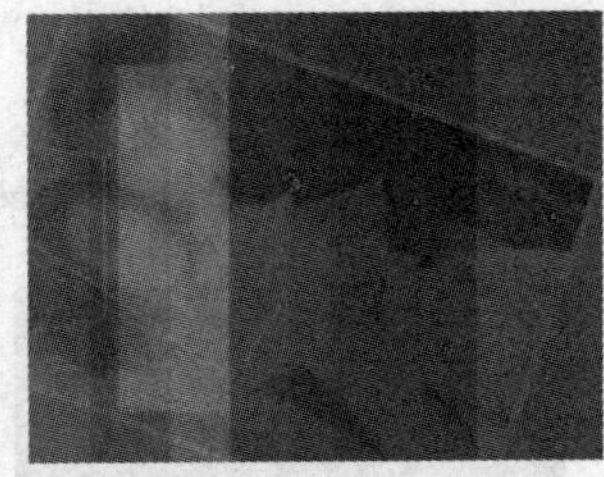

图 4-28

3. 第2段照片动画

1）将时间指针移至00:01:10:13处，从“Photo”素材箱中，将“单-02.jpg”素材拖到V3轨道中。

2）在其“Effect Controls”调板中进行设置。

设置“Position”的X坐标值为“641.1”，Y坐标值为“476.6”，单击“Position”左侧的“开关动画”按钮，设置第1个关键帧。

设置“Scale”的值为“30.0”，单击“Scale”左侧的“开关动画”按钮，设置第1个关键帧。

设置“Rotation”的值为“360.0”，单击“Rotation”左侧的“开关动画”按钮，设置第1个关键帧。

设置“Opacity”的值为“80.0”。

3）将时间指针移至00:01:14:12处，在“Effect Controls”调板中设置“Position”的X坐标值为“360.0”，Y坐标值为“288.0”；“Scale”的值为“150.0”；“Rotation”的值为“0”；“Opacity”的值为“0”。

此时，“Program”调板中的播放效果如图4-29所示。

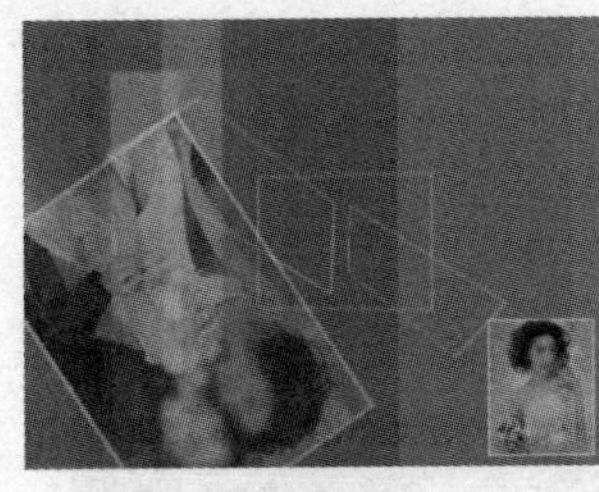
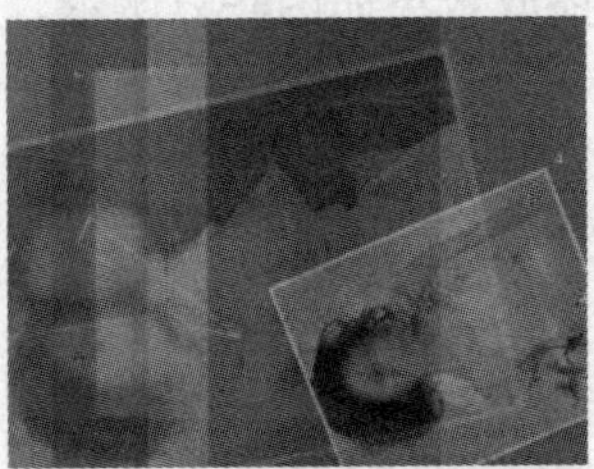

图 4-29

4. 第3段照片动画

1）将时间指针移至00:01:11:21处，从“Photo”素材箱中，将“单-03.jpg”素材拖到V4轨道中。

2）在其“Effect Controls”调板中进行设置。

设置“Position”的X坐标值为“71.8”，Y坐标值为“104.5”，单击“Position”左侧的“开关动画”按钮，设置第1个关键帧。设置“Scale”的值为“30.0”，单击“Scale”左侧的“开关动画”按钮，设置第1个关键帧。设置“Rotation”的值为“360.0”，单击Rotation左侧的“开关动画”按钮，设置第1个关键帧。设置“Opacity”的值为“80.0”。

3）将时间指针移至00:01:15:20处，在“Effect Controls”调板中设置“Position”的X坐标值为“360.0”，Y坐标值为“288.0”；“Scale”的值为“150.0”；“Rotation”的值为“0”；“Opacity”的值为“0”。

此时，“Program”调板中的播放效果如图4-30所示。

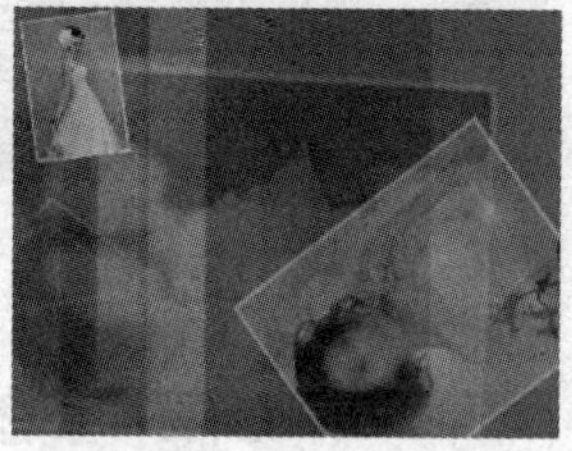

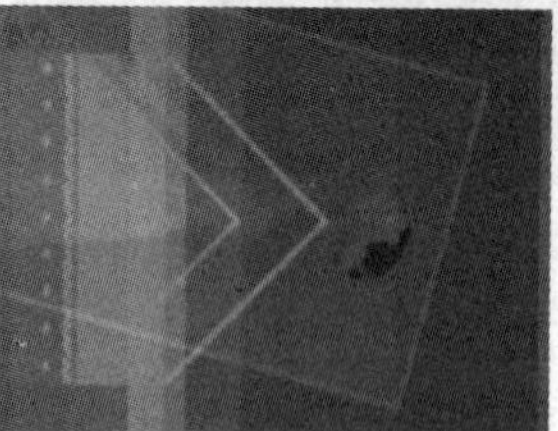

图 4-30

5. 第4段照片动画

1）将时间指针移至00:01:12:10处，从“Photo”素材箱中，将“单-04.jpg”素材拖到V5轨道中。

2）在其“Effect Controls”调板中进行设置。设置“Position”的X坐标值为“641.1”，Y坐标值为“112.1”，单击“Position”左侧的“开关动画”按钮，设置第1个关键帧。设置“Scale”的值为“30.0”，单击“Scale”左侧的“开关动画”按钮，设置第1个关键帧。单击“Rotation”左侧的“开关动画”按钮，设置第1个关键帧。设置“Opacity”的值为“80.0”。

3）将时间指针移至00:01:16:09处，在“Effect Controls”调板中设置“Position”的X坐标值为“360.0”，Y坐标值为“288.0”；“Scale”的值为“150.0”；“Rotation”的值为“360”；“Opacity”的值为“0”。

此时，“Program”调板中的播放效果如图4-31所示。

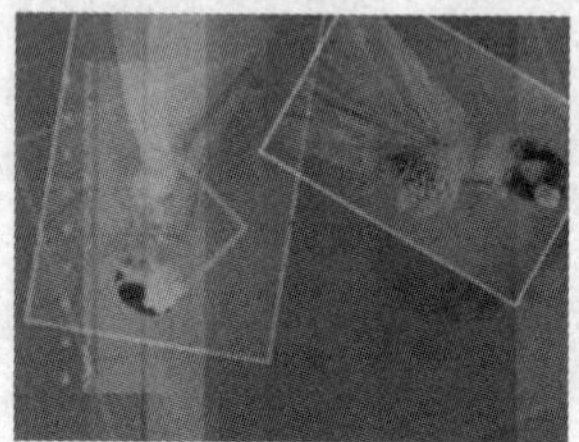
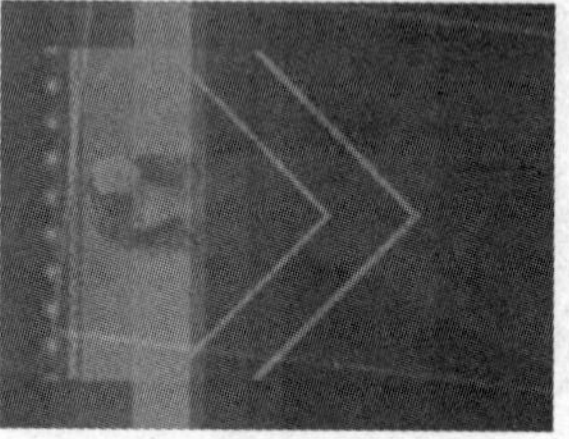

图 4-31

“Timeline”调板如图4-32所示。

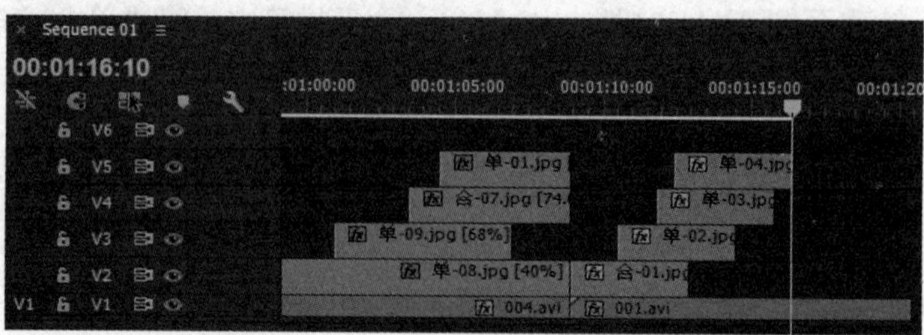

图 4-32

6. 第5段照片动画

1）将时间指针移至00:01:14:13处，从“Photo”素材箱中，将“合-02.jpg”素材拖到V2轨道中。

2）在其“Effect Controls”调板中进行设置。

设置“Position”的X坐标值为“360.0”，Y坐标值为“285.5”，单击“Position”左侧的“开关动画”按钮，设置第1个关键帧。设置“Scale”的值为“30.0”，单击“Scale”左侧的“开关动画”按钮，设置第1个关键帧。设置“Rotation”的值为“360.0”，单击“Rotation”左侧的“开关动画”按钮，设置第1个关键帧。设置“Opacity”的值为“80.0”。

3）将时间指针移至00:01:18:12处，在“Effect Controls”调板中设置“Position”的X坐标值为“360.0”，Y坐标值为“288.0”；“Scale”的值为“150.0”；“Rotation”的值为“0”；“Opacity”的值为“0”。

此时，“Program”调板中的播放效果如图4-33所示。

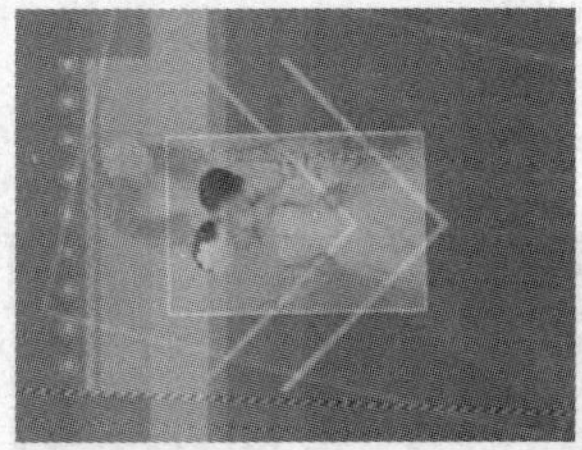
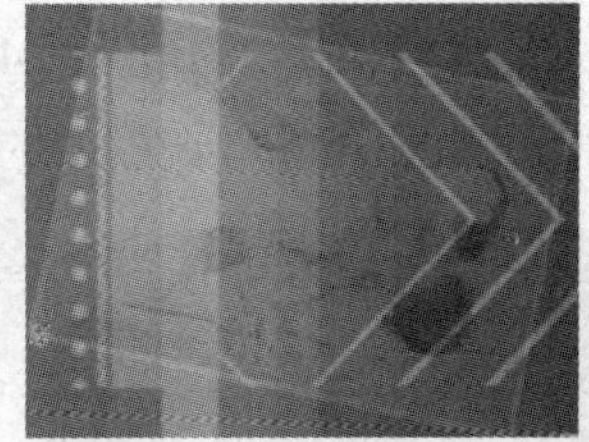

图 4-33

7. 第6段照片动画

1）将时间指针移至00:01:15:21处，从“Photo”素材箱中，将“合-03.jpg”素材拖到V3轨道中。

2）在其“Effect Controls”调板中进行设置。

设置“Position”的X坐标值为“648.2”，Y坐标值为“252.3”，单击“Position”左侧的“开关动画”按钮，设置第1个关键帧。设置“Scale”的值为“30.0”，单击“Scale”左侧的“开关动画”按钮，设置第1个关键帧。单击“Rotation”左侧的“开关动画”按钮，设置第1个关键帧。设置“Opacity”的值为“80.0”。

3）将时间指针移至00:01:19:20处，在“Effect Controls”调板中设置“Position”的X坐标值为“360.0”，Y坐标值为“288.0”；“Scale”的值为“150.0”；“Rotation”的值为“360”；“Opacity”的值为“0”。

此时，“Program”调板中的播放效果如图4-34所示。

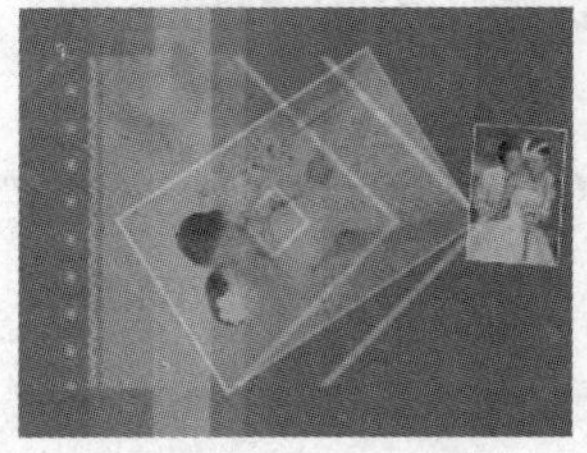
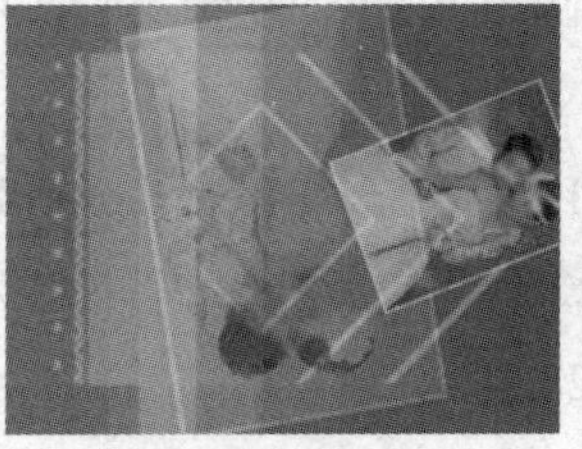

图 4-34

8. 第7段照片动画

1）将时间指针移至00:01:16:17处，从“Photo”素材箱中，将“单-05.jpg”素材拖到V4轨道中；在其上单击鼠标右键，在弹出的快捷菜单中选择“Speed/Duration”命令，其持续时间为00:00:03:19。

2）在其“Effect Controls”调板中进行设置。

设置“Position”的X坐标值为“76.5”，Y坐标值为“469.0”，单击“Position”左侧的“开关动画”按钮，设置第1个关键帧。设置“Scale”的值为“30.0”，单击“Scale”左侧的“开关动画”按钮，设置第1个关键帧。设置“Rotation”的值为“360.0”，单击“Rotation”左侧的“开关动画”按钮，设置第1个关键帧。设置“Opacity”的值为“80.0”。

3）将时间指针移至00:01:20:11处，在“Effect Controls”调板中设置“Position”的X坐标值为“345.7”，Y坐标值为“297.1”；“Scale”的值为“143.9”；“Rotation”的值为“18.2”；“Opacity”的值为“4”。

此时，“Program”调板中的播放效果如图4-35所示。

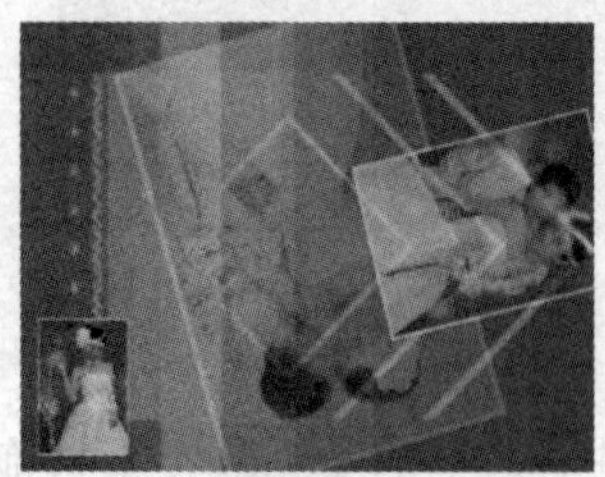

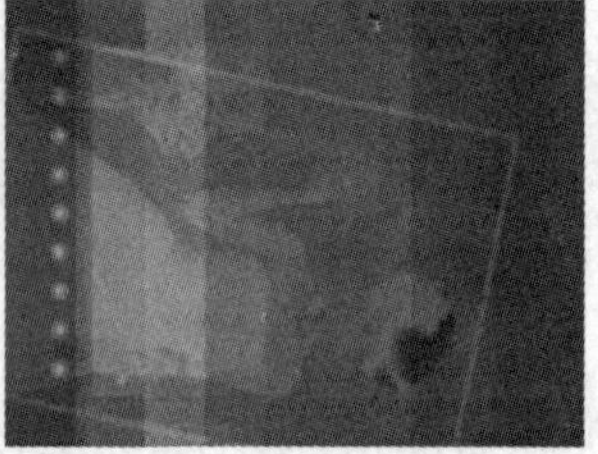

图 4-35

9. 第8段照片动画

1）将时间指针移至00:01:17:22处，从“Photo”素材箱中，将“单-06.jpg”素材拖到V5轨道中。在其上单击鼠标右键，在弹出快捷菜单中执行“Speed/Duration”命令，设置其持续时间为00:00:02:14。

2）在其“Effect Controls”调板中进行设置。

设置“Position”的X坐标值为“643.5”，Y坐标值为“104.5”，单击“Position”左侧的“开关动画”按钮，设置第1个关键帧。设置“Scale”的值为“30.0”，单击“Scale”左侧的“开关动画”按钮，设置第1个关键帧。设置“Rotation”的值为“360.0”，单击“Rotation”左侧的“开关动画”按钮，设置第1个关键帧。设置“Opacity”的值为“80.0”。

3）将时间指针移至00:01:20:11处，在“Effect Controls”调板中设置“Position”的X坐标值为“460.2”，Y坐标值为“223.1”；“Scale”的值为“107.6”；“Rotation”的值为“127.3”；“Opacity”的值为“28.3”。

此时，“Program”调板中的播放效果如图4-36所示。

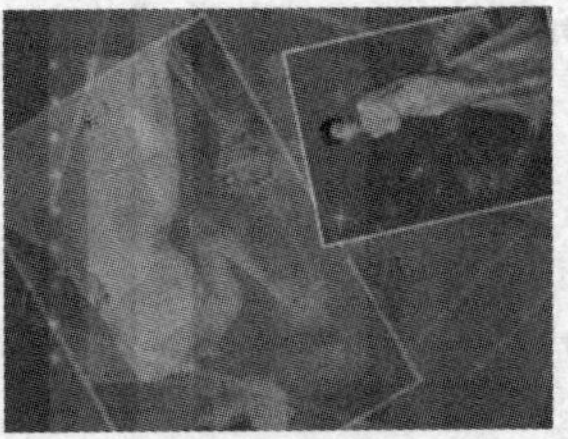
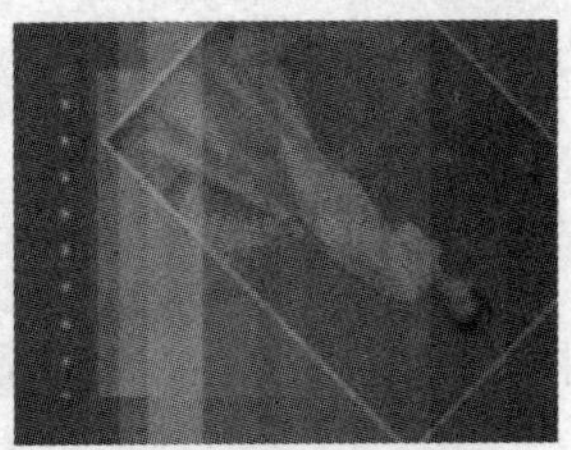

图　4-36

“Timeline”调板如图4-37所示。

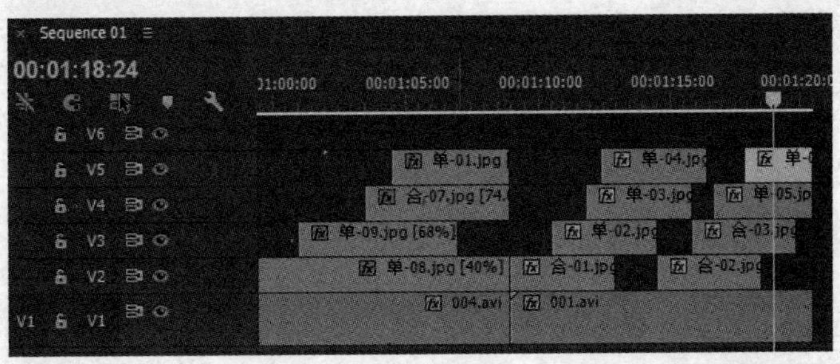

图　4-37

九、制作动画片段（6）

1）组接素材。

① 将时间指针移至00:01:20:11处，在“Photo”素材箱中，单击选中“单-03.jpg”素材，再按住<Ctrl>键，分别单击 “单-04.jpg”“合-07.jpg”“合-04.jpg”素材，松开<Ctrl>键，将它们同时拖到V3轨道中。

② 将“背景”素材箱中的“002.avi”拖到V1轨道中；将时间指针移至00:01:36:11处，拖动其右侧出点至该位置，即缩短背景素材的持续时间。

2）分别在各自的“Effect Controls”调板中，将“单-03.jpg”“单-04.jpg”“合-07.jpg”“合-04.jpg”4个照片素材“Scale”的值设置为“152.0”；再对这4个素材分别添加“Drop Shadow”效果，其参数设置同前面各素材。

3）制作照片上下运动的动画。

① 将时间指针移至00:01:20:11处，单击选中“单-03.jpg”素材。在其“Effect Controls”调板中，设置“Position”的Y坐标值为“435.0”，单击“Position”左侧的“开关动画”按钮，为其设置关键帧；将时间指针移至00:01:24:11处，设置“Position”的Y坐标值为“151.0”。

② 单击选中“单-04.jpg”素材，在其“Effect Controls”调板中，设置“Position”的Y坐标值为“142.0”，单击“Position”左侧的“开关动画”按钮，设置关键帧；将时间指针移至00:01:28:11处，设置“Position”的Y坐标值为“438.0”。

③ 单击选中“合-07.jpg”素材，在其“Effect Controls”调板中，设置“Position”的Y坐标值为“438.0”，单击“Position”左侧的“开关动画”按钮，设置关键帧；将时间指针移至00:01:32:11处，设置“Position”的Y坐标值为“140.0”。

④ 单击选中“合-04.jpg”素材，在其“Effect Controls”调板中，设置“Position”的Y坐标值为“139.0”，单击“Position”左侧的“开关动画”按钮，设置关键帧；将时间指针

移至00:01:36:11处，设置“Position”的Y坐标值为“437.0”。

十、制作动画片段（7）

1. 第1段照片动画

1）将时间指针移至00:01:36:11处，从“Photo”素材箱中，将“合-05.jpg”素材拖到V3轨道中。

2）在其“Effect Controls”调板中，设置“Position”的X坐标值为“-169.0”，单击“Position”左侧的“开关动画”按钮，设置关键帧；设置“Scale”的值为“80.0”；添加“Drop Shadow”效果，其参数设置同前面各素材。

3）将时间指针移至00:01:38:11处，设置“Position”的X坐标值为“360.0”；单击“Scale”左侧的“开关动画”按钮，设置关键帧；展开“Opacity”项，单击“Opacity”右侧的“添加/移除关键帧”按钮，在此处为其添加1个关键帧。

4）将时间指针移至00:01:40:11处，设置“Scale”的值为“167.0”；设置“Opacity”的值为“0”。

此时，“Program”调板中的播放效果如图4-38所示。

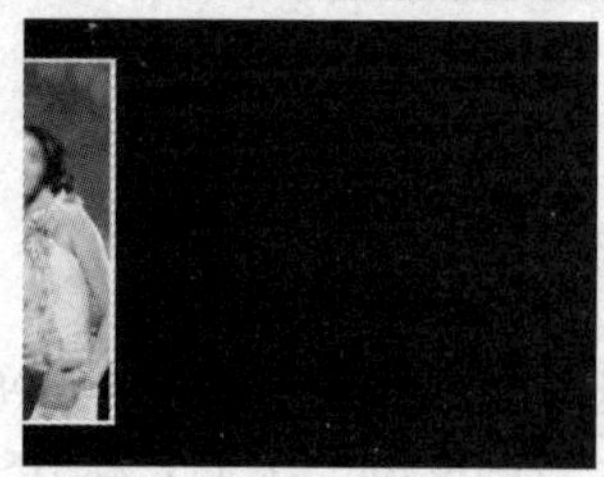

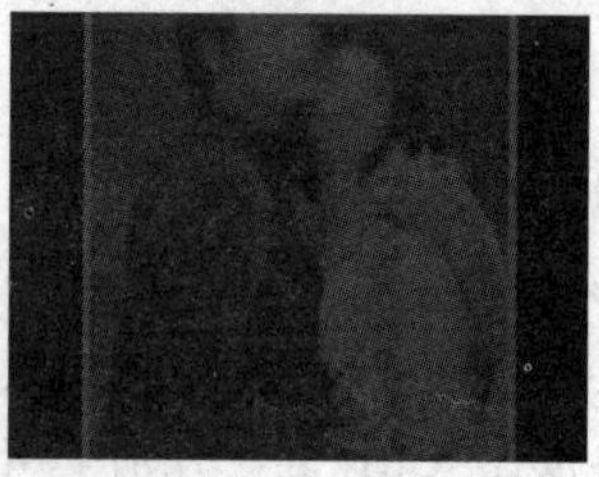

图 4-38

2. 第2段照片动画

1）从“Photo”素材箱中，将“单-07.jpg”拖到V3轨道中“合-05.jpg”素材的后面。

2）在其“Effect Controls”调板中，设置“Position”的Y坐标值为“817.0”，单击“Position”左侧的“开关动画”按钮，设置关键帧；设置“Scale”的值为“80.0”；添加“Drop Shadow”效果，其参数设置同前面各素材。

3）将时间指针移至00:01:42:11处，设置“Position”的Y坐标值为“288.0”；单击“Scale”左侧的“开关动画”按钮，设置关键帧；展开“Opacity”项，单击“Opacity”右侧的“添加/移除关键帧”按钮，在此处添加1个关键帧。

4）将时间指针移至00:01:44:11处，设置“Scale”的值为“201.0”；设置“Opacity”的值为“0”。

此时，“Program”调板中的播放效果如图4-39所示。

图 4-39

3．第3段照片动画

1）将时间指针移至00:01:44:09处，从“Photo”素材箱中，将“单-02.jpg”素材拖到V5轨道中。

小提示

将素材拖到当前时间指针处时，应注意“吸附”提示。这里，应使素材“吸附”到时间指针处，而非与前面的素材出点相“吸附”，如图4-40所示。

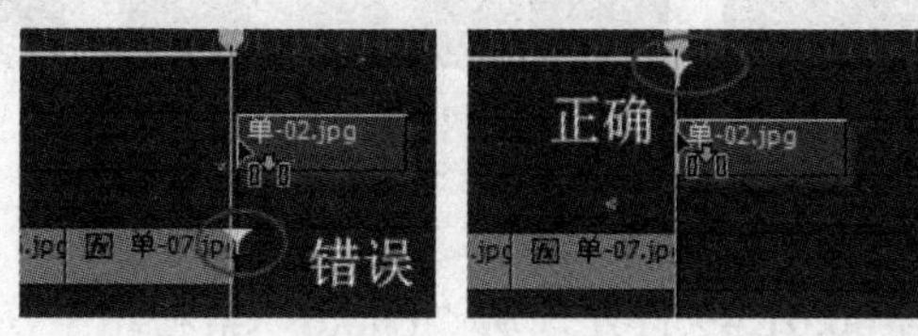

图 4-40

在其上单击鼠标右键，在弹出的快捷菜单中选择“Speed/Duration”命令，设置其持续时间为00:00:06:00。

2）在其“Effect Controls”调板中，设置“Position”的Y坐标值为“-247.0”，单击“Position”左侧的“开关动画”按钮，设置关键帧；设置“Scale”的值为“80.0”；添加“Drop Shadow”效果，其参数设置同前面各素材。

3）将时间指针移至00:01:46:09处，设置“Position”的Y坐标值为“288.0”；将时间指针移至00:01:47:09处，单击“Position”右侧的“添加/移除关键帧”按钮，在此处添加1个关键帧；将时间指针移至00:01:47:10处，单击右侧的“添加/移除关键帧”按钮，添加1个关键帧；将时间指针移至00:01:50:08处，设置“Position”的X坐标值为“−187.0”。

4．第4段照片动画

1）将时间指针移至00:01:46:09处，从“Photo”素材箱中，将“单-02.jpg”素材拖到V4轨道中。

2）在其“Effect Controls”调板中，单击“Position”左侧的“开关动画”按钮，设置关键帧；设置“Scale”的值为“65.0”；设置“Opacity”的值为“80.0”；添加“Drop Shadow”效果，其参数设置同前面各素材。

3）将时间指针移至00:01:48:06处，设置“Opacity”的值为“60.0”；将时间指针移至00:01:50:08处，设置“Position”的X坐标值为“870.0”。

5．第5段照片动画

1）将时间指针移至00:01:46:09处，从“Photo”素材箱中，将“单-02.jpg”素材拖到V3轨道中。

2）在其“Effect Controls”调板中，单击“Position”左侧的“开关动画”按钮，设置关键帧；设置“Scale”的值为“55.0”；设置“Opacity”的值为“80.0”；添加“Drop Shadow”效果，其参数设置同前面各素材。

3）将时间指针移至00:01:47:01处，设置“Opacity”的值为“60.0”；将时间指针移至00:01:50:08处，设置“Position”的X坐标值为“−826.0”。

此时，第3段至第5段照片动画在“Program”调板中的播放效果如图4-41所示。

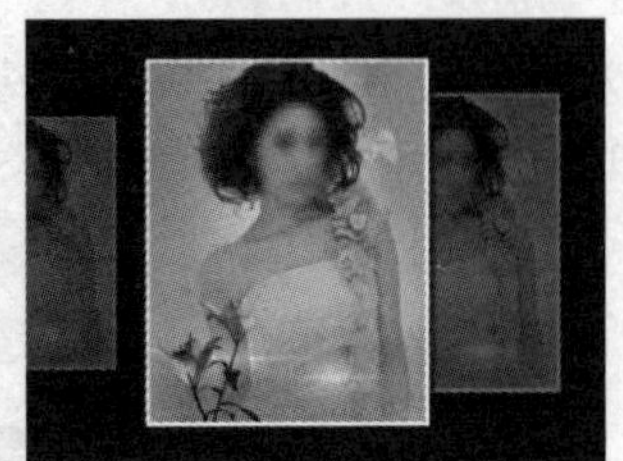

图 4-41

6. 第6段照片动画

1）将时间指针移至00:01:49:11处，从“Photo”素材箱中，将“合-01.jpg”素材拖到V2轨道中；在其上单击鼠标右键，在弹出的快捷菜单中选择“Speed/Duration”命令，设置持续时间为00:00:06:00。

2）在其“Effect Controls”调板中，设置“Scale”的值为“0”，单击“Scale”左侧的“开关动画”按钮，设置关键帧；添加“Drop Shadow”效果，其参数设置同前面各素材。

3）将时间指针移至00:01:52:11处，设置“Scale”的值为“80.0”；将时间指针移至00:01:54:11处，单击“Scale”右侧的“添加/移除关键帧”按钮，在此处添加1个关键帧；单击“Rotation”左侧的“开关动画”按钮，为其设置关键帧；单击“Opacity”右侧的“添加/移除关键帧”按钮，在此处添加1个关键帧。

4）将时间指针移至00:01:55:10处，设置“Scale”的值为“205.0”；“Rotation”的值为“600.0”；“Opacity”的值为“0”。

7. 第7段照片动画

1）将时间指针移至00:01:52:11处，将“合-01.jpg”素材拖到V4轨道中；在其上单击鼠标右键，在弹出的快捷菜单中执行“Speed/Duration”命令，设置持续时间为00:00:03:00。

2）在其“Effect Controls”调板中，单击“Position”左侧的“开关动画”按钮，设置关键帧；设置“Scale”的值为“80.0”，单击“Scale”左侧的“开关动画”按钮，设置关键帧；单击“Rotation”左侧的“开关动画”按钮，设置关键帧；单击“Opacity”右侧的“添加/移除关键帧”按钮，在此处添加1个关键帧；添加“Drop Shadow”效果，其参数设置同前面各素材。

3）将时间指针移至00:01:53:11处。设置“Position”的X坐标值为“545.0”，Y坐标值为“398.0”；“Scale”的值为“205.0”；“Rotation”的值为“270.0”；“Opacity”的值为“0”。

8. 第8段照片动画

1）将时间指针移至00:01:52:11处，将“合-01.jpg”素材拖到V3轨道中；在其上单击鼠标右键，在弹出的快捷菜单中执行“Speed/Duration”命令，设置持续时间为00:00:03:00。

2）在其“Effect Controls”调板中，设置“Scale”的值为“80.0”。

3）将时间指针移至00:01:53:11处。单击“Position”左侧的“开关动画”按钮，为其设置关键帧；单击“Scale”左侧的“开关动画”按钮，设置关键帧；单击“Rotation”左侧的“开关动画”按钮，设置关键帧；单击“Opacity”右侧的“添加/移除关键帧”按钮，在此处添加1个关键帧；添加“Drop Shadow”效果，其参数设置同前面各素材。

4）将时间指针移至00:01:54:11处。设置“Position”的X坐标值为“90.0”，Y坐标值为“-262.0”；“Scale”的值为“205.0”；“Rotation”的值为“-360.0”；“Opacity”的值为“0”。

此时，第6段～第8段照片动画在“Program”调板中的播放效果如图4-42所示。

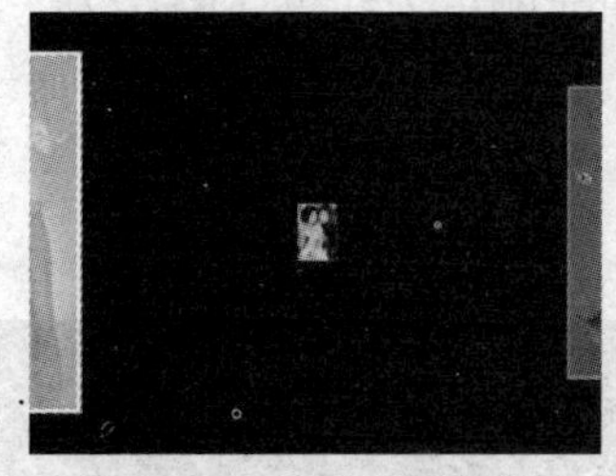
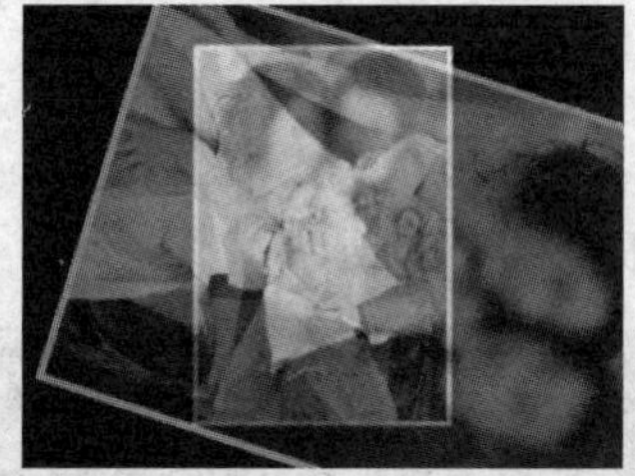

图　4-42

9．添加背景素材

1）将时间指针移至00:01:36:11处，将“背景”素材箱中的“bg2.avi”素材拖到V1轨道（即拖到“002.avi”素材片段的后面）。

2）再次从“背景”素材箱中拖动“bg2.avi”到V1轨道中已有的“bg2.avi”素材片段后面。将时间指针移至00:01:55:11处，拖动其右侧的出点至该处，即缩短背景素材的持续时间，如图4-43所示。

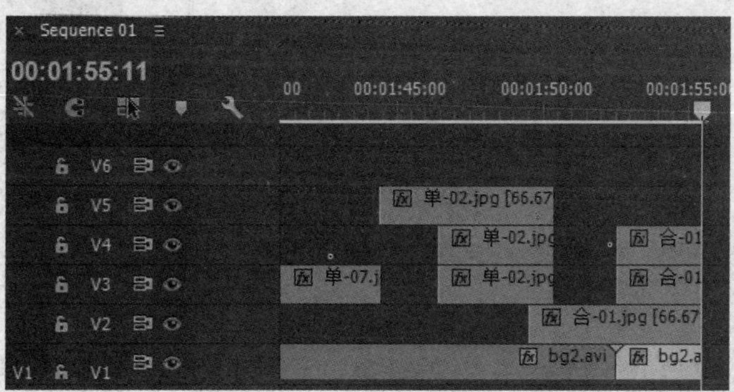

图　4-43

十一、制作字幕

1．添加背景素材

从“背景”素材箱中拖动“bg1.avi”到V1轨道中“bg2.avi”素材片段后面（即拖至00:01:55:11处）。

2．制作第1段字幕

1）在“Project”调板空白处单击，取消对文件的选择。再次将当前时间指针置于00:01:55:11处，执行“File”→“New”→“Title”命令（或选择“Title”→“New Title”→“Default Still”命令），弹出“New Title”对话框，输入字幕名称“昨天”，单击“OK”按钮关闭对话框，调出“Title Designer”调板。

2）单击字幕工具栏中的T（"文本工具"）按钮，在绘制区域单击欲输入文字的开始点，输入"昨天是回忆，"。单击字幕工具栏中的▶（"选择工具"）按钮，单击文本框外任意一点，结束输入。

3）单击选中刚输入的文本，在右侧的"Title Properties"（字幕属性）调板中设置字体为"STXingkai"，字号为"35"，字间距为"3"，文字填充颜色为红色（R：228，G：24，B：24）。

设置文本位置"X Position"为"540.0"，"Y Position"为"140.0"。

此时，"Title Designer"调板如图4-44所示。

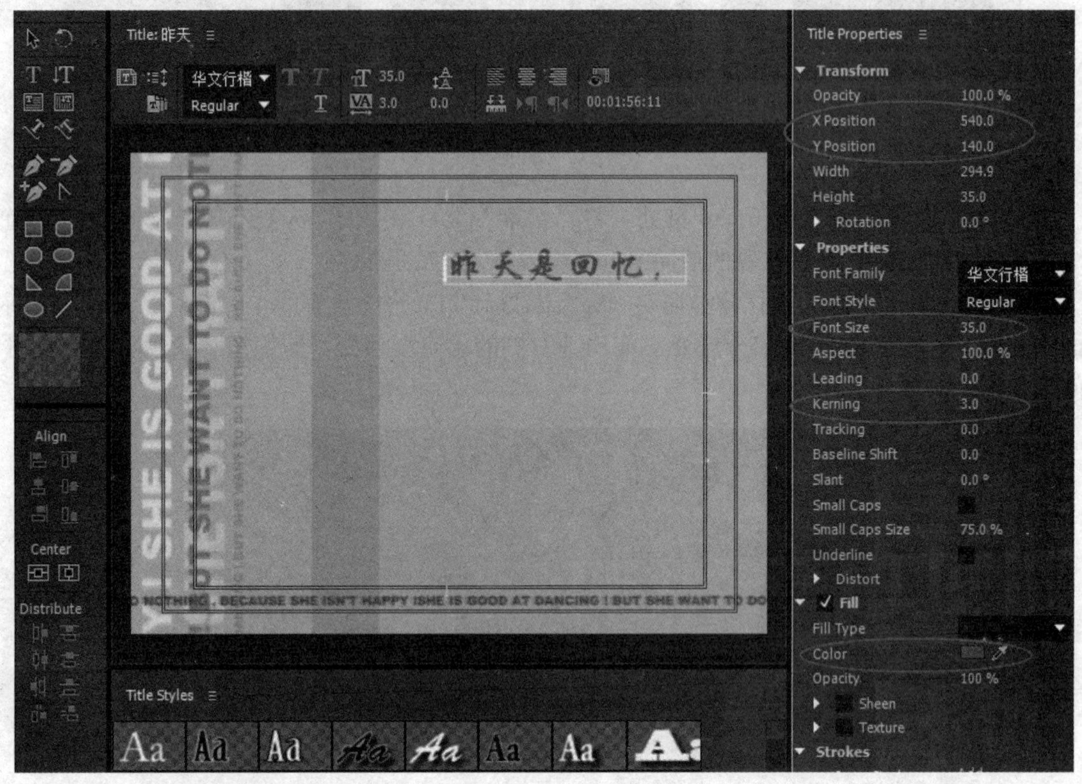

图 4-44

3．制作第2段、第3段字幕

1）采用刚才的方法新建名为"今天"的字幕，输入"今天是幸福，"。调整各参数同上，设置文本位置"X Position"为"540.0"，"Y Position"为"200.0"。

2）新建名为"永远"的字幕，输入"永远是爱情。"。调整各参数同上，设置文本位置"X Position"为"540.0"，"Y Position"为"260.0"。

4．制作第4段字幕

1）新建名为"结尾"的字幕，在"Title Designer"调板中，单击字幕工具栏中的（"区域文本工具"）按钮，在绘制区域用鼠标拖曳出一个文本框，并输入"让我们的心一起扇起爱的双翼，在爱的世界中永远翱翔！"。

2）设置字体、颜色同上，设置字号为"30"，行间距（Leading）为"23"，字间距为“0”。

3）将输入光标置于第一个字“让”前，按一下<Tab>键，再执行“Title”→“Tab Stops”命令，调出“Tab Stops”（制表符）对话框。单击数字上方的标尺，添加一个“左对齐”制表符。拖动此符号的同时，文本段落中会出现一条黄色参考线指示制表符在段落中的位置。将此段文本设为如图4-45所示的效果，单击“OK”按钮关闭“Tab Stops”（制表符）对话框。

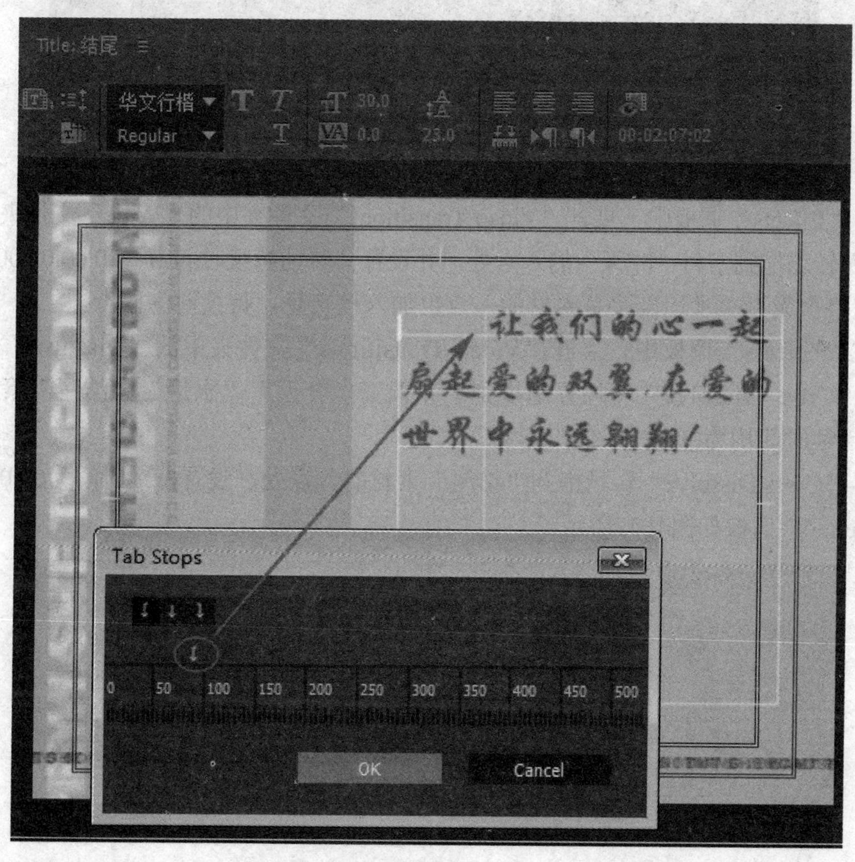

图 4-45

4）再次选中文本，设置文本位置“X Position”为“530.0”，“Y Position”为“295.0”。

5. 组接字幕素材

1）将时间指针置于00:01:55:11处，拖动“昨天”字幕素材到V5轨道中，在其上单击鼠标右键，在弹出的快捷菜单中执行“Speed/Duration”命令，设置其持续时间为00:00:11:03。

2）将时间指针置于00:01:57:12处，拖动“今天”字幕素材到V4轨道中，在其上单击鼠标右键，在弹出的快捷菜单中执行“Speed/Duration”命令，设置其持续时间为00:00:09:02。

3）将时间指针置于00:01:59:16处，拖动“永远”字幕素材到V3轨道中，在其上单击鼠标右键，在弹出的快捷菜单中执行“Speed/Duration”命令，设置其持续时间为00:00:06:23。

4）将时间指针置于00:02:06:14处，拖动“结尾”字幕素材到V2轨道中，在其上单击鼠标右键，在弹出的快捷菜单中执行“Speed/Duration”命令，设置其持续时间为00:00:07:00。“Timeline”调板如图4-46所示。

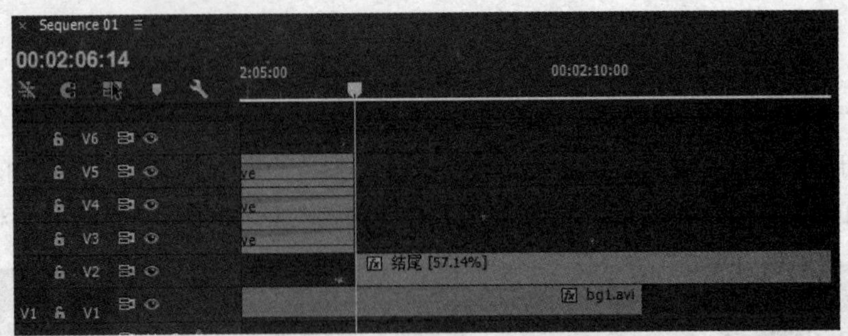

图 4-46

6. 添加字幕转场

1）在“Effects”调板中，展开“Video Transitions”文件夹中的“Wipe”文件夹，将其中的“Wipe”转场拖到素材“昨天”的入点处，并设置其转场持续时间为“00:00:02:00”即2s。

2）把“今天”“永远”字幕素材的入点也加入该转场，持续时间同上。

3）在“Effects”调板中，展开“Video Transitions”文件夹中的“Dissolve”文件夹，将其中的“Cross Dissolve”转场分别拖到“昨天”“今天”“永远”“结尾”素材的出点处，转场持续时间均为00:00:03:00，即3s。

4）将“Cross Dissolve”转场拖到“结尾”素材的入点处，设置持续时间为00:00:02:00。“Timeline”调板如图4-47所示。

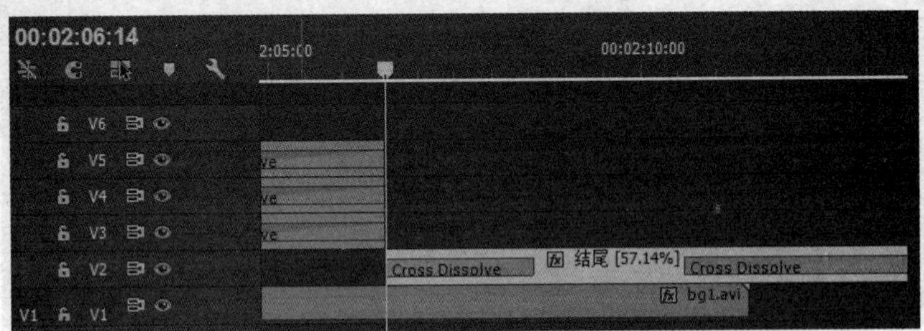

图 4-47

7. 补充背景素材

在“结尾”字幕部分背景素材的长度不够，所以再加入一段素材：

1）将时间指针移至00:02:06:14处，拖动V1轨道中“bg1.avi”素材的出点至该处。

2）从“背景”素材箱内拖动“bg1.avi”素材到V1轨道中已有“bg1.avi”素材的后面（即V1轨道的00:02:06:14处）。

3）将时间指针移至00:02:13:14处（即片尾），拖动“bg1.avi”素材的出点至该处。

4）将时间指针移至00:01:55:11处，在“Effects”调板中，展开“Video Transitions”文件夹中的“Dissolve”文件夹，将其中的“Additive Dissolve”转场拖到此处V1轨道中“bg1.avi”素材的入点处，转场持续时间为00:00:00:15。

5）将时间指针移至00:02:06:14处，在“Effects”调板中，展开“Video Transitions”文件夹中的“Dissolve”文件夹，将其中的“Cross Dissolve”转场分别拖到此处V1轨道中“bg1.

avi”素材（即最后一段背景素材）的入点处、出点处，转场持续时间均为00:00:01:00。

“Timeline”调板如图4-48所示。

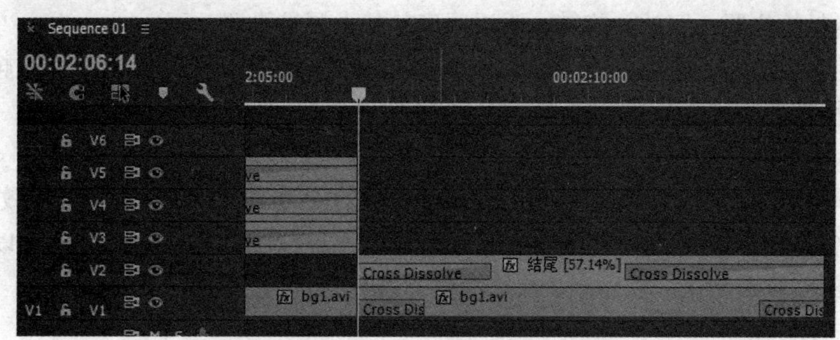

图　4-48

十二、加入点缀素材及背景音乐

1. 加入点缀素材

1）将时间指针移至影片开始（即00:00:00:00）处，从“Project”调板中将“黑方格.psd”素材拖到V6轨道；在其上单击鼠标右键，在弹出的快捷菜单中执行“Speed/Duration”命令，设置其持续时间为00:02:13:14（即贯穿全片）。

2）在该素材片段的出点处添加“Cross Dissolve”转场，转场持续时间为00:00:01:00。

2. 添加背景音乐

1）将时间指针移至影片开始（即00:00:00:00）处，从“Project”调板中将“music.mp3”素材拖到Audio 1轨道。

2）将时间指针移至00:00:01:21处，单击右侧“Tools”调板（工具箱）中的（剃刀工具）按钮，在时间指针处的“music.mp3”素材上单击鼠标左键，将其分割为2部分；单击（选择工具）按钮，再单击分割的前半部分，将其选中，按<Delete>键将其删除；将余下的素材片段移至轨道开头处。

3）将时间指针移至00:02:13:14处，利用“剃刀工具”分割“music.mp3”素材片段，并将分割的后半部分删除。

4）展开“Effects”调板“Audio Transitions”文件夹中的“Crossfade”文件夹，将其中的“Constant Power”转场拖到“music.mp3”素材片段的出点处，转场持续时间为00:00:03:00。

十三、输出影片

执行“File”→“Export”→“Movie”命令，弹出“Export Movie”对话框，从中选择保存目标路径及输入文件名，然后单击“保存”按钮，等渲染完毕后，就可以观看电子相册了。

触类旁通

本项目的制作比较复杂，操作步骤较多，要考虑如何为照片设计丰富的动画效果，用到了多条视频轨道。

很多读者在初次制作时，对于设计照片的动画往往不知如何下手。其实，可以利用下面一些方法来制作。

1）对素材的位置、缩放、旋转、不透明度等基本属性设置动画。

2）利用“Effects”调板中的“Video Effects”“Audio Effects”为其添加视频、音频特效，然后对特效参数进行动画设置。

3）加入丰富的转场效果。

4）制作复杂的动画，例如，同一时刻多个素材的同时动画，综合运用各种效果等。

在制作复杂的效果时，读者一定要有耐心，要保持清晰的思路。此外，可以把复杂效果分成若干部分分别制作，以达到“化繁为简”的目的。

实战强化

请读者收集一些照片（图片）或利用本例的素材制作一部电子相册影片。

要求：动画及转场效果丰富、背景音乐贴切。

项目5 翻页电子相册

项目情境

随着数字照相机、拍照手机的普及，人们对于生活中的点滴记录越来越方便，也喜欢把照片以图像文件的形式存储在计算机中。利用Premiere软件，可以给这些照片加上字幕、背景音乐并设置动画等，把照片制作成影片文件。

小女孩安娜的生日快到了，她的父母想送给她一份特别的礼物：挑选出不同年龄阶段的照片，制作成电子相册送给她。

对这个相册的要求是：

1）与真正的相册一样，有翻页的效果。

2）版面、色彩等要适合儿童阶段的特点，要美观。

3）加入合适的背景音乐。

项目分析

翻页电子相册是较为常用的电子相册表现形式之一。本项目让学习者进一步提升了Photoshop软件修饰处理照片的技巧。同时，通过Premiere软件的Transform及Camera View特效，设置关键帧，使素材产生“翻页”的动画效果。再利用“序列嵌套”技术，对相册整体加入背景，设置必要的相册动画。最后添加背景音乐，并调整其入点、出点，使之适合画面效果的需要。

成品效果

影片最终的渲染输出效果，如图5-1所示。

图 5-1

项目实施

一、新建项目文件

1）启动Premiere软件，单击“New Project”按钮，打开“New Project”对话框新建项目。

2）在对话框下方指定保存目录并命名为“翻页相册”，单击“OK”按钮关闭对话框，进入Premiere的工作界面。

二、导入素材

1. 素材文件夹的导入

1）执行“Edit”→“Preferences”→“General”命令，打开“Preferences”对话框。将“Still Image Default Duration”项的数值设置为“125”，单击“OK”按钮关闭对话框。

小提示

要想使每张照片停留3s后，再用2s翻页，共5s，所以需要将图片默认持续时间设置为125帧，即5s。

2）执行“File”→“Import”命令（或按<Ctrl+I>组合键），打开“Import”（导入素材）对话框。在对话框中找到配套素材“Ch06”文件夹中的“素材”文件夹，打开后，选中“photo”文件夹，单击“Import”对话框右下方的“Import Folder”按钮，将“photo”文件夹及其内的所有素材都导入到“Project”调板中。

3）用同样的方法，导入“photo-m”文件夹及其内的所有素材。

小提示

以上素材，均已在Photoshop软件中进行了必要的处理。对于Photoshop软件的具体使用，请参阅相关书籍。

2. 导入背景及音频素材文件

将配套素材“Ch06”文件夹中“素材”文件夹内的“Sound.wma”“背景.jpg”素材文件导入“Project”调板中。

三、制作照片翻页动画

1）在“Project”调板中，将素材箱“photo”拖到“Timeline”调板的V3轨道中，则该素材箱中的所有照片素材都一次性插入到V3轨道，如图5-2所示。

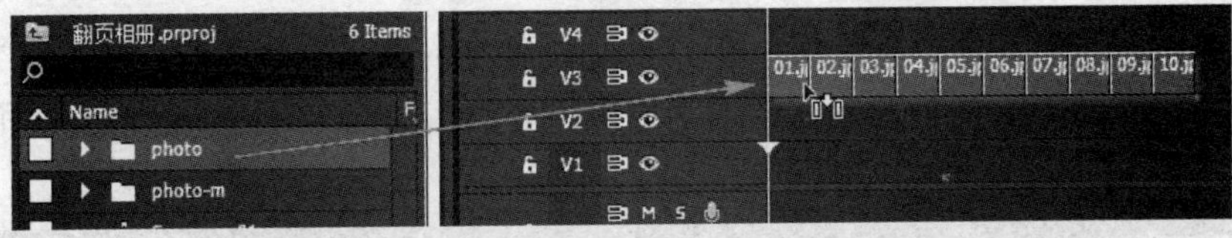

图　5-2

2）在“Effects”调板中，展开“Video Effects”文件夹中的“Distort”文件夹，将其中的“Transform”效果拖到V3轨道中素材“01.jpg”上，如图5-3所示。

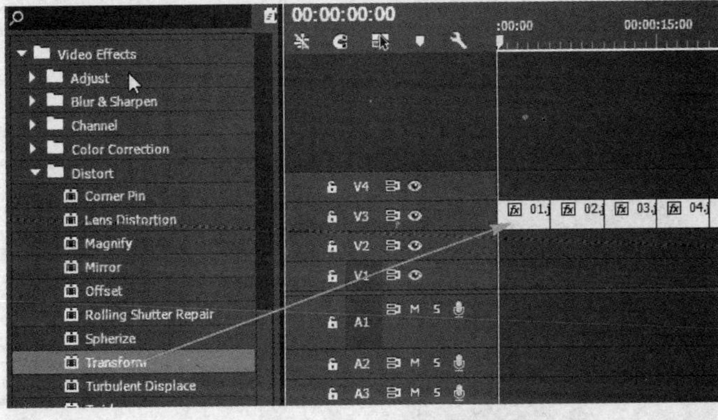

图　5-3

3）在素材“01.jpg”的“Effect Controls”调板中进行设置。

① 将该效果中的“Anchor Point”参数设置为“0”“288.0”。

② 勾选“Uniform Scale”前的复选框，将“Scale”的值设置为“50”，如图5-4所示。

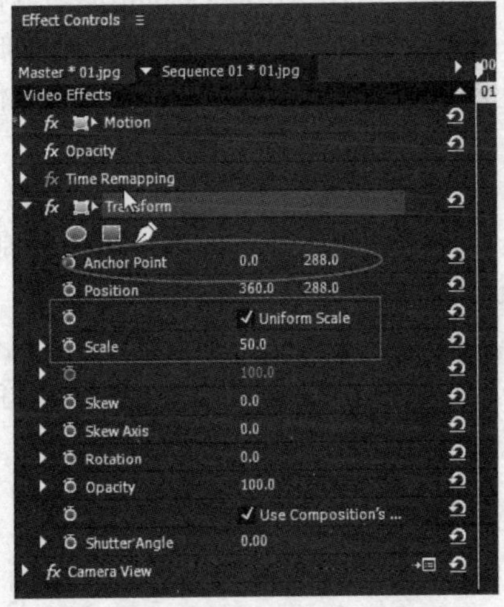

图　5-4

小提示

Distort效果文件夹中的“Transform”是对素材片段施加一个二维的几何变换。

4）在“Effects”调板中，展开“Video Effects”文件夹中的“Transform”文件夹，将其中的“Camera View”效果拖到V3轨道中素材“01.jpg”上，如图5-5所示。

fx Camera View

图 5-5

5）在“Effect Controls”调板中，单击“Camera View”右侧的（“Setup”）按钮，弹出“Camera View Settings”对话框，取消右下方“Fill Alpha Channel”前复选框的勾选，单击“OK”按钮关闭对话框，如图5-6所示。

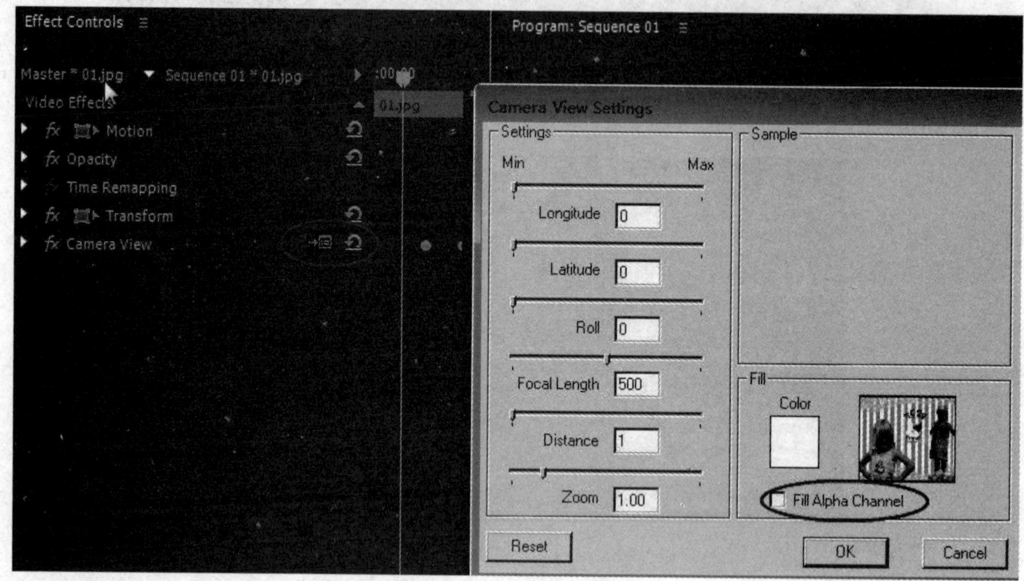

图 5-6

6）设置动画。

① 移动时间指针至00:00:03:00处，在“Effect Controls”调板中展开“Camera View”，单击“Longitude”左侧的“开关动画”按钮，开启此属性的动画设置，设置第1个关键帧。

② 移动时间指针至00:00:05:00处，设置“Longitude”参数值为“180”，制作出翻页效果动画。

7）复制动画。

由于所有的照片素材都是一样的动画效果，所以可采用复制、粘贴的方法快速制作。

① 在“Effect Controls”调板中，单击选中“Transform”效果，按住<Ctrl>键，单击“Camera View”效果，将这两个效果同时选中（注意选择的先后顺序），执行“Edit”→“Copy”命令。

② 在“Timeline”调板中，用鼠标左键拖曳出一个选区，将素材“02.jpg”～“10.jpg”全部选中，执行“Edit”→“Paste”命令，粘贴效果。

四、制作照片“背面”及动画

在拖动时间指针进行预览时，会发现照片翻页后，其画面内的文本也进行了翻转，如图5-7所示。所以，还需调整一下。

图　5-7

1. 通过Photoshop软件修改文本层

由于照片是在Photoshop软件中进行处理、修饰的，所以可在Photoshop中单独对文本图层进行水平翻转即可。

小提示

在对照片进行处理后，一定要保存Photoshop的分层psd文件，以便于以后进行修改。

1）用Photoshop打开“01.jpg”的原始psd文件，如图5-8所示。

2）选中“文本”图层，执行“编辑”→“变换”→“水平翻转”命令，翻转后的效果如图5-9所示。

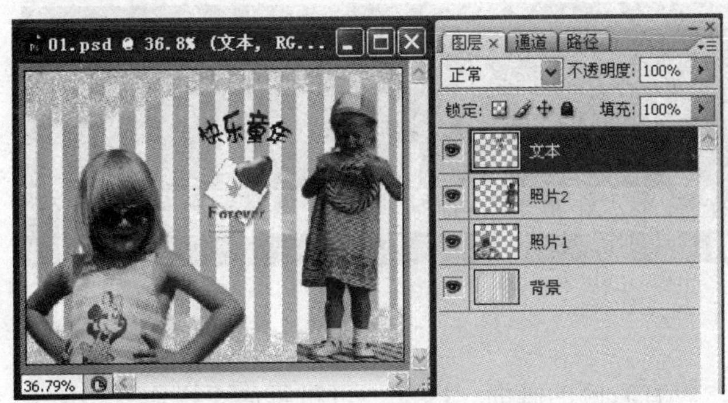

图　5-8

图　5-9

3）执行“文件”→“存储为”命令，将变换后的文件存为“01m.jpg”。

4）采用同样的方法，将其他带有文本的照片素材都进行变换，读者可参见配套素材“Ch06”文件夹中的“photo-m”文件夹。

2. 制作“背面”动画

1）展开“Project”调板中的“photo-m”素材箱，单击“01m.jpg”素材，按住<Shift>键，单击“03m.jpg”，将“01m.jpg”“02m.jpg”“03m.jpg”素材一起选中，拖到V3轨道上方空白处，会新增一条V4轨道，且素材已插入该轨道。

2）将时间指针置于00:00:20:00处，在“photo-m”素材箱中，配合<Shift>键，将素材“05m.jpg”～“10m.jpg”选中，拖到V4轨道，如图5-10所示。

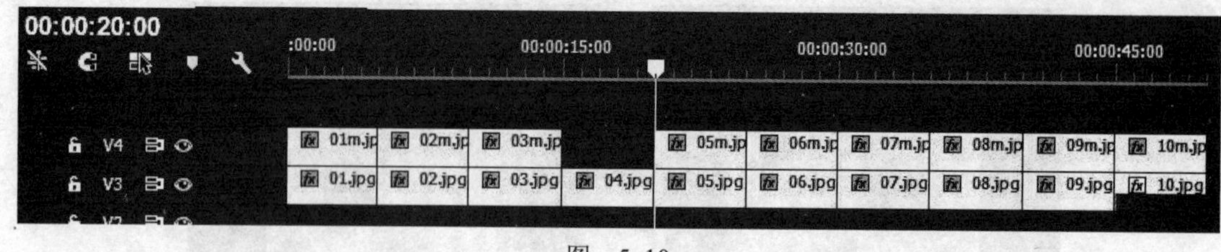

图　5-10

小提示

因为“04.jpg”画面内没有文本，所以不用对其“背面”进行修改。

3）由于翻页动画相同，所以可将V3轨道中的素材动画复制到V4轨道中。

采用前面的方法，在素材“01.jpg”的“Effect Controls”调板中，复制“Transform”及“Camera View”效果，粘贴至V4轨道中的全部素材。

3．修改动画

在照片“正面”翻动至恰好看不到时，再使“背面”出现，并继续翻动。

1）将时间指针置于00:00:04:00处，利用“工具箱”中的“剃刀工具”，将V4轨道中的“01m.jpg”素材在此处进行分割，将前半部分（即4s）素材片段删除，只留下后半部分（1s）的翻动动画片段。

2）将V4轨道中其他素材片段的前4s部分都删除，只留后1s部分片段，如图5-11所示。

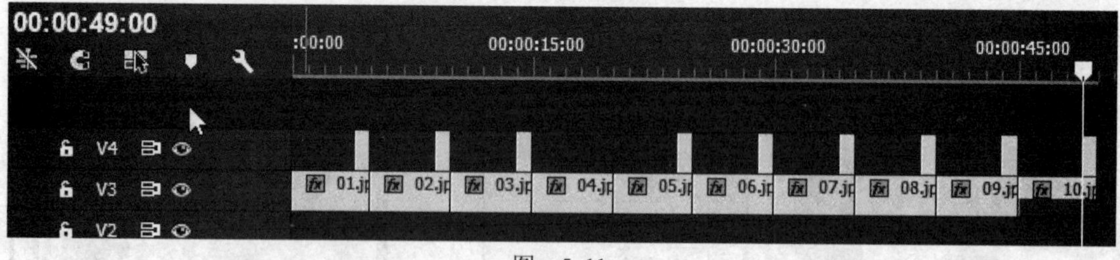

图　5-11

五、制作相册右侧画面

在预览时，会发现相册翻动过程中，没有右侧的画面。因此，可进行如下操作。

1）将时间指针置于00:00:00:00处，展开“photo”素材箱，配合<Shift>键，将素材“02.jpg”～“10.jpg”选中，拖到V1轨道，如图5-12所示。

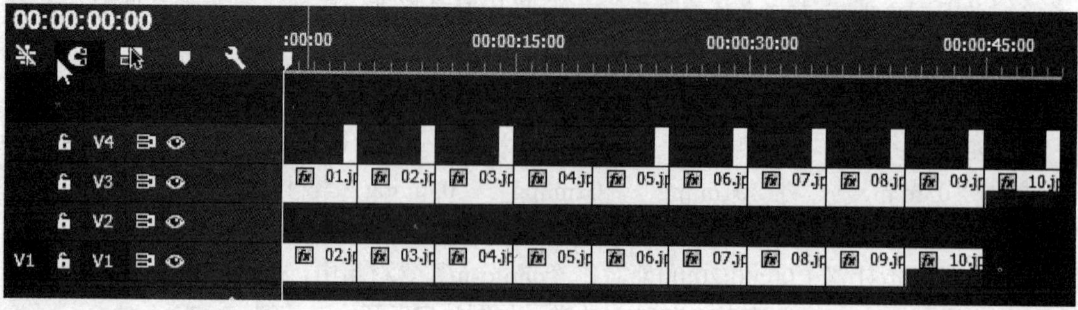

图　5-12

2）将V3轨道中“01.jpg”素材的“Transform”及“Camera View”效果，粘贴至V1轨道中的“02.jpg”素材。

3）打开V1轨道中“02.jpg”素材的“Effect Controls”调板进行设置。

展开“Camera View”效果，通过单击“Longitude”右侧的◀（到前一关键帧）按钮、▶（到后一关键帧）按钮，将时间指针移动到第2个关键帧的位置（即参数值为“180”的关键帧处），再单击◆（添加/删除关键帧）按钮，将此关键帧删除。

4）复制V1轨道中“02.jpg”素材的“Transform”及“Camera View”效果，粘贴至该轨道的其他素材。

六、制作相册翻页后的左侧画面

相册翻页动画完成后，左侧画面会消失，应进行如下操作。

1）将时间指针置于00:00:05:00处，展开“photo-m”素材箱，配合<Shift>键，将素材“01m.jpg”～“03m.jpg”选中，拖到V2轨道；再将时间指针置于00:00:20:00处，将“photo”素材箱中的素材“04.jpg”拖到V2轨道；将时间指针置于00:00:25:00处，配合<Shift>键，将素材“05m.jpg”～“10m.jpg”选中，也拖到V2轨道，如图5-13所示。

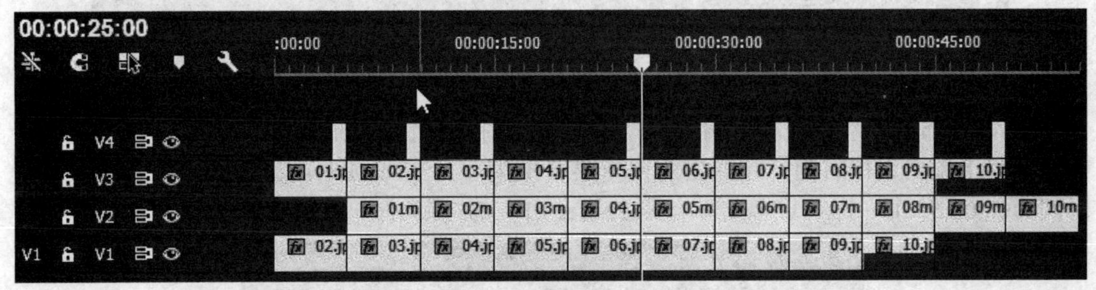

图　5-13

2）将V3轨道中“01.jpg”素材的“Transform”及“Camera View”效果，粘贴至V2轨道中的“01m.jpg”素材。

3）打开V2轨道中“01m.jpg”素材的“Effect Controls”调板进行设置。

展开“Camera View”效果，通过单击“Longitude”右侧的◀（到前一关键帧）按钮、▶（到后一关键帧）按钮，将时间指针移动到第1个关键帧的位置（即参数值为“0”的关键帧处），再单击◆（添加/删除关键帧）按钮，将此关键帧删除。

4）复制V2轨道中“01m.jpg”素材的“Transform”及“Camera View”效果，粘贴至该轨道的其他素材。

至此，相册翻页动画效果制作完毕。

七、加入相册背景及设置动画

说明：此操作主要运用前面章节的“序列嵌套”技术实现。

1）单击“Project”调板下方的新建按钮，在弹出的菜单中选择“Sequence”选项（或执行“File”→“New”→“Sequence”命令），出现“New Sequence”对话框，单击“OK”按钮关闭对话框，新建一个“Sequence 02”序列。

小提示

在“New Sequence”对话框中，可对新建的序列命名。本例采用默认的序列名称，即“Sequence 02”。

2）从“Project”调板中，将序列“Sequence 01”拖到“Timeline”调板“Sequence 02”序列的V2轨道中，如图5-14所示。

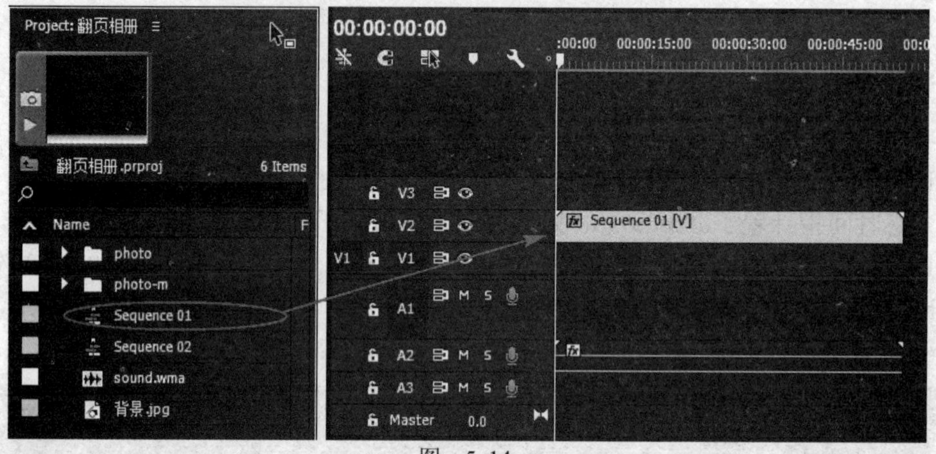

图　5-14

3）从“Project”调板中，将素材“背景.jpg”拖到“Sequence 02”序列的V1轨道中；在此素材上单击鼠标右键，在弹出的快捷菜单中执行“Speed/Duration”命令，设置其持续时间为00:00:55:00，即与V2轨道中“Sequence 01”的持续时间一致，如图5-15所示。

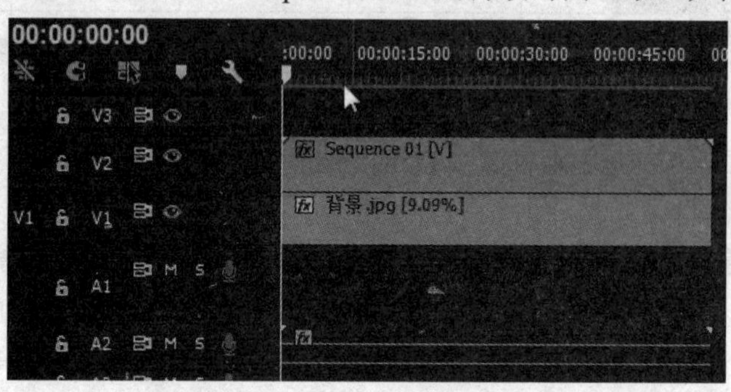

图　5-15

4）在V2轨道中“Sequence 01”的“Effect Controls”调板中，进行动画设置。

①将时间指针置于00:00:00:00处，展开“Opacity”属性，设置其参数为“0”；将时间指针置于00:00:01:00处，设置其参数为“100”。

②展开“Motion”属性，设置“Position”的X坐标值为“180.0”；单击“Position”前的“开关动画”按钮，为其设置关键帧；将时间指针置于00:00:02:00处，设置“Position”的X坐标值为“360.0”。

③将时间指针置于00:00:50:00处，单击“Position”右侧的◆（添加/删除关键帧）按钮，添加1个关键帧；将时间指针置于00:00:52:00处，设置“Position”的X坐标值为“540.0”。

④单击“Opacity”右侧的◆按钮，添加1个关键帧；将时间指针置于00:00:54:00处，设置其参数为“0”。

此时，“Effect Controls”调板如图5-16所示。

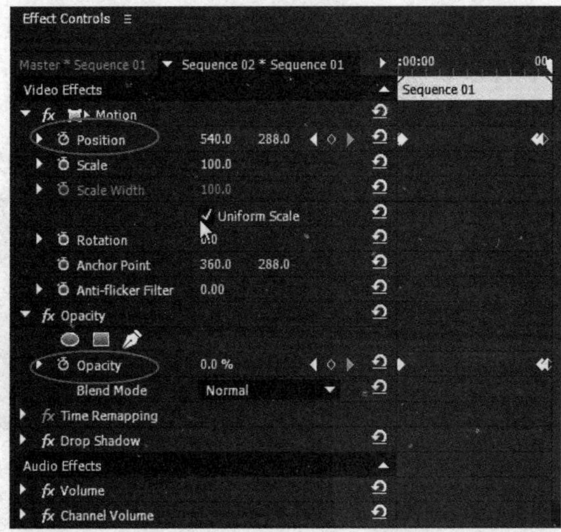

图　5-16

5）为了使画面有空间感，还可以为“相册”添加投影效果。

在“Effects”调板中，展开“Video Effects”文件夹中的“Perspective”文件夹，将其中的“Drop Shadow”效果拖到V2轨道中序列素材“Sequence 01”上，如图5-17所示。效果参数默认即可。

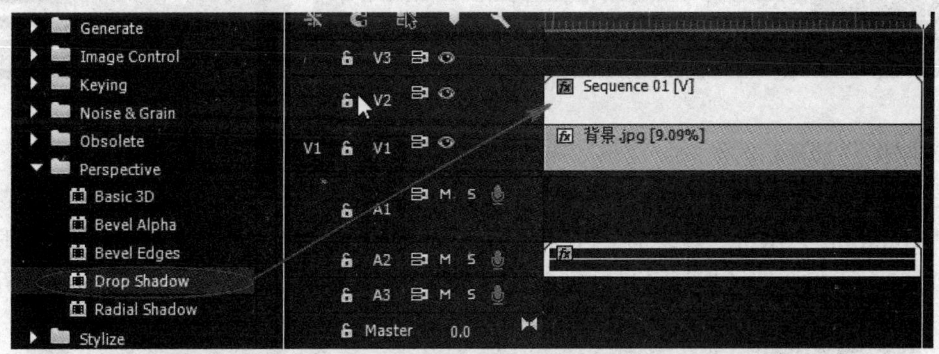

图　5-17

“Program”调板显示效果如图5-18所示。

图　5-18

八、添加背景音乐

1）将时间指针置于00:00:00:00处，从“Project”调板中，将素材“sound.wma”拖到“Sequence 02”序列的“Audio 1”轨道中。

2）将时间指针置于00:00:15:14处，拖动素材片段“sound.wma”左侧的入点至该处，即调整其入点；将素材片段整体向左拖到轨道开头位置，即00:00:00:00处，如图5-19所示。

图 5-19

3）将时间指针置于00:00:55:00处，拖动素材片段“sound.wma”右侧的出点至该处，即与V2轨道中序列素材“Sequence 01”的出点对齐，如图5-20所示。

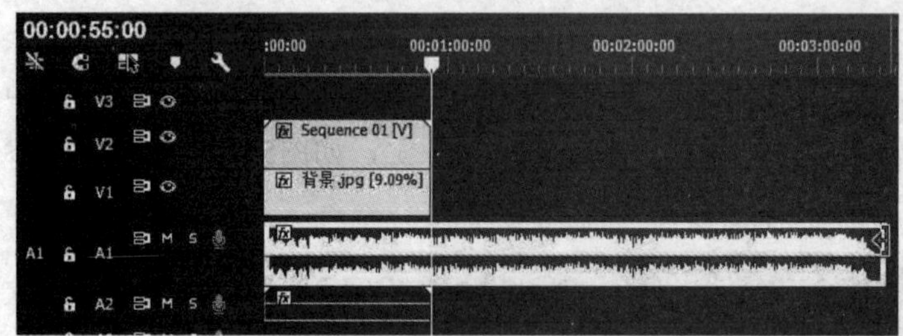
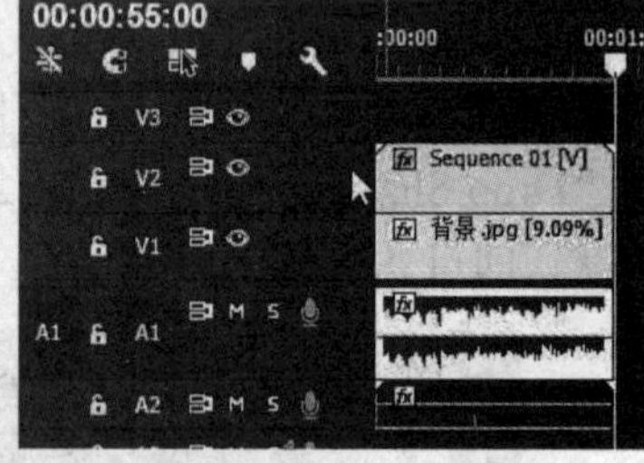

图 5-20

4）制作背景音乐的淡入、淡出效果。

展开“Effects”调板“Audio Transitions”文件夹中的“Crossfade”文件夹，将其中的“Constant Power”转场拖到“sound.wma”素材片段的入点处，转场持续时间为00:00:01:00；再将此转场拖到素材的出点处，转场持续时间为00:00:03:00，如图5-21所示。

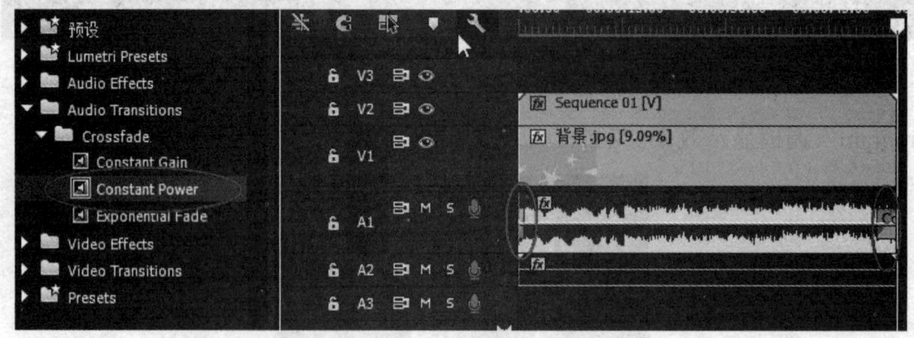

图 5-21

九、输出影片

执行“File”→“Export”→“Movie”，弹出“Export Movie”对话框，从中选择保存

目标路径并输入文件名，然后单击“保存”按钮。

触类旁通

本项目的制作难点是合理安排轨道及轨道内的图片素材，处理好相册翻页过程中左右两侧画面的显示。

在项目制作过程中，有以下几点需要注意。

1）照片素材在Photoshop软件中进行处理、修饰后，一定要保存一个psd分层文件。

2）如果素材中含有文本，还需要再对文本进行翻转处理。

3）为相册加背景、设置整体动画时，还要用到前面章节的“序列嵌套”知识。

4）要善于利用“复制”“粘贴”的方法提高制作效率。

另外，如果要制作照片正面和翻页后的“背面”画面内容不一样的效果，则可以将本例中V2和V4轨道中的各素材替换成与V3轨道中相应素材所不同的素材即可；还可以利用前面章节的知识，给相片加上注释说明的文字，并对文字设置动画效果等，丰富画面内容。

实战强化

请读者利用配套素材“Ch06”文件夹中“练习”文件夹内的宠物图片素材制作一部宠物翻页电子相册。

制作要求：

1）对素材进行必要的修饰，如加边框、文本等。

2）有背景音乐。

项目6 片头制作

项目情境

客户想为一个娱乐类的节目“娱乐快递”制作一个片头。“娱乐快递”节目内容主要是介绍影坛、乐坛等娱乐界的新闻、影片及唱片、专辑等，受众人群以年轻人为主。

客户对片头的制作要求是：

1）片头的长度为10s。

2）画面元素的运用应切合主题。

3）与栏目本身的内容、风格相吻合。

4）个性明显、特色鲜明。

项目分析

片头是指放在电影片头字幕前的一场戏，旨在引导观众对以后的故事产生兴趣。随着电影电视的发展，片头的种类越来越多，所涉及的方面越发广泛，除了最初的电影片头，还有现在的广告片头、电视栏目包装片头、电视节目宣传片头等。

本项目是为电视娱乐节目制作片头，创意要与节目整体风格一致，准确地表现节目的内容和相关信息，给受众以深刻而鲜明的印象。娱乐类电视栏目的片头色彩较为鲜艳，节奏明快，其场景、气氛都与栏目风格相谐调。制作中要对背景素材进行“校色”处理，使其符合制作整体风格及画面的构图需要，内容中加入了一些快速闪动的图片及照片素材，并制作定版动画。最后添加节奏明快的背景音乐，并将影片输出，完成制作。

成品效果

影片最终的渲染输出效果，如图6-1所示。

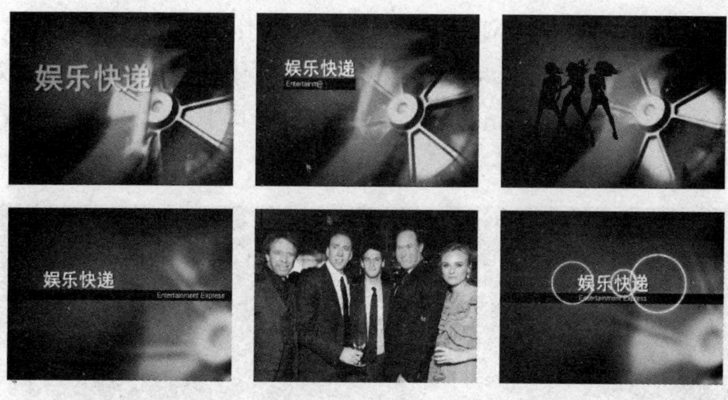

图 6-1

项目实施

一、新建项目文件

1）启动Premiere软件，单击“New Project”按钮，打开“New Project”对话框新建项目。

2）在对话框中选择“DV-PAL”项，并在下方指定保存目录，将其命名为“娱乐快递”，单击“OK”按钮关闭对话框，进入Premiere的工作界面。

二、背景素材调色及变换

1）导入背景素材：将配套素材“Ch07”文件夹中“素材”文件夹内的“背景.avi”素材文件导入“Project”调板中，并将其拖到“Timeline”调板的“Video 1”轨道中。

2）在“Effects”调板中，展开“Video Effects”文件夹中的“Color Correction”文件夹，将其中的“Channel Mixer”效果、“Color Balance（HLS）”效果分别拖到“Video 1”轨道中素材片段“背景.avi”上；再将“Adjust”文件夹中的“Levels”效果也拖到“背景.avi”上。

在“Effect Controls”调板中进行参数设置，如图6-2所示。

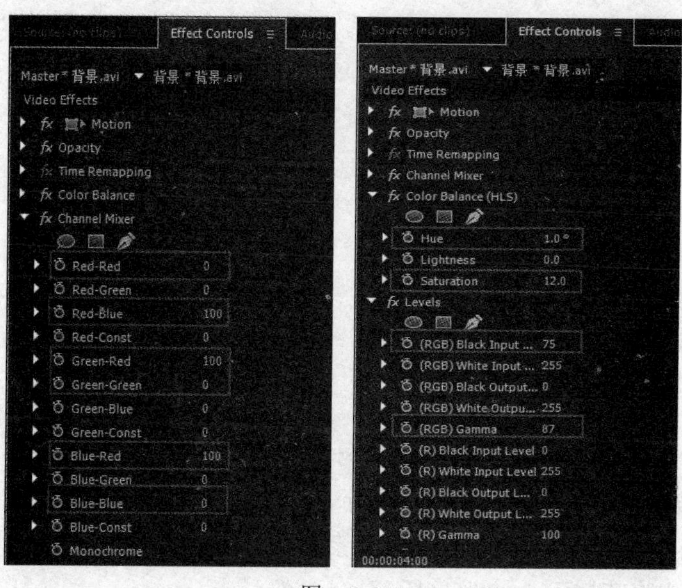

图 6-2

3）为了影片构图的需要，对素材进行变换操作：在“Effects”调板中，展开“Video Effects”文件夹中的“Distort”文件夹，将其中的“Transform”效果拖到素材片段“背景.avi”上。在“Effect Controls”调板中，将其中的“Scale Width”参数设置为“-100.0”，如图6-3所示。

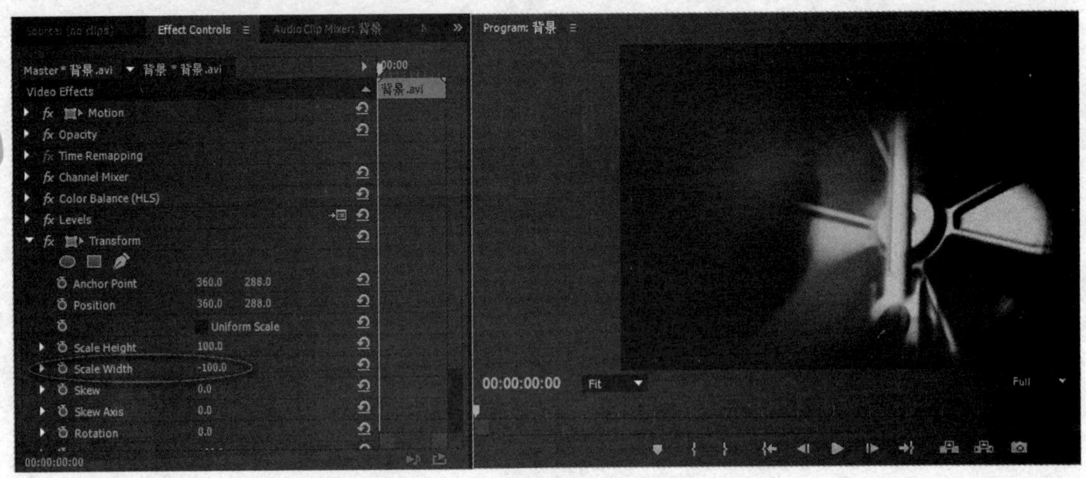

图　6-3

三、文本素材的制作

1. 中文文本制作

1）执行“Edit”→“Preferences”→“General”命令，打开“Preferences”对话框。将“Still Image Default Duration”项的数值修改为“125”（即将默认导入静态图片的持续时间修改为125帧）。

2）执行“File”→“New”→“Title”命令（或执行“Title”→“New Title”→“Default Still”命令），弹出“New Title”对话框，输入字幕名称“娱乐快递”，单击“OK”按钮关闭对话框，调出“Title Designer”调板。

3）在其中输入文字“娱乐快递”，并进行文本属性的设置。

字体：黑体；字号：50；填充色：白色；外边线的尺寸：12，颜色：白色；投影的颜色：黑色，不透明度：100%，角度：-225°，距离：3，延展：0。

在“Title Actions”（字幕动作）调板中，单击“垂直居中”及“水平居中”按钮，将文本放置于绘制区域的中央，如图6-4所示。

2. 英文字母动画制作

1）将配套素材“Ch07”文件夹中“素材”文件夹内的“字母.psd”素材文件以“序列”方式导入“Project”调板中，如图6-5所示。

2）在“Project”调板中展开“字母”素材箱，双击其中的“字母”序列素材，在“Timeline”调板中将其打开，如图6-6所示。

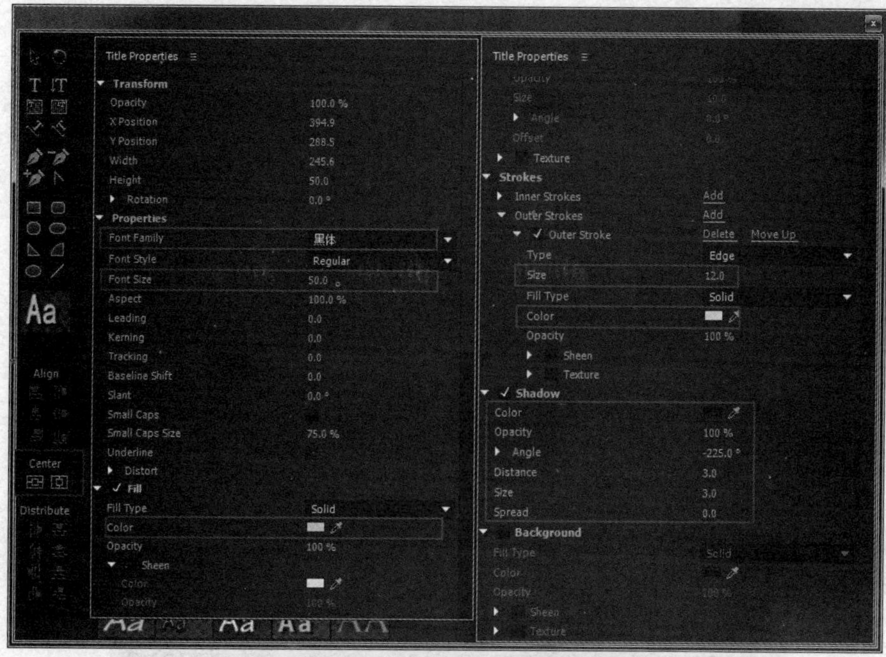

图　6-4

图　6-5

图　6-6

3）为了便于将各字母对位，组成单词“Entertainment Express”的排列，再将配套素材“Ch07”文件夹中“素材”文件夹内的“字母参考.psd”素材文件导入，导入方式如图6-7所示。

4）新添加一条“Video”轨道，在“Add Tracks”对话框中，设置添加位置为“Before First Track”（在第一个轨道前），如图6-8所示。

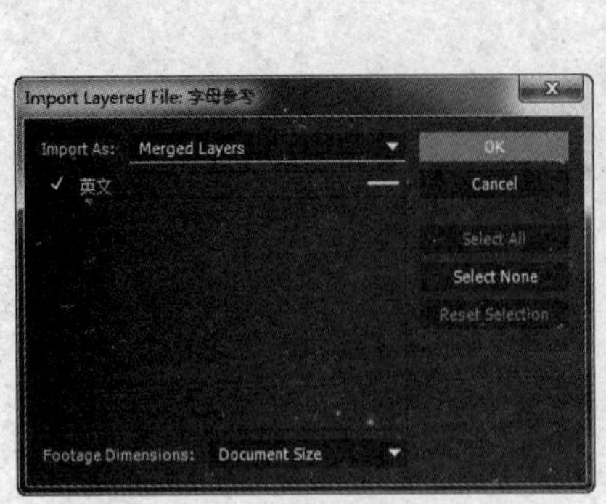

图 6-7

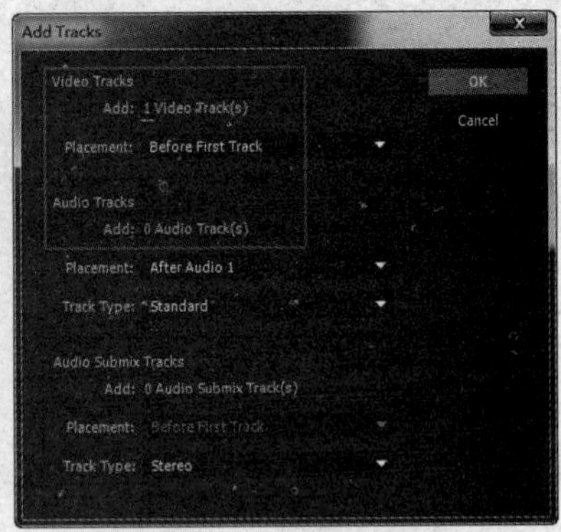

图 6-8

5）将“字母参考.psd”素材文件从“Project”调板中拖到新添加的“Video 1”轨道，如图6-9所示。

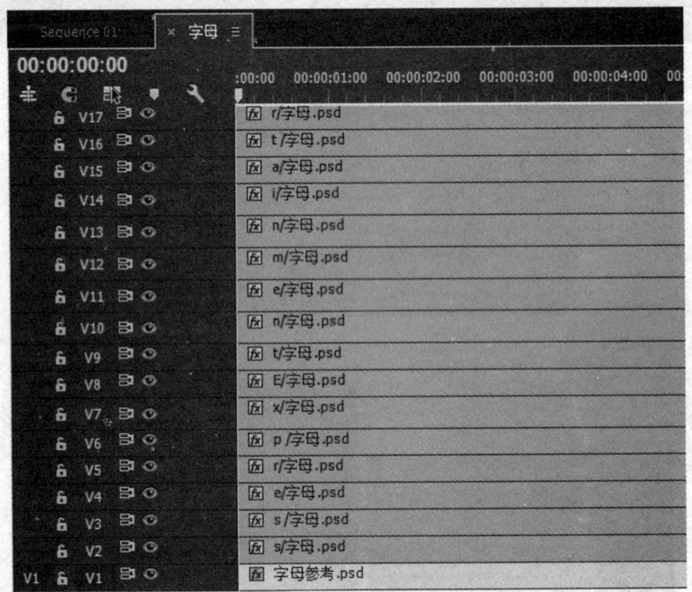

图 6-9

6）参照“字母参考.psd”素材画面中字母的排列顺序、位置及间距，分别调整其他各轨道中字母素材的“Position”参数，使之最终排列成“Entertainment Express”（即与“字母参考.psd”画面重合）。

比如，“E/字母.psd”的“Position”参数为“258.5”“285”；“n/字母.psd”的“Position”参数为“271.5”“288”；“t/字母.psd”的“Position”参数为“279.5”“286”，等。

小提示　这一操作过程非常烦琐，希望大家有耐心并且还要细心，这样才能制作出好的效果。

7）调整完毕后，单击“Video 1”轨道控制区域左边的“眼睛”图标，将该轨道隐藏，如图6-10所示。

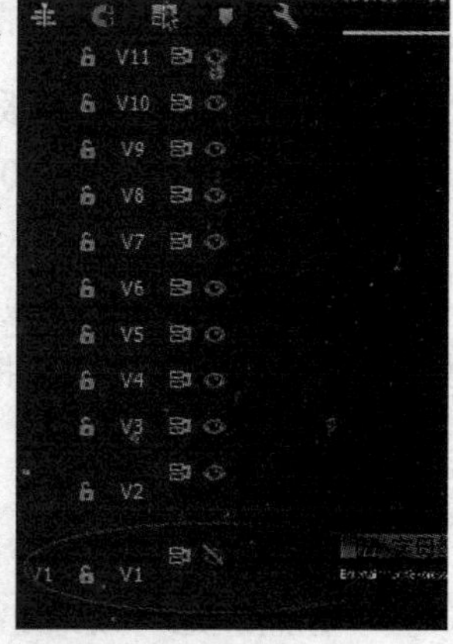

图 6-10

8）将时间指针置于00:00:00:00处，在“E/字母.psd”素材的“Effect Controls”调板中，展开“Motion”项，将“Scale”参数设置为“300”，单击左侧的“开关动画”按钮，设置关键帧。

展开“Opacity”属性，将“Opacity”参数设置为“0”。

将时间指针置于00:00:00:05处，将“Scale”参数设置为“100”；将“Opacity”参数设置为“100”。

9）在“Timeline”调板中对除“字母参考.psd”外的其他素材都进行如上的时间及动画设置，“Program”调板预览效果如图6-11所示。

图 6-11

10）除第1个字母素材“E/字母.psd”外，将其后各字母素材片段依次整体向后拖动2帧，如图6-12所示。

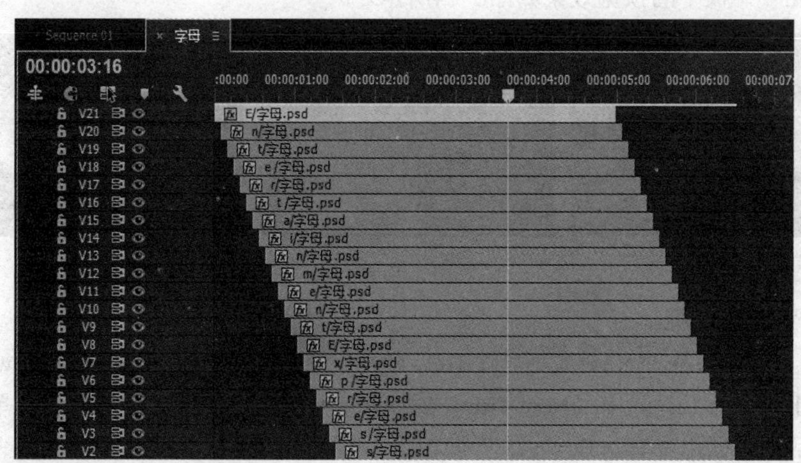

图 6-12

此时，“Program”调板预览效果如图6-13所示。

图 6-13

四、第1部分动画的制作

1）在“Project”调板中双击“Sequence 01”序列，在“Timeline”调板中将其打开。

2）将时间指针置于00:00:00:05处，将字幕素材“娱乐快递”从“Project”调板中拖到“Video 2”轨道。

①在“Effects”调板中，展开“Video Effects”文件夹中的“Perspective”文件夹，将其中的“Basic 3D”效果拖到素材片段“娱乐快递”上。

知识加油站

“Basic 3D”效果可以在一个虚拟的三维空间中操作素材片段。可以使素材围绕X轴或Y轴进行旋转，还可以将其沿Z轴推远或拉近。

②在“Effect Controls”调板中进行设置。

展开“Motion”项，单击“Position”左侧的“开关动画”按钮，添加一个关键帧；展开“Opacity”项，设置“Opacity”参数值为“0”；展开“Basic 3D”项，设置“Distance to Image”参数值为“–97”，并单击其左侧的“开关动画”按钮，添加1个关键帧。

③将时间指针置于00:00:00:20处，进行如下设置。

“Position”参数值为“203.0”“187.0”；“Opacity”参数值为“100”；“Distance to Image”参数值为“0”。

“Program”调板中的预览效果如图6-14所示。

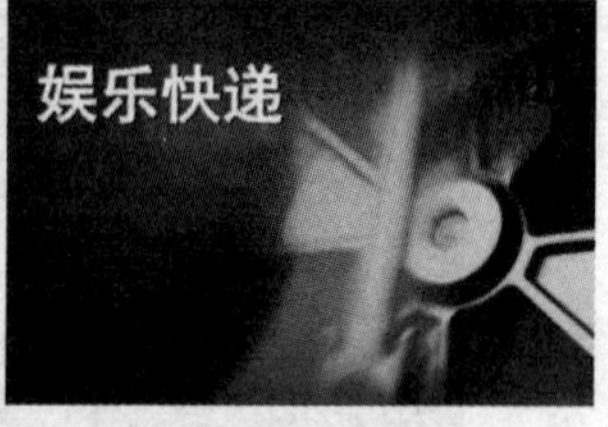

图 6-14

3）字母背景条动画。

①执行“File”→“New”→“Title”命令（或执行“Title”→“New Title”→“Default Still”命令），弹出“New Title”对话框，输入字幕名称“黑条1”，单击“OK”按钮关闭对话框，调出“Title Designer”调板。

②用“矩形工具”绘制一个矩形，并进行属性的设置：“Width”为“255.4”，“Height”为“38.0”；填充色为黑色；无边线及投影；在“Title Actions”（字幕动作）调板中，单击“垂直居中”及“水平居中”按钮，将矩形放置于绘制区域的中央，如图6-15所示。

③将时间指针置于00:00:00:20处，将“黑条1”素材拖到“Video 3”轨道。

④在“Effects”调板中，展开“Video Effects”文件夹中的“Distort”文件夹，将其中的“Transform”效果拖到“Video 3”轨道中的素材“黑条1”上。

⑤在“Effect Controls”调板中进行设置。

展开“Motion”项，设置“Position”参数值为“203.0”“235.0”；展开“Transform”项，设置“Scale Width”的参数值为“0”，并单击其左侧的“开关动画”按钮，设置关键帧。

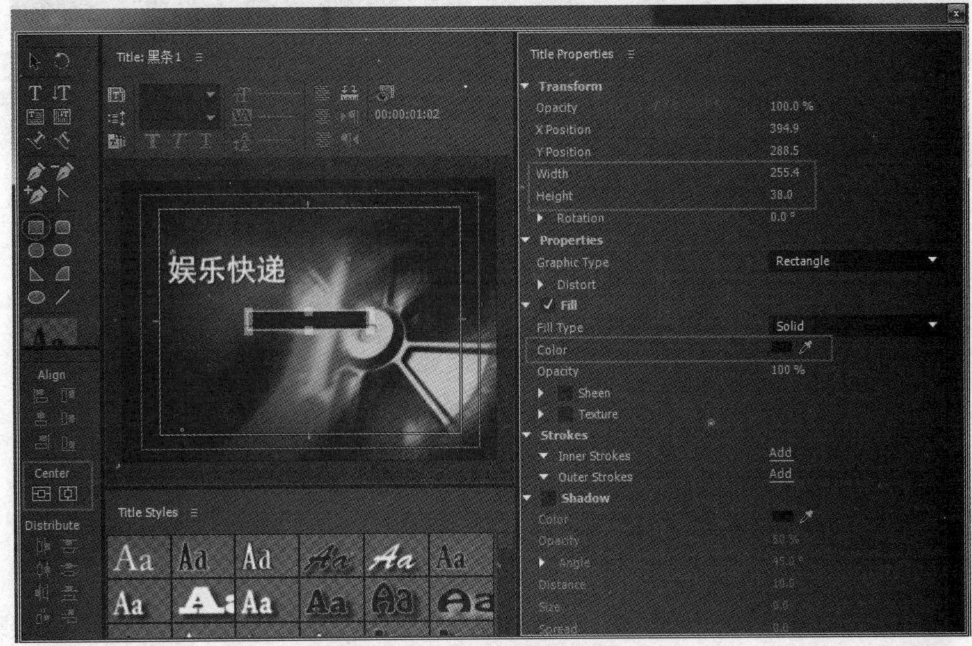

图 6-15

⑥ 将时间指针置于00:00:01:05处，设置“Transform”项中的“Scale Width”参数值为“100”，制作出黑条由中心逐渐展开的动画，如图6-16所示。

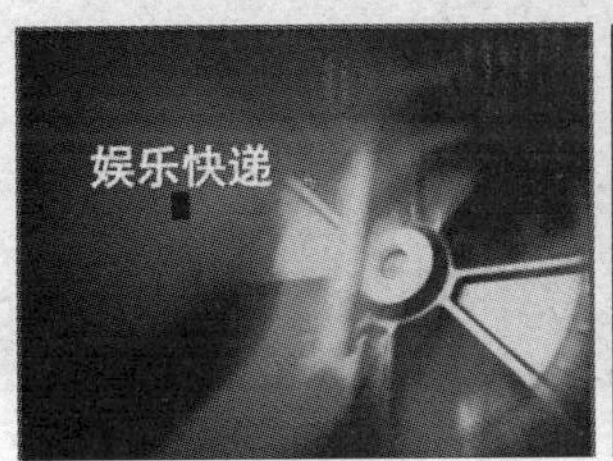

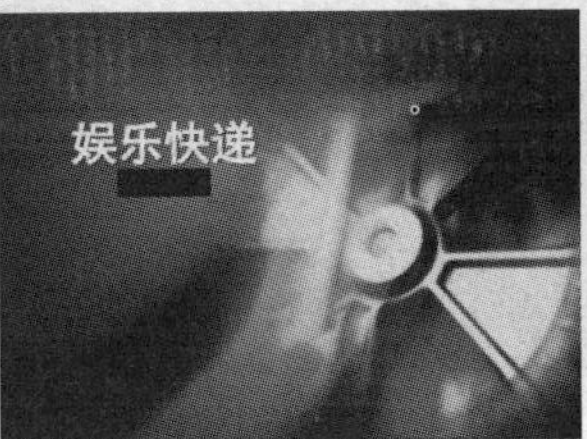

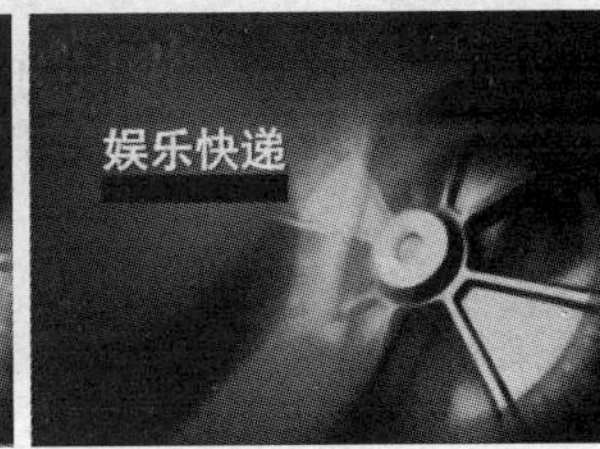

图 6-16

4）加入字母序列素材。

① 将时间指针置于00:00:01:05处，在“Project”调板中，展开“字母”素材箱，将其中的“字母”序列素材拖到“Video 3”轨道上方空白处的当前时间指针处。“字母”序列素材放置于新增的“Video 4”轨道中，如图6-17所示。

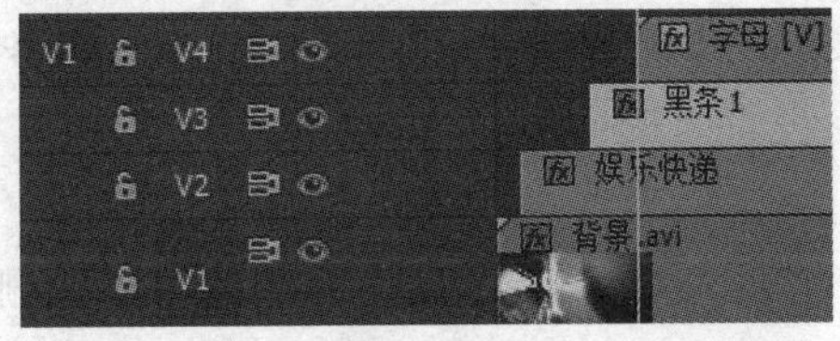

图 6-17

② 在其“Effect Controls”调板中，展开“Motion”项，设置“Position”参数值为“204.0”“237.0”，如图6-18所示。

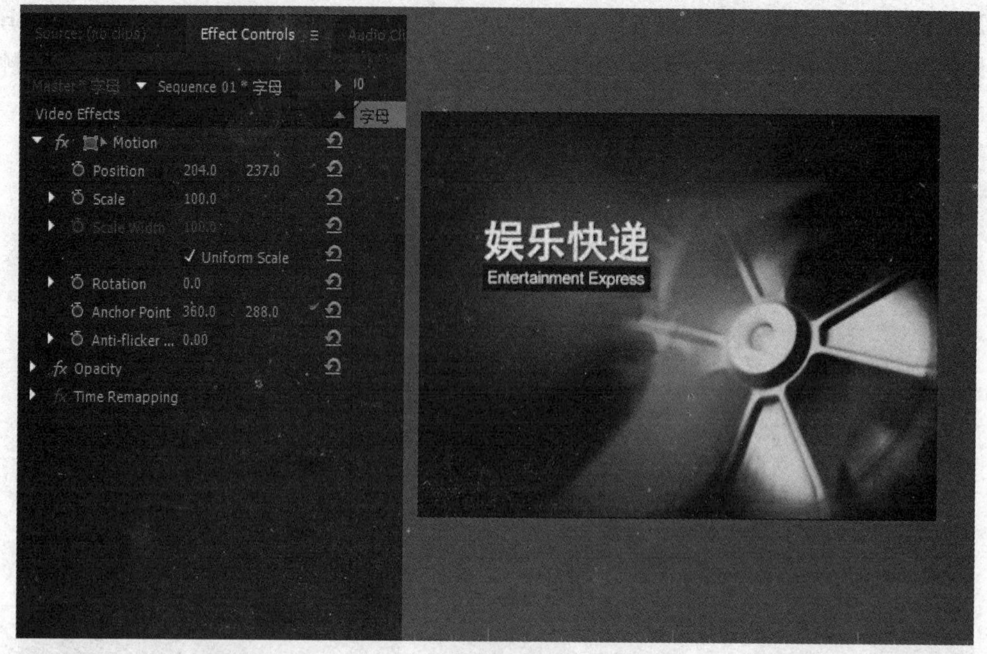

图 6-18

③ 将时间指针置于00:00:03:00处，分别拖动“字母”序列素材、“黑条1”“娱乐快递”素材片段右侧的“出点”至该位置，如图6-19所示。

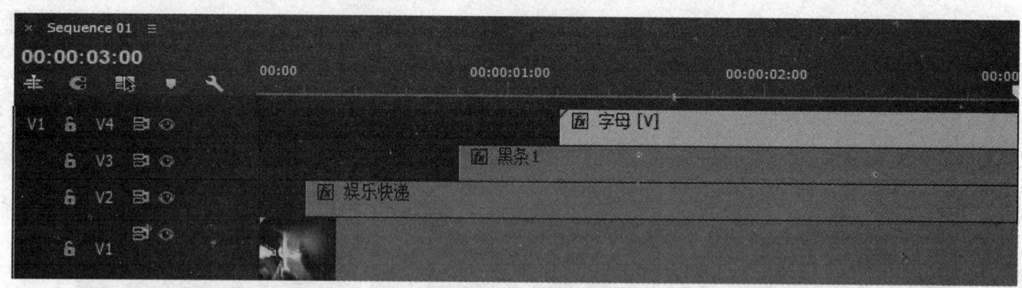

图 6-19

五、第2部分动画的制作

1）将配套素材“Ch07”文件夹中“素材”文件夹内的“舞1.psd”“舞3.psd”素材文件以序列方式导入到“Project”调板中。

2）将时间指针置于00:00:03:00处，在“Project”调板中展开“舞3”素材箱，将“3人-黑/舞3.psd”素材拖到“Video 4”轨道中，并在其“Effect Controls”调板中进行设置。

① 展开“Motion”项，设置“Position”参数值为“237.0”“294.0”；“Scale”参数值为“68”。

② 展开“Opacity”项，单击“Opacity”属性右侧的“添加/删除关键帧”按钮，设置动画关键帧。在出现的关键帧上单击鼠标右键，在弹出的快捷菜单中，选择“Hold”选项，如图6-20所示。

③ 将时间指针置于00:00:03:03处，设置“Opacity”参数值为“0”；00:00:03:06处，参

数值为“100”；00:00:03:09处，参数值为“0”。

④时间指针仍在00:00:03:09处，单击“Position”左侧的“开关动画”按钮，设置关键帧；在出现的关键帧上单击鼠标右键，在弹出的快捷菜单中，执行“Temporal Interpolation”→“Hold”命令，如图6-21所示。

⑤将时间指针置于00:00:03:12处，设置“Position”参数值为“284.0”“294.0”；设置“Opacity”参数值为“100”。

⑥将时间指针置于00:00:03:20处，拖动“3人-黑/舞3.psd”素材片段右侧的“出点”至该位置，如图6-22所示。

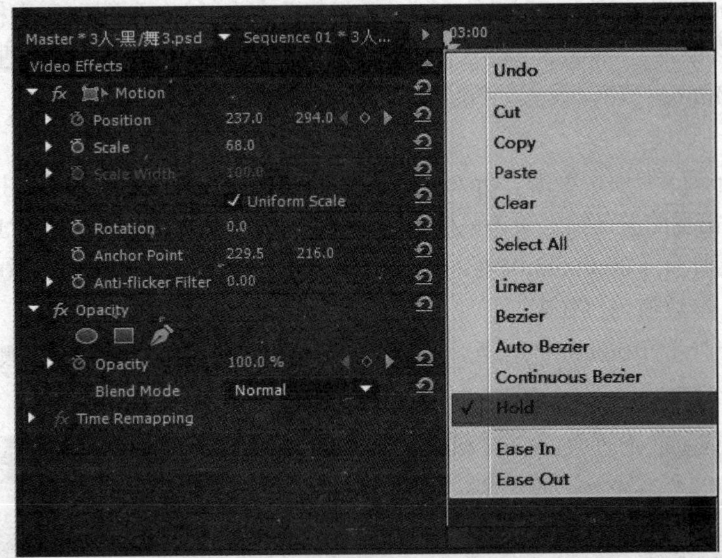

图　6-20

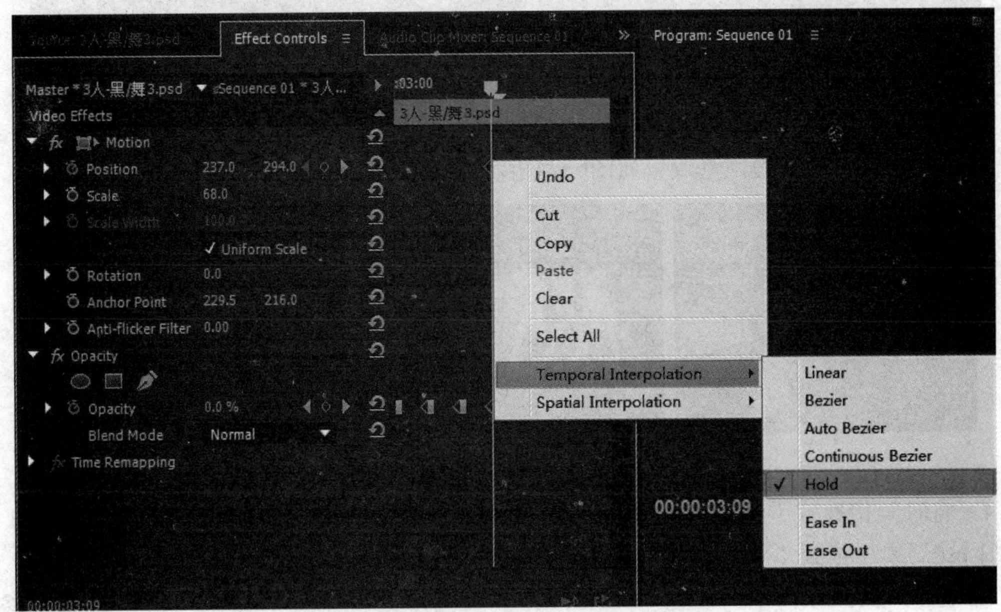

图　6-21

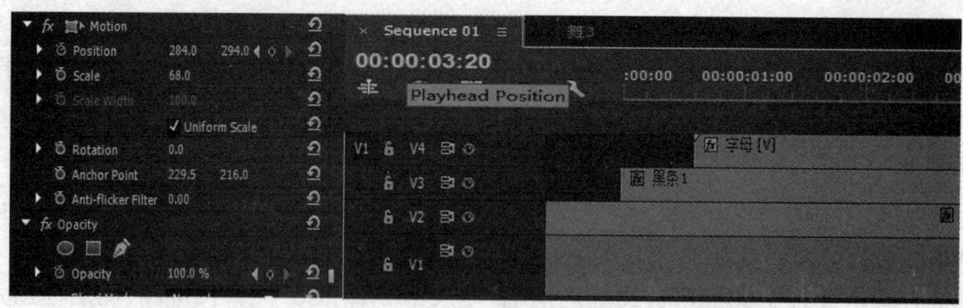

图 6-22

3）将时间指针置于00:00:03:03处，在“Project”调板中展开“舞3”素材箱，将“3人-白/舞3.psd”素材拖到“Video 3”轨道中，并在其“Effect Controls”调板中进行设置。

①展开“Motion”项，设置“Position”参数值为“237.0”“294.0”；“Scale”参数值为“68”。

②展开“Opacity”项，单击“Opacity”属性右侧的“添加/删除关键帧”按钮，为其设置动画关键帧。在出现的关键帧上单击鼠标右键，在弹出的快捷菜单中，选择“Hold”选项。

③将时间指针置于00:00:03:06处，设置“Opacity”参数值为“0”；在00:00:03:09处，设置“Opacity”参数值为“100”。

④将时间指针置于00:00:03:12处，拖动“3人-白/舞3.psd”素材片段右侧的“出点”至该位置，如图6-23所示。

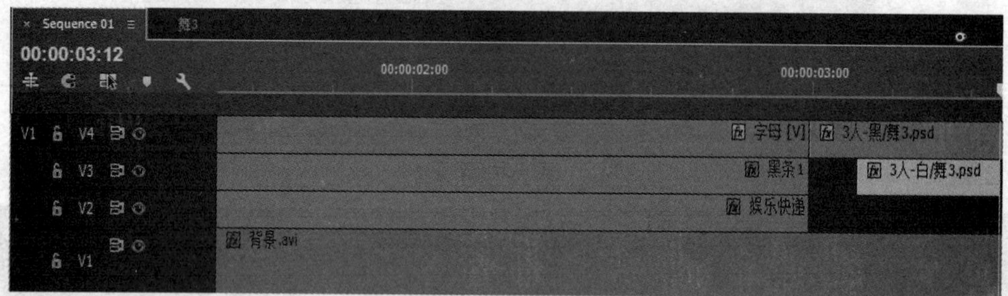

图 6-23

“Program”调板中的预览效果如图6-24所示。

图 6-24

4）将时间指针置于00:00:03:24处，在“Project”调板中展开“舞1”素材箱，将“1人-黑/舞1.psd”素材拖到“Video 4”轨道中，并在其“Effect Controls”调板中进行设置。

①展开“Motion”项，设置“Position”参数值为“493.0”“324.0”；“Scale”参数值为“71”。

②展开“Opacity”项，单击“Opacity”属性右侧的“添加/删除关键帧”按钮，设置动画关键帧。在出现的关键帧上单击鼠标右键，在弹出的快捷菜单中，选择“Hold”选项。

③将时间指针置于00:00:04:02处，设置“Opacity”参数值为“0”；在00:00:04:05处，设置“Opacity”参数值为“100”；在00:00:04:08处，设置“Opacity”参数值为“0”。

④时间指针仍在00:00:04:08处，单击“Position”左侧的“开关动画”按钮，设置关键帧；在出现的关键帧上单击鼠标右键，在弹出的快捷菜单中，执行“Temporal Interpolation”→“Hold”命令。

⑤将时间指针置于00:00:04:11处，设置“Position”参数值为“309.0”“324.0”；设置“Opacity”参数值为“100”。

⑥将时间指针置于00:00:04:19处，拖动“1人-黑/舞1.psd”素材片段右侧的“出点”至该位置，如图6-25所示。

图 6-25

5）将时间指针置于00:00:04:02处，在“Project”调板中展开“舞1”素材箱，将“1人-白/舞1.psd”素材拖到“Video 3”轨道中，并在其“Effect Controls”调板中进行设置。

①展开“Motion”项，设置“Position”参数值为“493.0”“324.0”；“Scale”参数值为“71”。

②展开“Opacity”项，单击“Opacity”属性右侧的“添加/删除关键帧”按钮，设置动画关键帧。在出现的关键帧上单击鼠标右键，在弹出的快捷菜单中，选择“Hold”选项。

③将时间指针置于00:00:04:05处，设置“Opacity”参数值为“0”；在00:00:04:08处，设置“Opacity”参数值为“100”。

④将时间指针置于00:00:04:11处，拖动“1人-白/舞1.psd”素材片段右侧的“出点”至该位置，如图6-26所示。

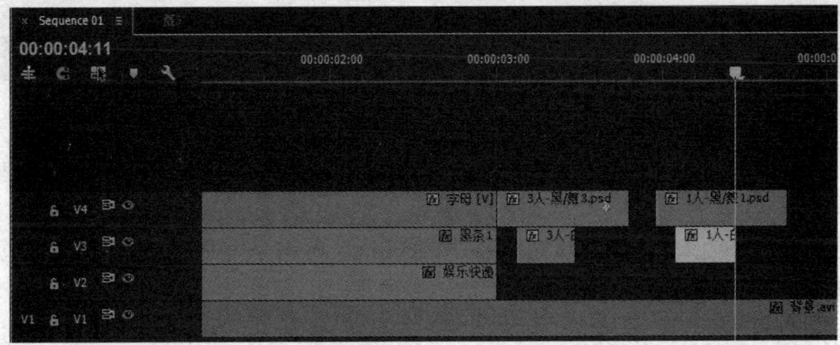

图 6-26

"Program"调板中的预览效果如图6-27所示。

图 6-27

六、第3部分动画的制作

1. 导入照片素材

将配套素材"Ch07"文件夹中"素材"文件夹内的"照a.jpg""照b.jpg""照c.jpg"3个素材文件导入到"Project"调板中。

2. 制作字母背景条

执行"File"→"New"→"Black Video"命令，建立一个黑场；"Project"调板中，在其名称上单击鼠标右键，在弹出的快捷菜单中选择"Rename"选项，将其重命名为"黑条2"。

3. 组接照片素材

1）将时间指针置于00:00:04:23处，在"Project"调板中将"照a.jpg"素材拖到"Video 4"轨道上方空白处的当前时间指针处，会新增一条"Video 5"轨道，且"照a.jpg"素材也已插入到此轨道中，如图6-28所示。

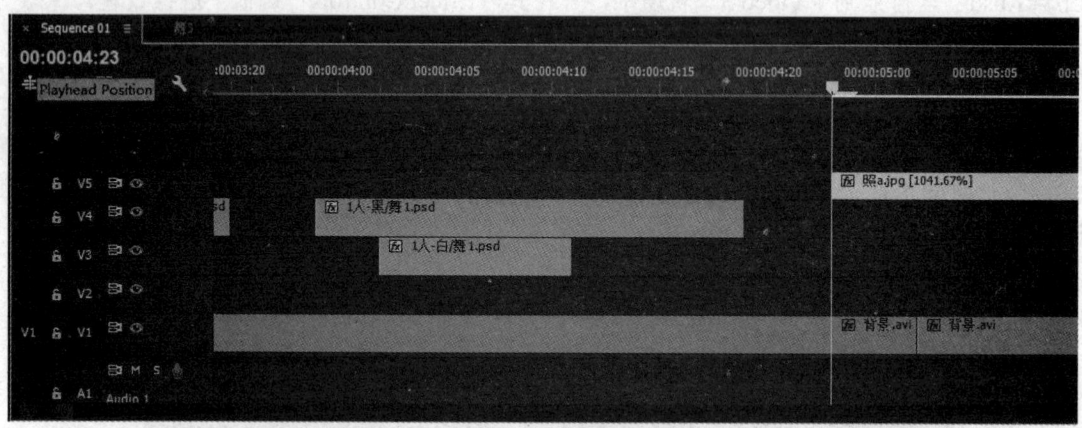

图 6-28

2）在此素材上单击鼠标右键，在弹出的快捷菜单中执行"Speed/Duration"命令，设置持续时间为00:00:00:12，如图6-29所示。

3）将时间指针置于00:00:05:15处，将"照b.jpg"素材从"Project"调板中拖到"Video 5"轨道，利用上面的方法，设置持续时间为00:00:00:10。

4）将时间指针置于00:00:06:05处，将"照c.jpg"素材从"Project"调板中拖到"Video 5"轨道，设置持续时间为00:00:00:12。

此时，“Timeline”调板如图6-30所示。

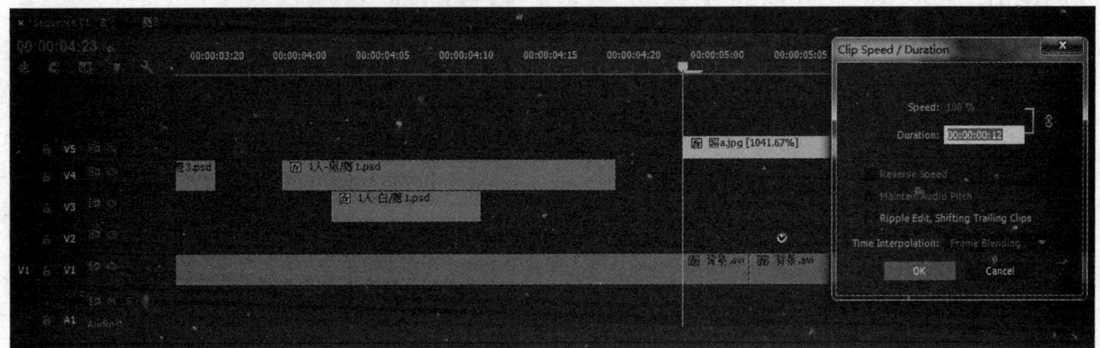

图　6-29

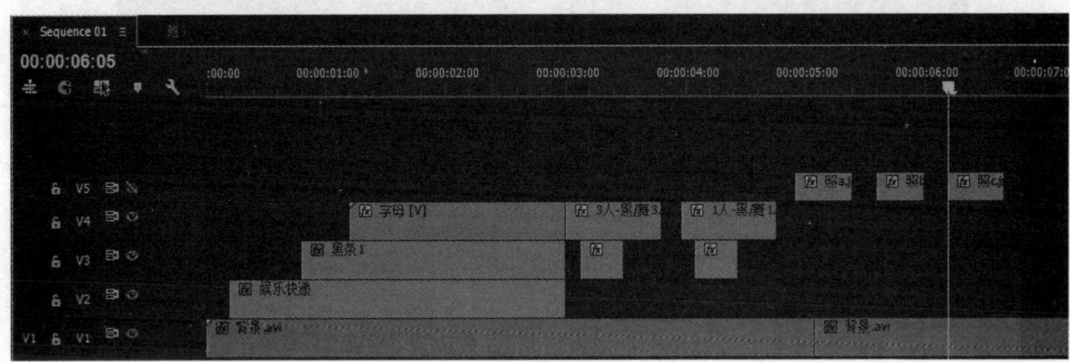

图　6-30

4．调节背景素材

1）将时间指针置于00:00:05:02处，利用“工具箱”调板中的“剃刀工具”，将“Video 1”轨道中的“背景.avi”素材分割。

2）为分割出的后半部分素材片段添加效果：展开“Video Effects”文件夹中的“Blur & Sharpen”文件夹，将其中的“Gaussian Blur”效果拖到该段素材上，再将“Adjust”文件夹中的“Levels”效果也拖到此段素材上，如图6-31所示。

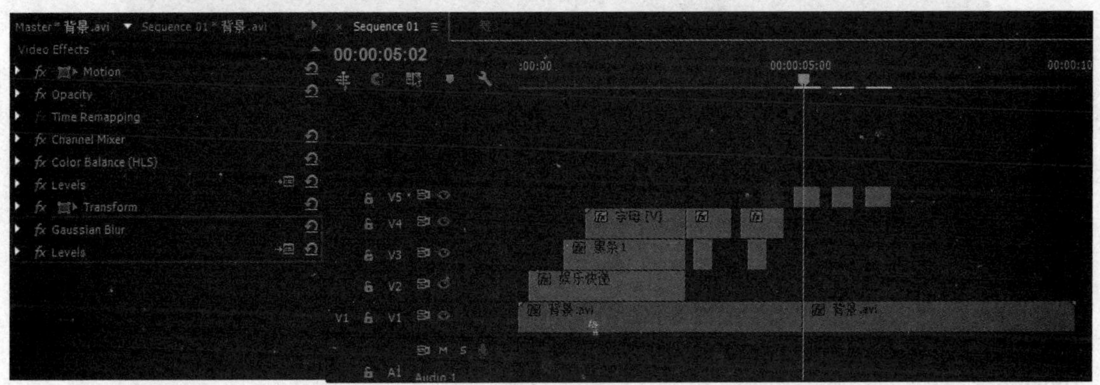

图　6-31

3）在其“Effect Controls”调板中，进行设置。

① 展开“Transform”项，设置其“Position”参数值为“488.0”“381.0”；设置“Scale Height”“Scale Width”的参数值分别为“173.0”“-173.0”。

② 展开“Gaussian Blur”项，设置其“Blurriness”参数值为“33.0”。

③ 展开最后添加的“Levels”项，设置其“（RGB）Gamma”参数值为“69”，如图6-32所示。

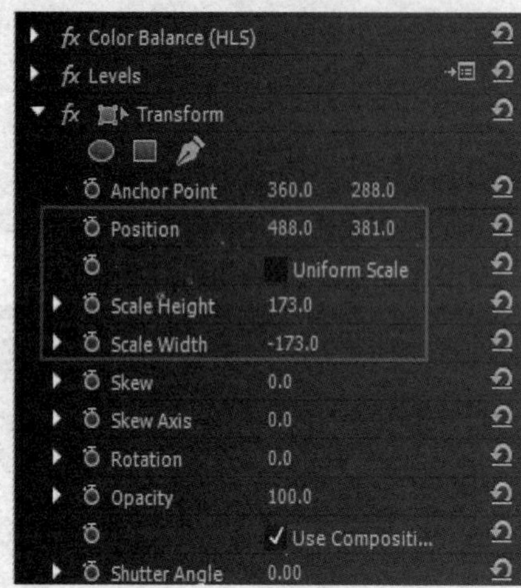

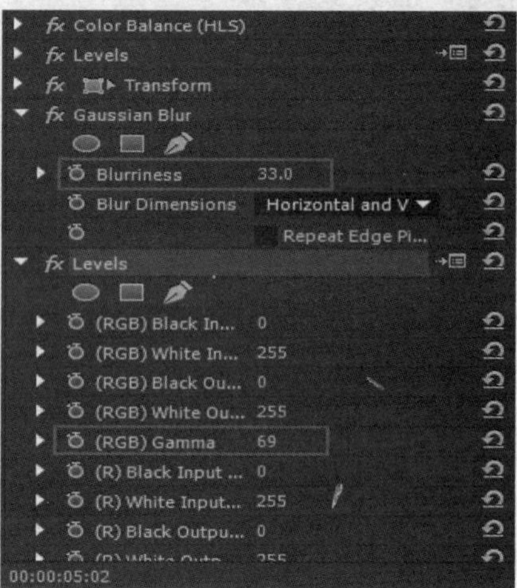

图 6-32

5. 制作中文文本动画

1）时间指针置于00:00:05:10处，拖动“娱乐快递”文本素材至“Video 4”轨道，如图6-33所示。

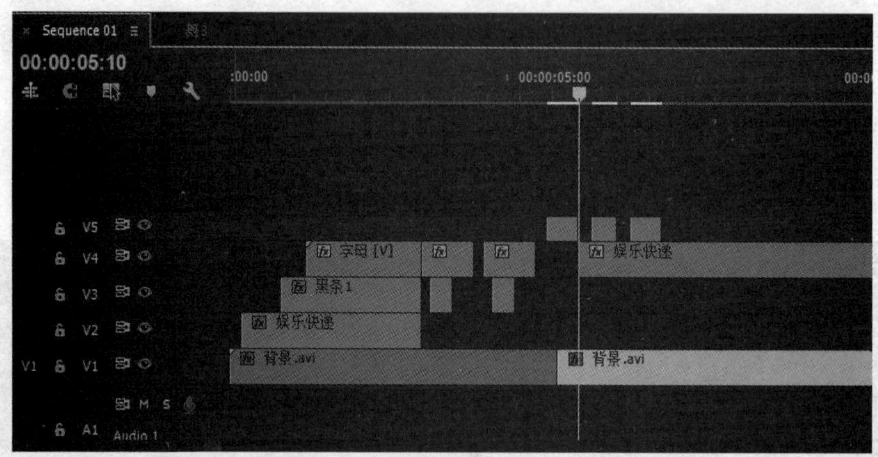

图 6-33

2）在其“Effect Controls”调板中，展开“Motion”项，对“Position”属性进行设置。

时间指针置于00:00:05:10处，设置“Position”参数值为“222.0”“245.0”；单击“Position”左侧的“开关动画”按钮，设置关键帧。

时间指针置于00:00:06:17处，设置“Position”参数值为“360.0”“245.0”。

“Program”调板预览效果如图6-34所示。

图 6-34

6. 加入“黑条2”素材并调整

1）时间指针置于00:00:05:10处，拖动“黑条2”素材至“Video 2”轨道，如图6-35所示。

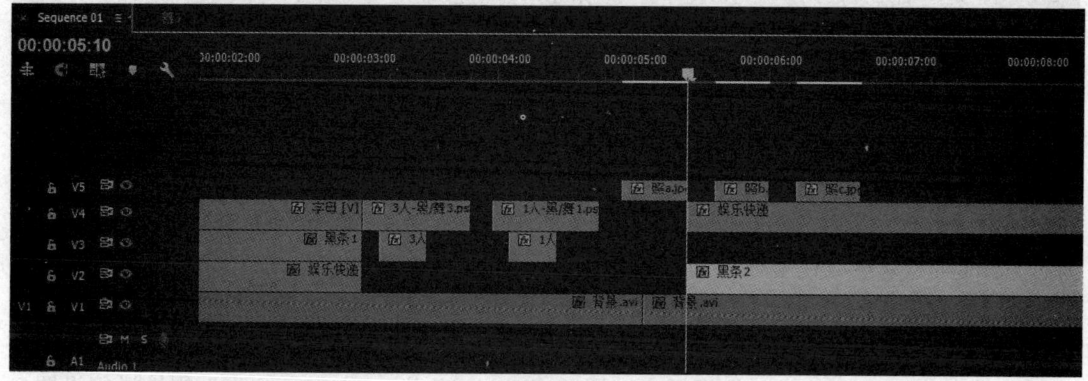

图 6-35

2）在其“Effect Controls”调板中，展开“Motion”项：“Position”参数设置为“360.0”“292.0”，“Scale Height”参数设置为“6.1”，如图6-36所示。

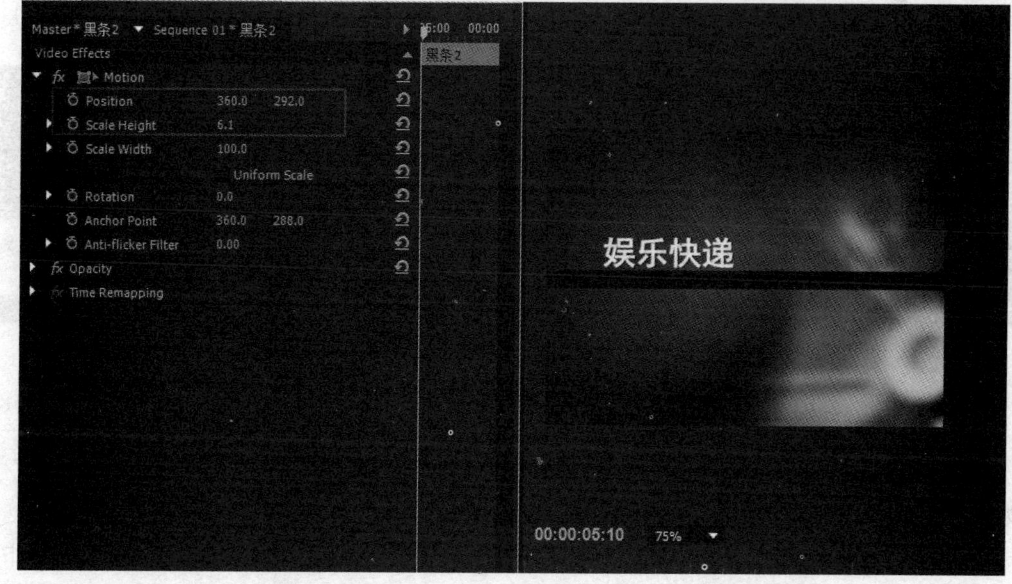

图 6-36

小提示

取消“Uniform Scale”前复选框的勾选，才能分别设置“Scale Height”与“Scale Width”的参数。

7．设置英文文本的动画

1）时间指针置于00:00:05:10处，拖动“字母参考.psd”素材至“Video 3”轨道，如图6-37所示。

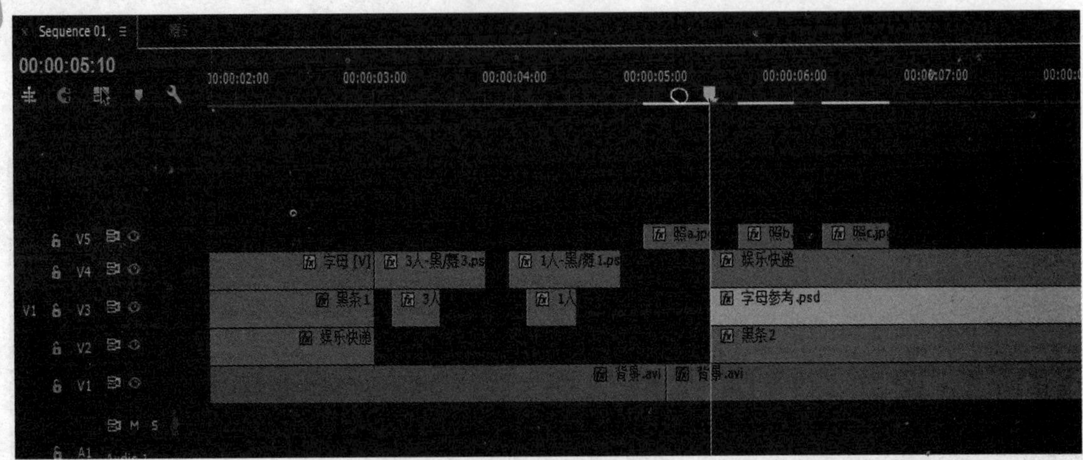

图 6-37

2）在其“Effect Controls”调板中，展开“Motion”项，对“Position”属性进行设置。

时间指针置于00:00:05:10处，设置“Position”参数值为“594.0”“292.0”；单击“Position”左侧的“开关动画”按钮，设置关键帧。

时间指针置于00:00:06:17处，设置“Position”参数值为“361.0”“292.0”。

“Program”调板预览效果如图6-38所示。

图 6-38

七、第4部分动画的制作

1）导入圆圈素材。将配套素材“Ch07”文件夹中“素材”文件夹内的“圆圈.psd”素材文件以序列方式导入到“Project”调板中，如图6-39所示。

2）执行“Sequence”→“Add Tracks”命令，弹出“Add Tracks”对话框，在其中设置：添加3条“Video”轨道，0条“Audio”轨道，如图6-40所示。

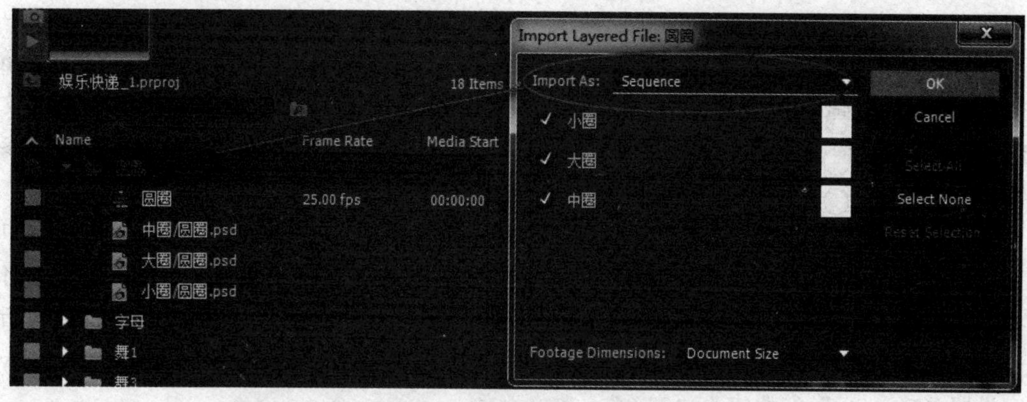

图 6-39

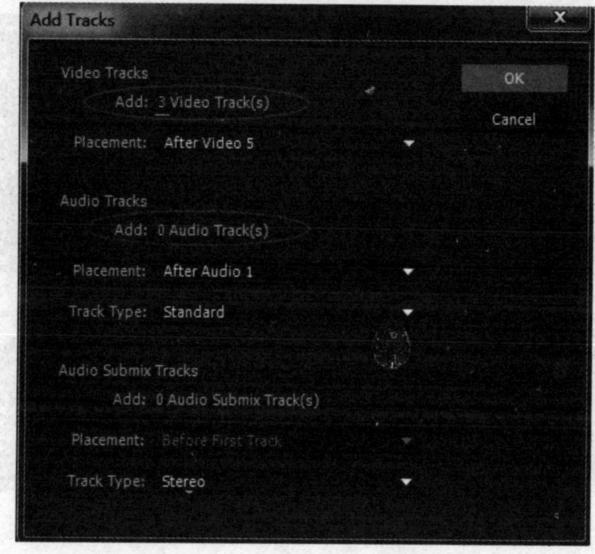

图 6-40

小提示

也可在轨道控制区域（或轨道名称上）单击鼠标右键，在弹出的快捷菜单中选择“Add Tracks”选项，出现“Add Tracks”对话框，在对话框中进行相应设置即可。

3）将时间指针置于00:00:06:17处，在“Project”调板中展开“圆圈”素材箱，将其中的“中圈/圆圈.psd”“小圈/圆圈.psd”和“大圈/圆圈.psd”3个素材文件，分别拖到“Video 6”轨道、“Video 7”轨道和“Video 8”轨道，如图6-41所示。

4）设置动画。

①时间指针仍置于00:00:06:17处，在“大圈/圆圈.psd”的“Effect Controls”调板中，展开“Motion”项，设置“Position”参数值分别为“359.0”“288.0”；单击“Position”左侧的“开关动画”按钮，设置第1个关键帧；将时间指针置于00:00:09:00处，设置“Position”参数

值分别为“654.0”“288.0”；展开“Opacity”项，设置“Opacity”参数值为“93.0”。

② 将时间指针置于00:00:06:17处，在“中圈/圆圈.psd”的“Effect Controls”调板中，展开“Motion”项，设置“Position”参数值分别为“363.0”“288.0”；单击“Position”左侧的“开关动画”按钮，设置第1个关键帧；将时间指针置于00:00:09:00处，设置“Position”参数值分别为“140.0”“288.0”；展开“Opacity”项，设置“Opacity”参数值为“93.0”。

③ 将时间指针置于00:00:06:17处，在“小圈/圆圈.psd”的“Effect Controls”调板中，展开“Motion”项，单击“Position”左侧的“开关动画”按钮，设置第1个关键帧；将时间指针置于00:00:07:22处，设置“Position”参数值分别为“227.5”“288.0”；将时间指针置于00:00:09:00处，设置“Position”参数值分别为“374.0”“288.0”；展开“Opacity”项，设置“Opacity”参数值为“93.0”。

至此，3个圆圈的动画制作完毕，“Program”调板中的预览效果如图6-42所示。

图 6-41

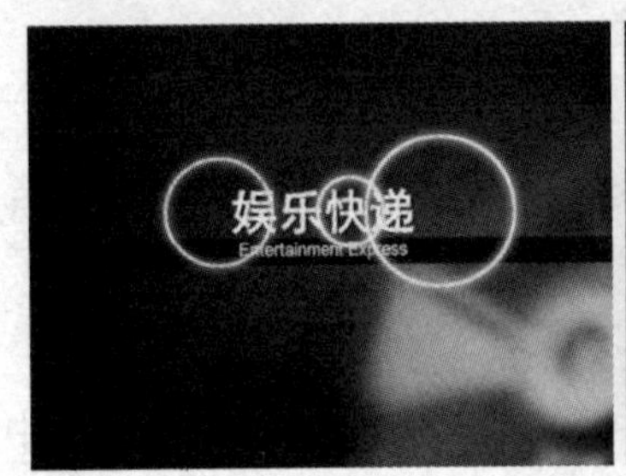

图 6-42

八、添加背景音乐

1）将配套资源“Ch07”文件夹中“素材”文件夹内的“music.wav”素材文件导入“Project”调板中。

2）将时间指针置于00:00:00:00处，从“Project”调板中将“music.wav”素材文件拖到

"Audio 1"轨道中。

此时，"Timeline"调板如图6-43所示。

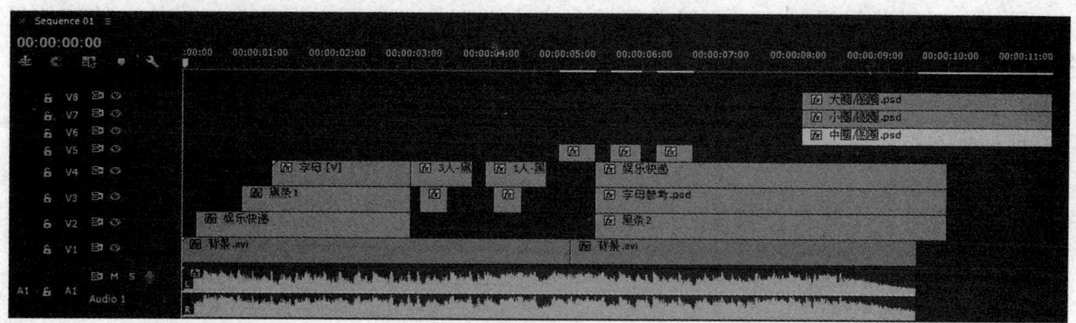

图 6-43

九、调整素材出点并输出影片

1）将时间指针置于00:00:10:00处，分别将长于10s的各素材的出点向左拖至当前时间指针处，如图6-44所示。

图 6-44

2）执行"File"→"Export"→"Movie"命令，弹出"Export Movie"对话框，从中选择保存目标路径并输入文件名，然后单击"保存"按钮。

3）待渲染完成后，即可在播放器中观看效果。

触类旁通

本实例是一个娱乐类节目的片头，娱乐节目的包装往往都是以时尚、另类而著称。在整个片头的制作中，始终以红色和黑色为主体色；字母的依次出现、图像的快速闪烁、轻快的节奏等，这些流行的元素构成了节目的片头。

本例的制作难点在开头部分，主要是英文字母在组成单词时的位置排列及制作各个字母依次出现的动画（在Photoshop软件中制作英文字母素材时，每一个字母都是单独的一个图层）。

为了表现出片头的动感，在照片素材快速闪动的同时，对两组文本素材还设置了位置动画。

另外，对于背景素材，不要简单地“拿来主义”，一定要根据片头（影片）的整体风格和画面构图的制作需要进行必要的处理。

实战强化

请读者制作一个体育类节目的片头。

制作要求：

1）片头的长度为10～15s。

2）画面风格、表现形式应体现出体育运动的主题特色。

3）构图及色彩美观。

项目 7 电视频道包装

项目情境

电视台的“公共频道”开播了，为了进行宣传和形象推广、建立良好的社会形象和品牌形象，提升观众对频道的渴望价值，提高品质和收视率，需要制作一个频道片头包装。

制作要求是：

1）时间为15s。

2）能够表达出频道理念、风格、特色等信息。

3）设计新颖。

项目分析

电视频道包装是根据电视媒体的发展规律、观众收视需求、节目具体内容和频道特点，采用具有鲜明特点的节目形式，对频道进行整体介绍和宣传。它是电视频道的品牌标识，是经过设计制作而建立的一种完善的频道形象，是对包括理念、行为、视觉等频道外在形式要素的规范和强化。

本片头的一大特色是“黑白”影片效果，凸显一种冷静、客观的主流媒体形象。半透明状的单色动画效果，极大地丰富了画面内容及色彩。将频道的理念浓缩为4句话，通过丰富的动画效果，加深观众对频道理念的认识，协调、鲜明、抢眼而不刺眼。添加动听的背景音乐及丰富的转场效果。风格新颖，使人过目不忘，深入人心，极具冲击力、影响力。

成品效果

影片最终的渲染输出效果，如图7-1所示。

图 7-1

项目实施

一、新建项目文件

1）启动Premiere软件，单击“New Project”按钮，打开“New Project”对话框新建项目。

2）在对话框上方指定保存目录并将其命名为“公共频道”，单击“OK”按钮关闭对话框，进入Premiere的工作界面。

二、组接影片素材

1）导入素材：将配套素材“Ch08”文件夹中“素材”文件夹内的“影片”文件夹导入到“Project”调板中，如图7-2所示。

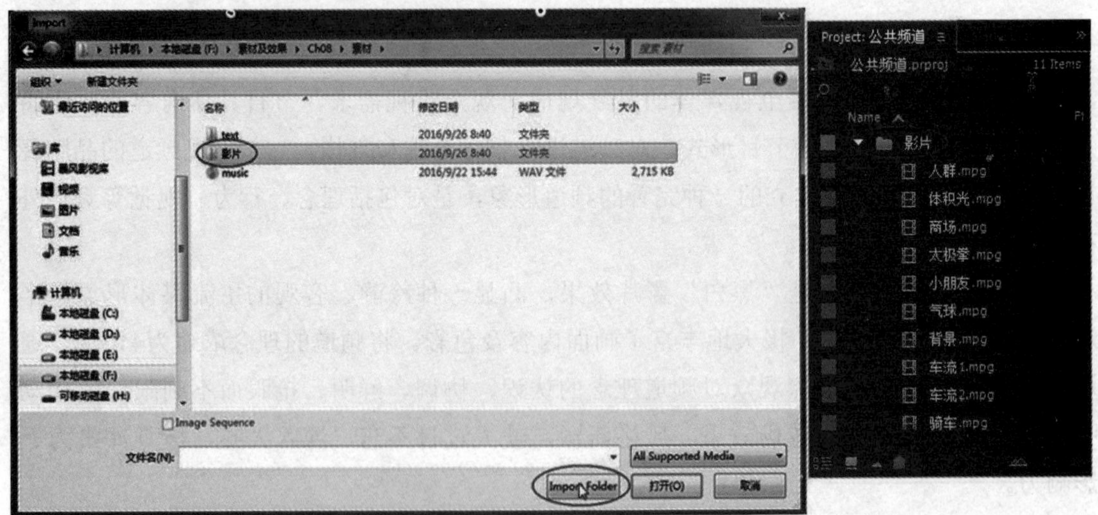

图 7-2

2）在“Project”调板中，展开“影片”素材箱，双击“商场.mpg”，在“source”（源监视器）调板中将其打开，如图7-3所示。

在调板中，可通过单击▶（播放）按钮，对素材进行预览。将时间指针移至00:00:01:16处，单击}（设置出点）按钮，为素材设置出点，如图7-4所示。

图　7-3

图　7-4

3）将素材拖入到“Timeline”调板中，如图7-5所示。

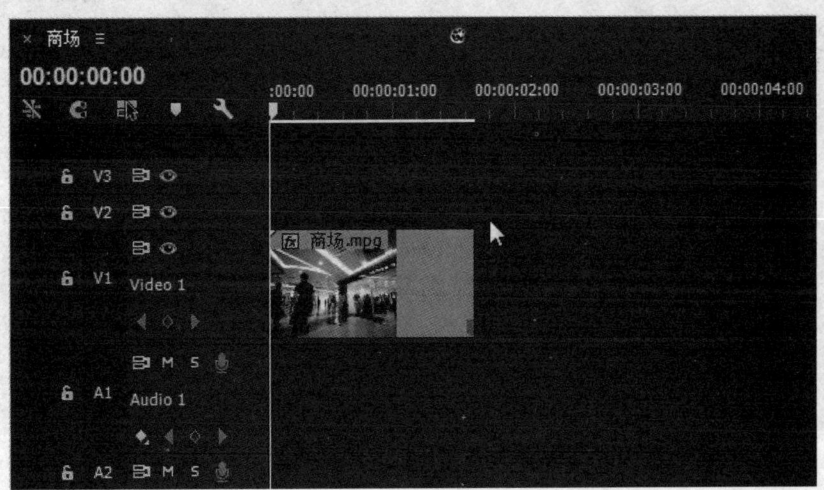

图　7-5

4）在“影片”素材箱中，双击“骑车.mpg”，在“source”（源监视器）调板中将其打开。将时间指针移至00:00:00:05处，单击{（设置入点）按钮，为素材设置入点；将时间指针移至00:00:01:18处，单击}（设置出点）按钮，为素材设置出点，如图7-6所示。

5）单击（插入）按钮，将素材插入“Timeline”调板中，如图7-7所示。

6）采用同样的方法，分别设置其他影片素材的入点和出点，并插入到“Timeline”调板中。“太极拳.mpg”：入点为00:00:01:19，出点为00:00:03:19。“人群.mpg”：入点为00:00:03:24，出点为00:00:05:12。“车流1.mpg”：入点为00:00:00:05，出点为00:00:02:05。“小朋友.mpg”：入点为00:00:00:05，出点为00:00:01:18。“气球.mpg”：入点为00:00:02:04，出点为00:00:03:23。“车流2.mpg”：入点为00:00:00:05，出点为00:00:02:23。

此时，“Timeline”调板如图7-8所示。

图　7-6

图　7-7

图　7-8

7）在“Effects”调板中，展开“Video Effects”文件夹中的“Color Correction”文件夹，将其中的“Color Balance（HLS）”效果拖到“V1”轨道中素材片段“商场.mpg”上。在“Effect Controls”调板中，将其中的“Saturation”参数设置为“-100.0”，如图7-9所示。

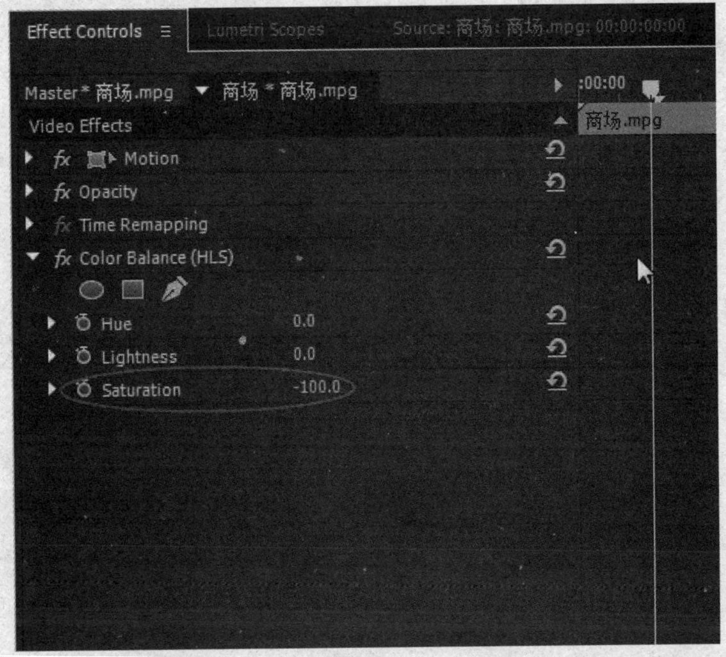

图 7-9

8）分别对“V1”轨道中的其他素材片段也添加同样的“Color Balance（HLS）”效果，将所有素材都调整为“黑白”影片效果。

小提示

可以将“商场.avi”素材片段的“Color Balance（HLS）”效果复制，再分别粘贴到其他素材片段，加快制作效率。

9）为素材间添加转场效果。

① 执行“Edit”→“Preferences”→“General”命令，打开“Preferences”对话框。将“Video Transition Default Duration”项的数值修改为“10”（即将默认转场持续时间修改为10帧），如图7-10所示。

② 在“Effects”调板中，展开“Video Transitions”文件夹中的“Dissolve”文件夹，将其中的“Cross Dissolve”转场效果拖到“V1”轨道中2个素材片段“商场.mpg”和“骑车.mpg”中间，如图7-11所示。

③ 对“V1”轨道中其余素材各两个素材中间都添加该转场效果，如图7-12所示。

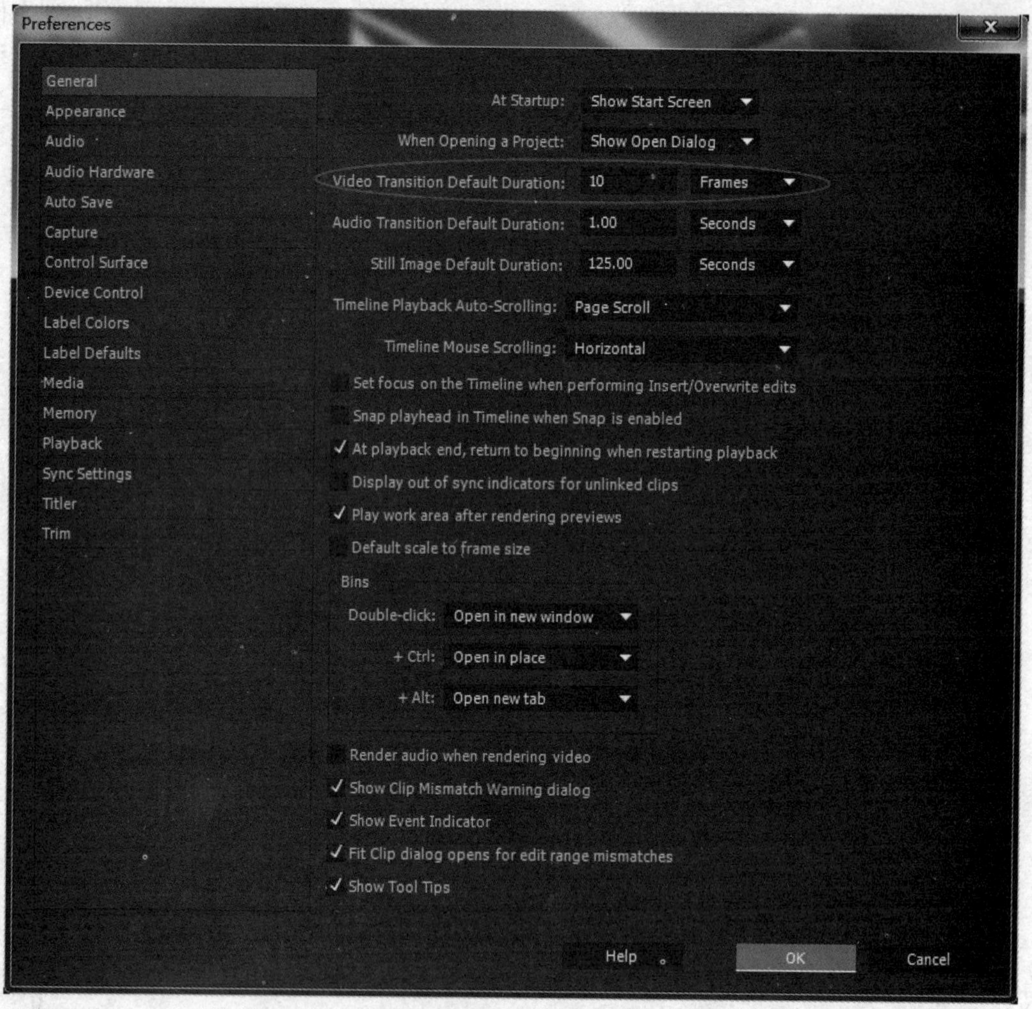

Preferences

General
Appearance
Audio
Audio Hardware
Auto Save
Capture
Control Surface
Device Control
Label Colors
Label Defaults
Media
Memory
Playback
Sync Settings
Titler
Trim

At Startup: Show Start Screen
When Opening a Project: Show Open Dialog
Video Transition Default Duration: 10 Frames
Audio Transition Default Duration: 1.00 Seconds
Still Image Default Duration: 125.00 Seconds
Timeline Playback Auto-Scrolling: Page Scroll
Timeline Mouse Scrolling: Horizontal
Set focus on the Timeline when performing Insert/Overwrite edits
Snap playhead in Timeline when Snap is enabled
✓ At playback end, return to beginning when restarting playback
Display out of sync indicators for unlinked clips
✓ Play work area after rendering previews
Default scale to frame size
Bins
Double-click: Open in new window
+ Ctrl: Open in place
+ Alt: Open new tab
Render audio when rendering video
✓ Show Clip Mismatch Warning dialog
✓ Show Event Indicator
✓ Fit Clip dialog opens for edit range mismatches
✓ Show Tool Tips

Help OK Cancel

图 7-10

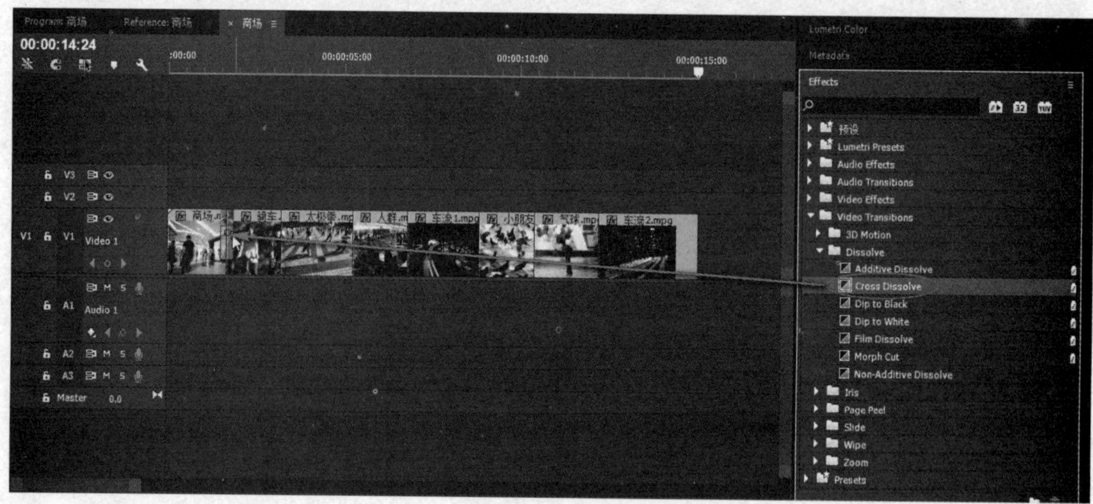

图 7-11

图 7-12

三、制作蒙板效果

1）将“影片”素材箱中的“背景.mpg”素材拖到“V2”轨道，如图7-13所示。

图 7-13

2）在“背景.mpg”素材片段上，单击鼠标右键，在弹出的快捷菜单中执行“Speed/Duration”命令，设置其速度为50%（速度放慢一倍），如图7-14所示。

图 7-14

3）拖动“背景.mpg”素材右侧的出点至00:00:15:00处，即与“V1”轨道中的素材时间等长，如图7-15所示。

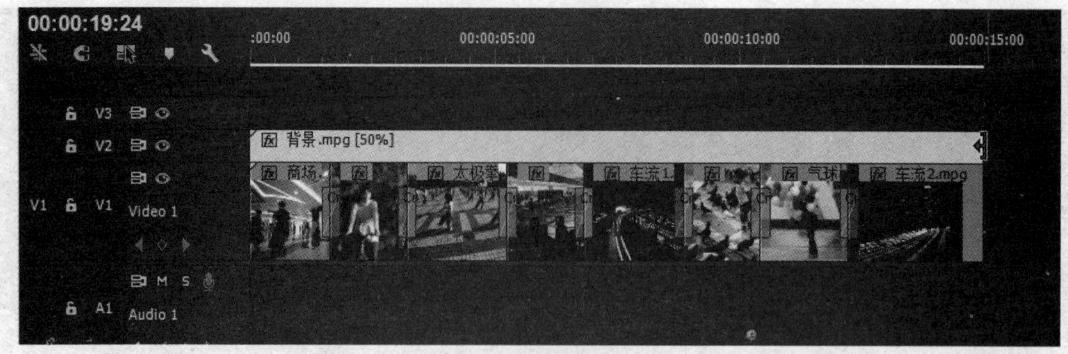

图 7-15

4）将“影片”素材箱中的“体积光.mpg”素材拖到“V3”轨道，由于其持续时间不够15s，所以再拖动一遍该素材到“V3”轨道中。调整第2段“体积光.avi”素材的出点至00:00:15:00处，如图7-16所示。

图 7-16

5）在“Effects”调板中，展开“Video Effects”文件夹中的“Keying”文件夹，将其中的“Track Matte Key”效果拖到“V2”轨道中素材片段“背景.avi”素材上。

在“Effect Controls”调板中，将其中的“Matte”项设置为“Video 3”，“Composite Using”项设置为“Matte Luma”，如图7-17所示。

图 7-17

此时，“Program”调板中播放效果如图7-18所示。

图　7-18

知识加油站

"Track Matte Key"效果是使用一个文件作为蒙板，在合成素材上创建透明区域，可以显示出部分背景素材，进行影片的合成。其参数说明如下。

"Matte"：设置作为蒙板素材所在的轨道。

"Composite Using"：选择蒙板的来源。"Matte Alpha"：使用蒙板图像的"Alpha"通道作为合成素材的蒙板；"Matte Luma"：使用蒙板图像的亮度信息作为合成素材的蒙板。

"Reverse"：翻转蒙板。

四、制作频道理念文字动画

执行"Edit"→"Preferences"→"General"命令，打开"Preferences"对话框。将"Still Image Default Duration"项的数值修改为"125"（即将默认导入静态图片的持续时间修改为125帧），如图7-19所示。

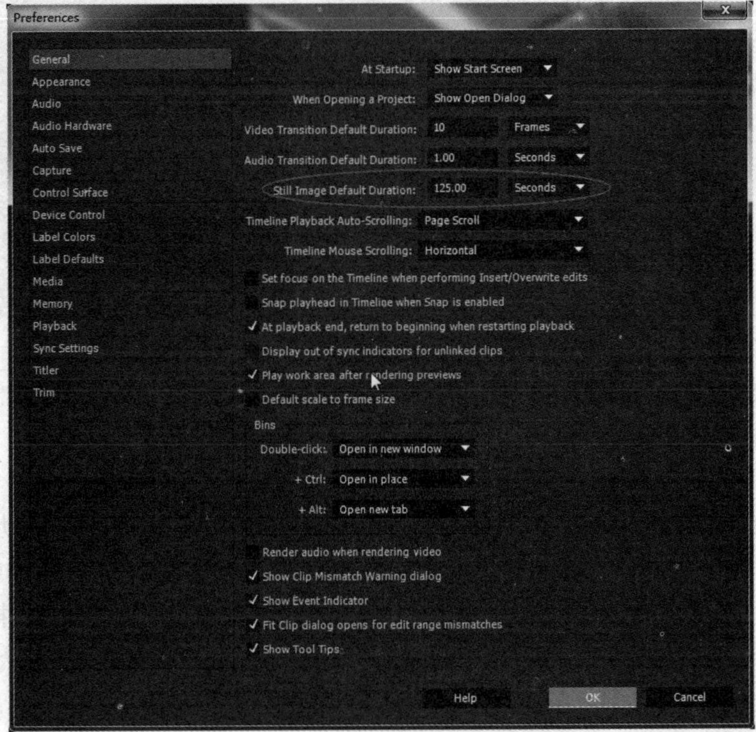

图　7-19

1）导入文字。将配套素材“Ch08”文件夹中“素材”文件夹内的“text”文件夹导入“Project”调板中，如图7-20所示。

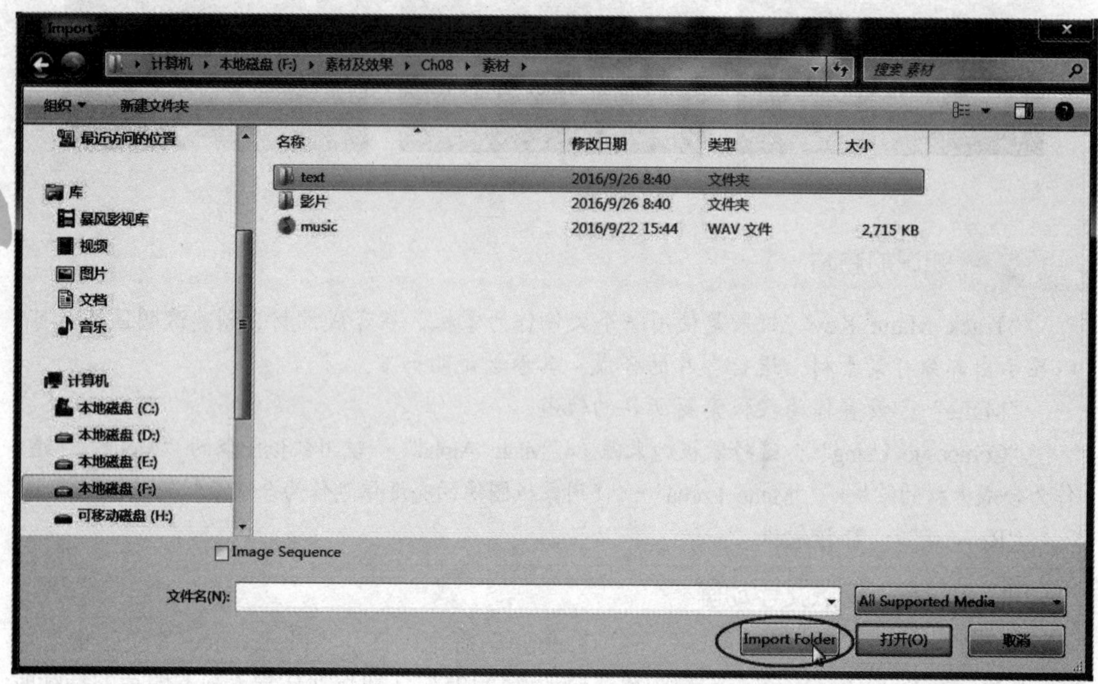

图　7-20

在出现的“导入分层文件”对话框中，对各文件均采用“合并图层”方式导入，如图7-21所示。

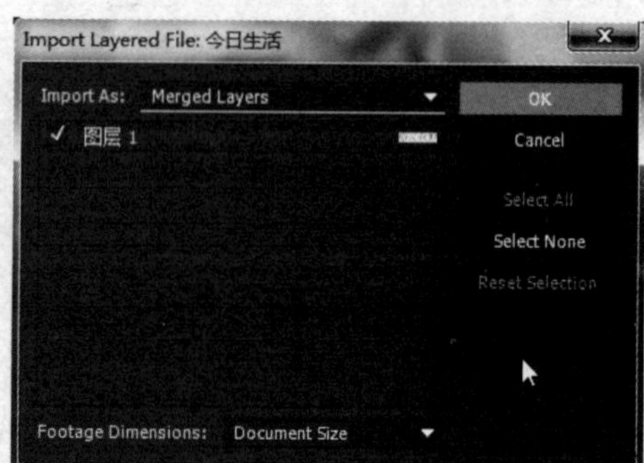

图　7-21

2）添加视频轨道。在轨道控制区域单击鼠标右键，在弹出的快捷菜单中，选择“Add Tracks”选项，在出现的“Add Tracks”对话框中，设置添加4条Video轨道、0条Audio轨道，如图7-22所示。

3）第1段文字动画的制作。

①“话”的制作。

a）在“Timeline”调板中，将时间指针移至00:00:00:05处。在“Project”调板中，展开“Text”素材箱，将“话.psd”素材拖到“V5”轨道中的当前时间指针处，如图7-23所示。

b）在其“Effect Controls”调板中，展开“Motion”项，设置“Position”属性参数值为“91.8”“170.0”，设置“Scale”属性参数值为“260.0”，并单击左侧的“开关动画”按钮，设置第1个比例关键帧；展开“Opacity”项，设置“Opacity”属性参数值为“0”，如图7-24所示。

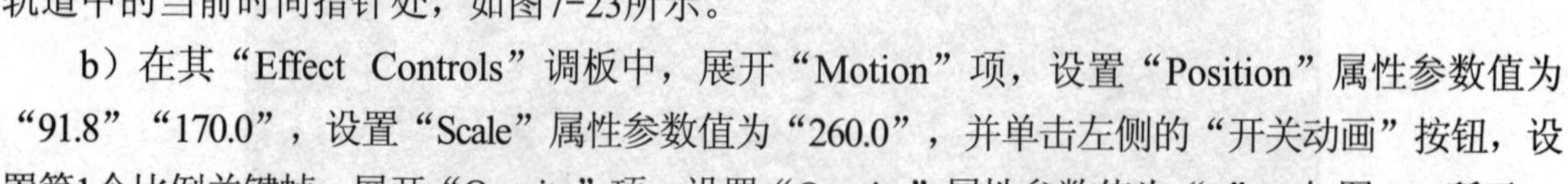

c）将时间指针移至00:00:00:20处，单击“Position”属性左侧的“开关动画”按钮，设置第1个位置关键帧，设置“Scale”参数值为“100.0”，设置“Opacity”属性的参数值为“60”。

d）将时间指针移至00:00:02:10处，设置“Position”参数值为“209.1”“170.0”。

e）将时间指针移至00:00:03:00处，设置“Position”参数值为“372.9”“170.0”，如

图7-25所示。

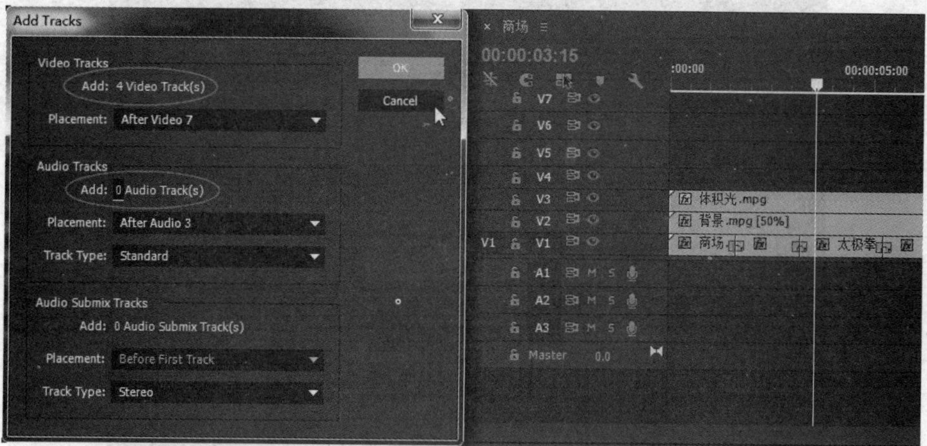

图 7-22

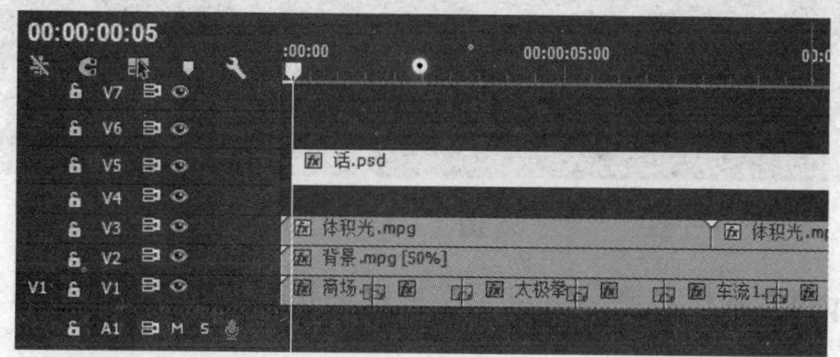

图 7-23

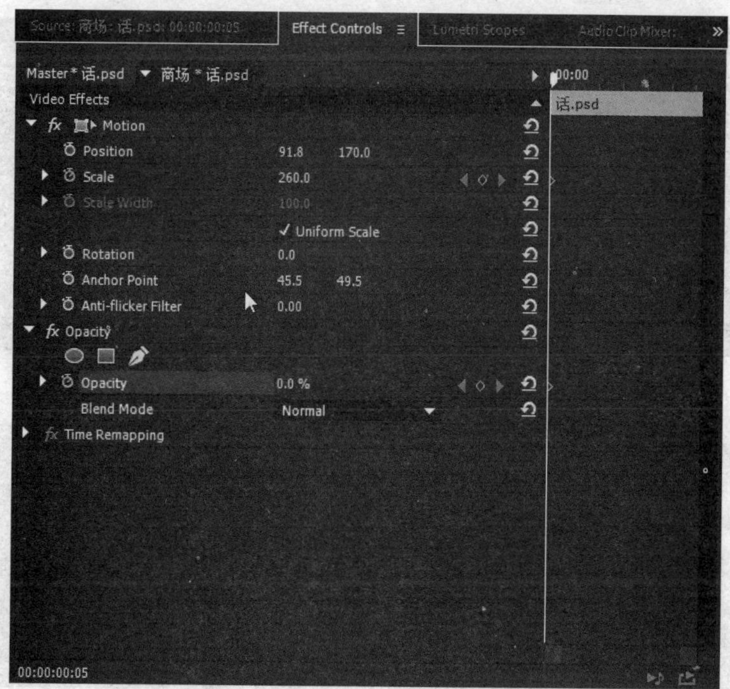

图 7-24

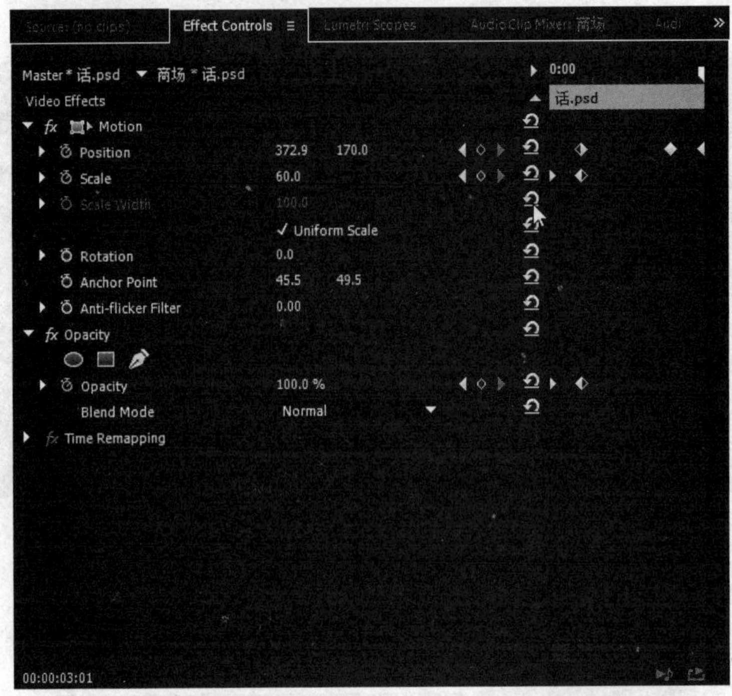

图 7-25

f）拖动“话.psd”素材右侧的出点至当前时间指针处，即00:00:03:00处，如图7-26所示。

在“Program”调板中的播放效果如图7-27所示。

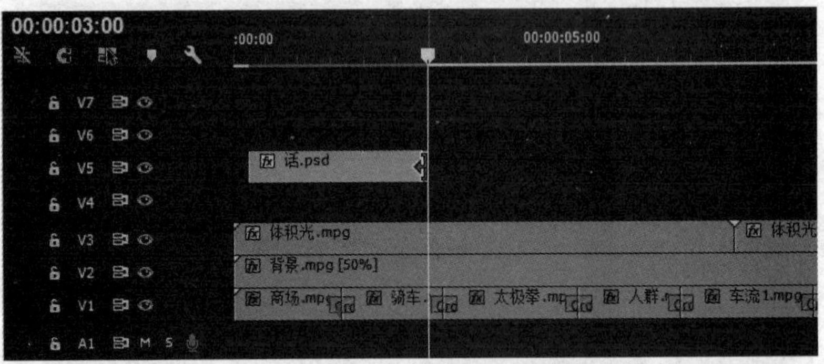

图 7-26

图 7-27

②“百姓故事”的制作。

a）将时间指针移至00:00:00:15处，将“百姓故事.psd”素材拖到“V4”轨道中。设置“Position”参数值为“176.0”“220.0”，设置“Scale”参数值为“178.0”，单击左侧的“开关动画”按钮，设置第1个比例关键帧；设置“Opacity”属性参数值为“0”。

b）将时间指针移至00:00:01:05处，单击“Position”属性左侧的“开关动画”按钮，设置第1个位置关键帧；设置“Scale”参数值为“60.0”；设置“Opacity”属性参数值为“100”。

c）将时间指针移至00:00:02:10处，设置“Position”参数值为“101.0”“220.0”。

d）将时间指针移至00:00:03:00处，设置“Position”参数值为“-75.3”“220.0”。

e）拖动“百姓故事.psd”素材片段右侧的出点至当前时间指针处，即00:00:03:00处，与“话.psd”素材等长，如图7-28所示。

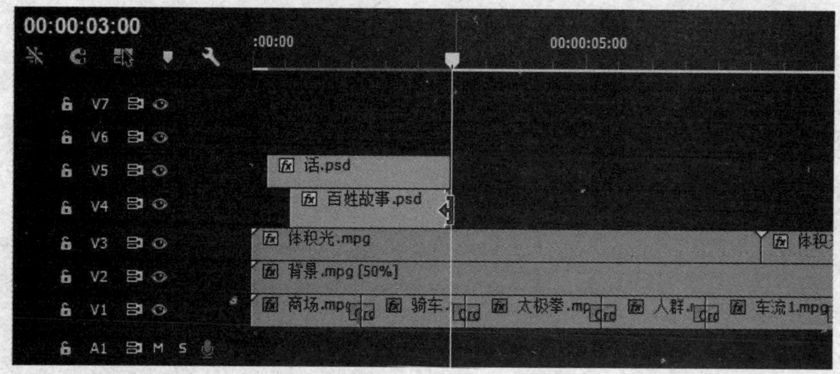

图 7-28

“Program”调板中播放效果如图7-29所示。

图 7-29

4）第2段文字动画的制作。

①“听”的制作。

a）将时间指针移至00:00:02:20处，将“听.psd”素材拖到“V6”轨道中。设置“Position”参数值为“390.6”“123.5”，并单击左侧的“开关动画”按钮，设置第1个位置关键帧；设置“Scale”参数值为“120.0”，并单击左侧的“开关动画”按钮，设置第1个关键帧。

b）将时间指针移至00:00:03:10处，设置“Position”参数值为“160.4”“123.5”。

c）将时间指针移至00:00:03:20处，单击“Position”属性右侧的“添加/删除关键帧”按钮，添加1个位置关键帧；单击“Scale”属性右侧的“添加/删除关键帧”按钮，添加1个比例关键帧。

d）将时间指针移至00:00:04:20处，设置“Position”参数值为“101.2”“123.5”，设

置“Scale”参数值为“100.0”。

e）将时间指针移至00:00:06:09处，设置“Position”参数值为“131.0”“123.5”；将时间指针移至00:00:06:24处，设置“Position”参数值为“374.5”“123.5”。

f）拖动“听.psd”素材片段右侧的出点至当前时间指针处，如图7-30所示。

g）将时间指针移至00:00:03:11处，将“听.psd”素材拖到“V7”轨道中。在该素材片段上单击鼠标右键，在弹出的快捷菜单中执行“Speed/Duration”命令，设置其持续时间为00:00:00:10，如图7-31所示。

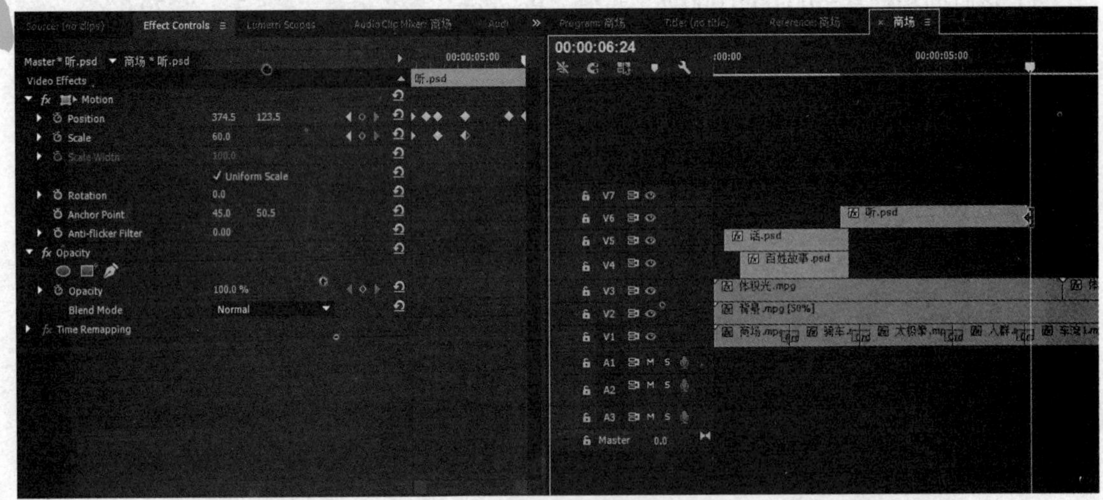

图 7-30

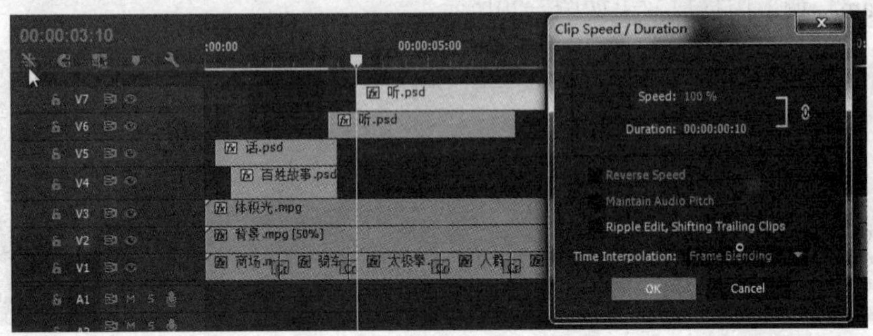

图 7-31

h）在“V7”轨道中“听.psd”素材的“Effect Controls”调板中，设置“Position”参数值为“160.4”“123.5”；设置“Scale”参数值为“180.0”，单击左侧的“开关动画”按钮，设置第1个关键帧；单击“Opacity”属性右侧的“添加/删除关键帧”按钮，添加1个关键帧。

i）将时间指针移至00:00:03:21处，设置“Scale”参数值为“600.0”，设置“Opacity”参数值为“0”。

“Program”调板中的播放效果如图7-32所示。

②“百姓心声”的制作。

a）将时间指针移至00:00:04:15处，拖动“百姓心声.psd”素材到“V7”轨道中。设置其“Position”参数值为“-77.2”“175.5”，单击左侧的“开关动画”按钮，设置第1个关键帧。设置“Scale”参数值为“60.0”。

b）将时间指针移至00:00:05:05处，设置其“Position”参数值为“89.5”“175.5”。

c）将时间指针移至00:00:06:09处，设置其“Position”参数值为“241.0”“175.5”。

d）将时间指针移至00:00:06:24处，设置其“Position”参数值为“428”“175.5”。

e）拖动“百姓心声.psd”素材片段右侧的出点至当前时间指针处，如图7-33所示。

图 7-32

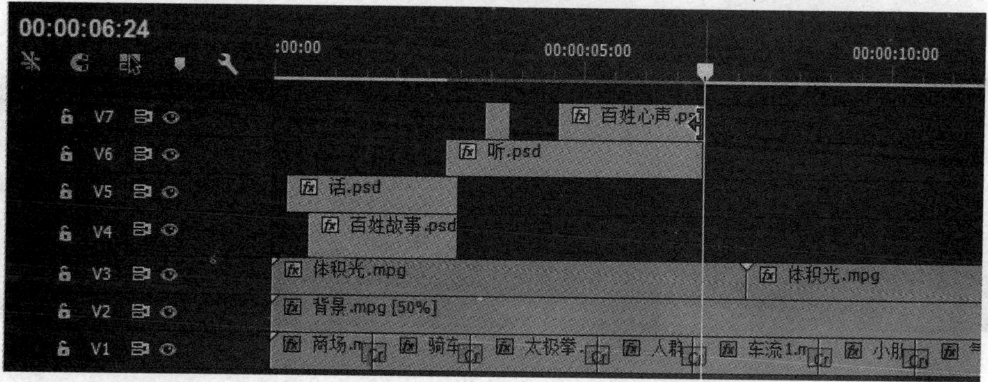

图 7-33

“Program”调板中的播放效果如图7-34所示。

图 7-34

5）第3段文字动画的制作。

①“看”的制作。

a）将时间指针移至00:00:06:24处，拖动“看.psd”素材到“V4”轨道中。设置其“Position”参数值为“376.0”“171.5”，并单击左侧的“开关动画”按钮，设置第1个关键帧。设置“Scale”参数值为“60.0”。

b）将时间指针移至00:00:07:14处，设置其“Position”参数值为“226.8”“171.5”。

c）将时间指针移至00:00:09:04处，设置其“Position”参数值为“146.8”“171.5”。

d）将时间指针移至00:00:09:19处，设置其“Position”参数值为“-28.4”“171.5”。

e）拖动“看.psd”素材片段右侧的出点至当前时间指针处，如图7-35所示。

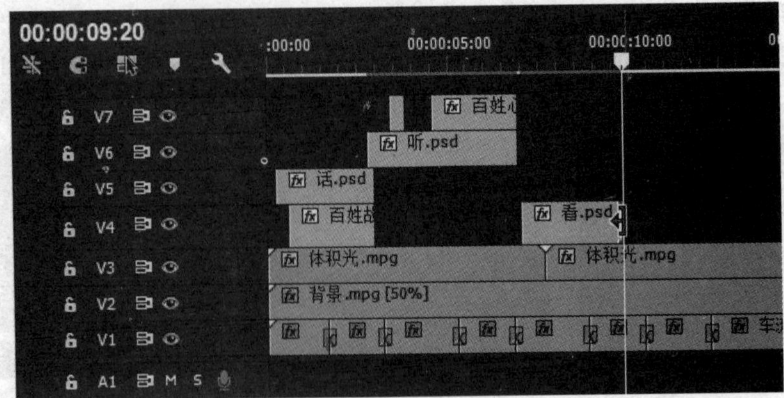

图 7-35

“Program”调板中的播放效果如图7-36所示。

图 7-36

②“社会万象”的制作。

a）将时间指针移至00:00:07:14处，拖动“社会万象.psd”素材到“V5”轨道中。设置其“Position”参数值为“430.0”“307.0”，并单击左侧的“开关动画”按钮，设置第1个关键帧。设置“Scale”参数值为“60.0”。

b）将时间指针移至00:00:08:04处，设置其“Position”参数值为“250.0”“226.0”。

c）将时间指针移至00:00:09:09处，设置其“Position”参数值为“110.0”“226.0”。

d）将时间指针移至00:00:09:24处，设置其“Position”参数值为“-77.7”“226.0”。

e）拖动“社会万象.psd”素材片段右侧的出点至当前时间指针处，如图7-37所示。

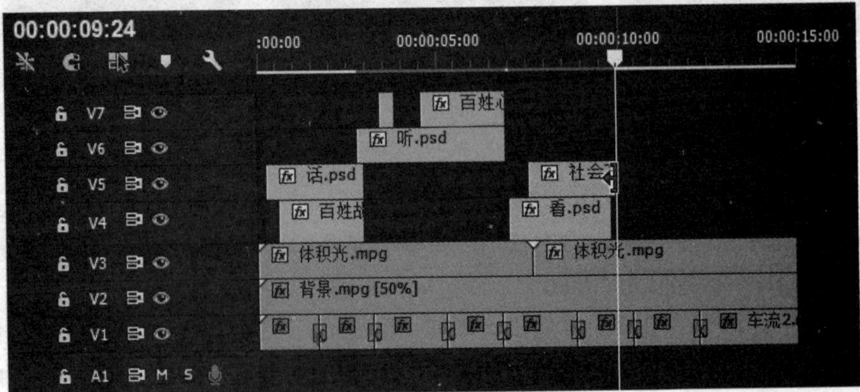

图 7-37

“Program”调板中的播放效果如图7-38所示。

图 7-38

6）第4段文字动画的制作。

①“说”的制作。

a）将时间指针移至00:00:09:16处，拖动“说.psd”素材到“V7”轨道中。设置其“Position”参数值为“215.0”“168.0”，并单击左侧的“开关动画”按钮，设置第1个关键帧；设置“Scale”参数值为“332.0”，并单击左侧的“开关动画”按钮，设置关键帧；设置“Opacity”参数值为“0”。

b）将时间指针移至00:00:10:06处，设置其“Position”参数值为“88.0”“168.0”，设置“Scale”参数值为“60.0”，设置“Opacity”参数值为“100”。

c）将时间指针移至00:00:12:00处，单击“Opacity”右侧的“添加/删除关键帧”按钮，手动添加一个关键帧。

d）将时间指针移至00:00:12:14处，设置其“Position”参数值为“190.0”“168.0”；设置“Opacity”参数值为“0”。

e）拖动“说.psd”素材片段右侧的出点至当前时间指针处，如图7-39所示。

“Program”调板中的播放效果如图7-40所示。

②“今日生活”的制作。

a）将时间指针移至00:00:09:22处，拖动“今日生活.psd”素材到“V6”轨道中。设置其“Position”参数值为“-277.0”“228.0”，并单击左侧的“开关动画”按钮，设置第1个关键帧；设置“Scale”参数值为“531.0”，并单击左侧的“开关动画”按钮，设置关键帧；设置“Opacity”参数值为“0”。

b）将时间指针移至00:00:10:12处，设置其“Position”参数值为“192.0”“228.0”，设置“Scale”参数值为“60.0”，设置“Opacity”参数值为“100”。

c）将时间指针移至00:00:12:00处，单击“Opacity”右侧的“添加/删除关键帧”按钮，手动添加1个关键帧。

d）将时间指针移至00:00:12:14处，设置其“Position”参数值为“99.0”“228.0”；设置“Opacity”参数值为“0”。

e）拖动“今日生活.psd”素材片段右侧的出点至当前时间指针处，如图7-41所示。

“Program”调板中的播放效果如图7-42所示。

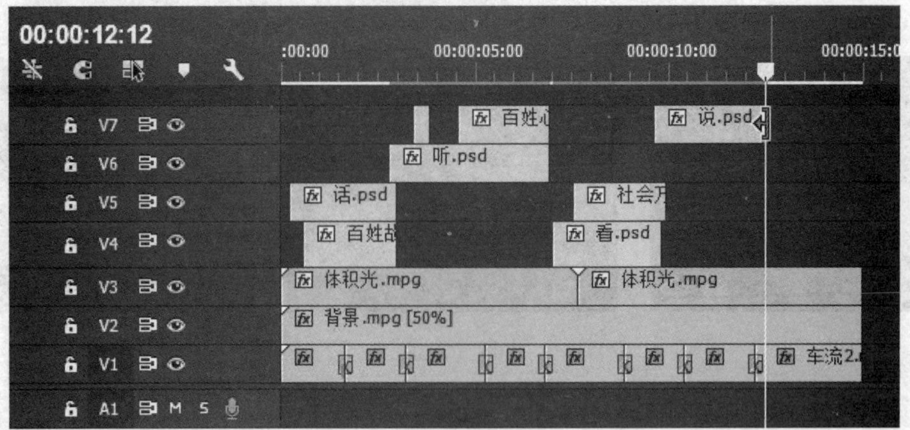

图 7-39

图 7-40

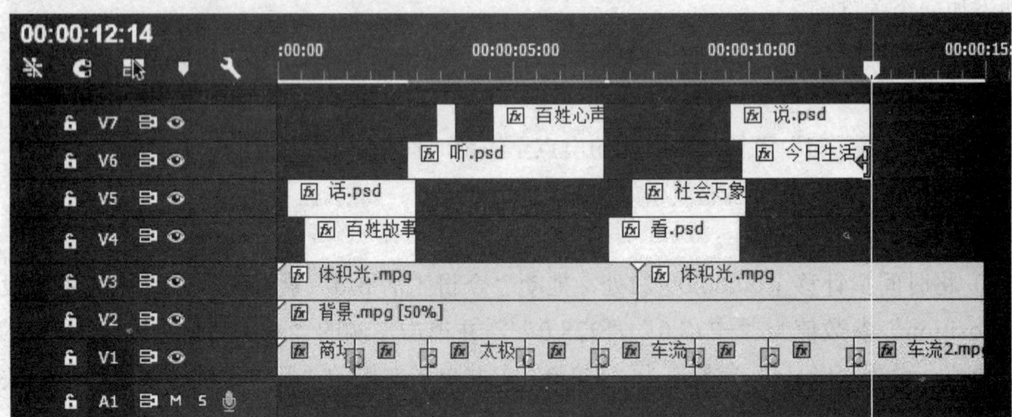

图 7-41

图 7-42

五、制作频道文字动画

1．主体文字的制作

1）将时间指针移至00:00:12:14处，执行“File”→“New”→“Title”命令（或执行“Title”→“New Title”→“Default Still”命令），弹出“New Title”对话框，输入字幕名称“公共频道”，单击“OK”按钮关闭对话框，调出“Title Designer”调板。

2）在绘制区域用“矩形工具”绘制一个矩形，采用“线性渐变”方式填充，具体参数设置如图7-43所示。

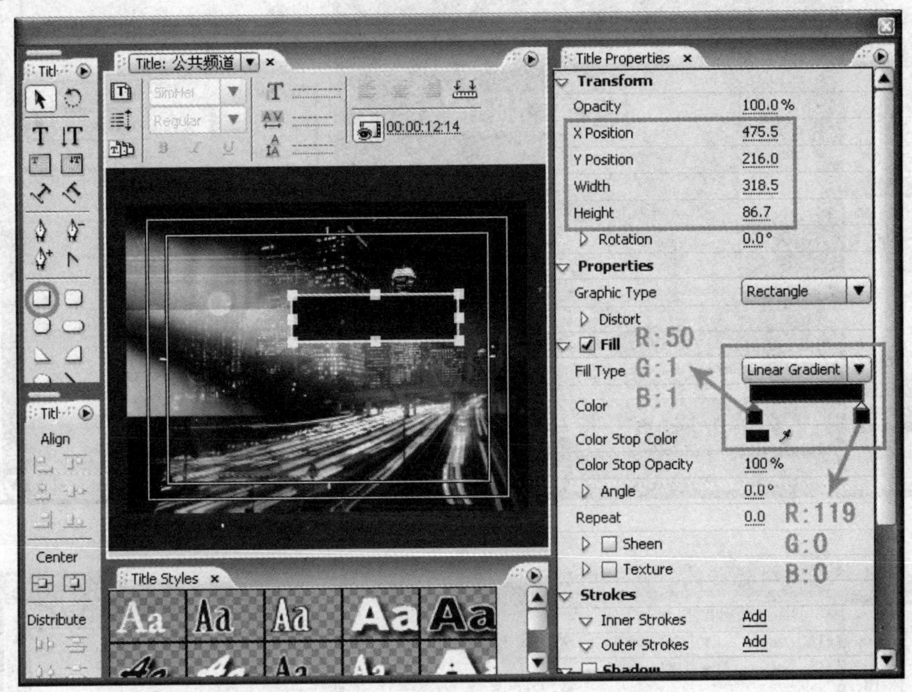

图　7-43

小提示

在将矩形图形绘制完成、调整其大小和位置前，应先设定其“Width”和“Height”参数，再调整“X Position”及“Y Position”参数。

3）在绘制区域利用“文本工具”输入文字“公共频道”，设置字体为“黑体”，填充色及外边线颜色均为白色，具体参数如图7-44和图7-45所示。

小提示

如果先输入文字，后绘制矩形，则矩形会叠加在文字的上方，即盖住了文字，此时可通过选择“Title”→“Arrange”命令中的相应命令，改变其叠加顺序。

“Bring to Front”：将所选择的对象移动到最前面。

“Bring Forward”：向前移动一个对象。

“Send to Back”：将所选择的对象移动到最后面。

“Send Backward”：向后移动一个对象。

4）在绘制区域用“矩形工具”绘制一个矩形，填充色为黑色，具体参数设置如图7-46所示。

5）在绘制区域利用“文本工具”输入英文“COMMON CHANNEL”，设置字体为“黑体”，填充色为白色，具体参数如图7-47所示，关闭字幕调板。

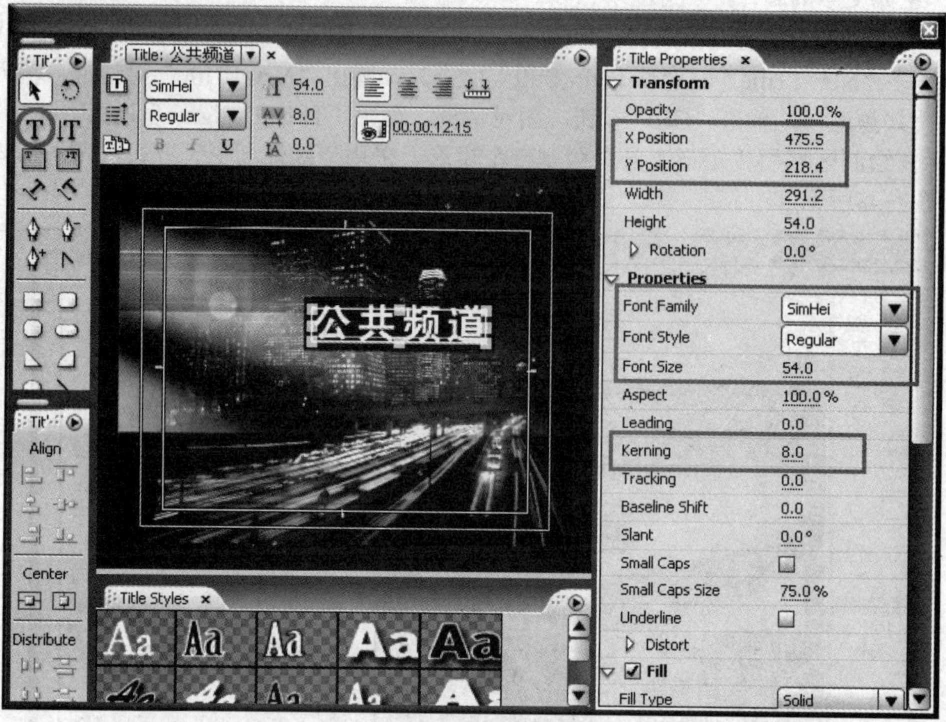

图 7-44

图 7-45

图 7-46

图 7-47

2. 英文元素的制作

1）执行“File”→“New”→“Title”命令（或执行“Title”→“New Title”→“Default Still”命令），弹出“New Title”对话框，输入字幕名称“频道英文1”，单击“OK”按钮关闭对话框，调出“Title Designer”调板。

2）在绘制区域利用“文本工具”输入英文“COMMON”，设置字体为“Arial”，字体风格为“Narrow”，填充色及外边线颜色均为白色，具体参数如图7-48和图7-49所示。

图 7-48

图 7-49

3）执行“File”→“New”→“Title”命令（或选择“Title”→“New Title”→“Default Still”命令），弹出“New Title”对话框，输入字幕名称“频道英文2”，单击“OK”按钮关

闭对话框，调出“Title Designer”调板。

4）在绘制区域利用“文本工具”输入英文“CHANNEL”，设置其属性参数与“频道英文1”完全相同，如图7-50所示，关闭字幕调板。

图 7-50

3．文字动画的制作

（1）主体文字动画

1）将时间指针移至00:00:12:14处，将字幕素材“公共频道”从“Project”调板拖到“V4”轨道中。

2）在“Effects”调板中，展开“Video Transitions”文件夹中的“Wipe”文件夹，将其中的“Wipe”转场效果拖到素材“公共频道”的入点处，如图7-51所示。

图 7-51

3）双击“V4”轨道中的该转场，在“Effect Controls”调板中，设置其转场时间为00:00:01:00；设置“Start”参数值为“41.0”，End参数值为“85.0”，如图7-52所示。

4）拖动“公共频道”素材右侧的出点至00:00:15:00处，如图7-53所示。

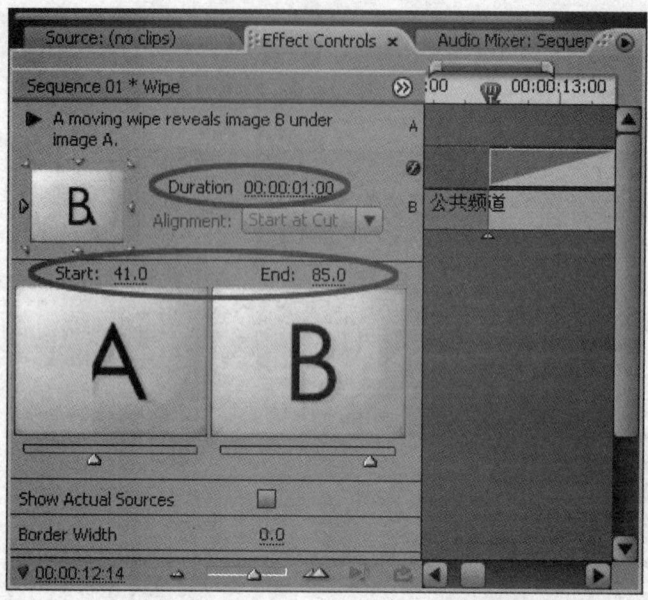

图 7-52

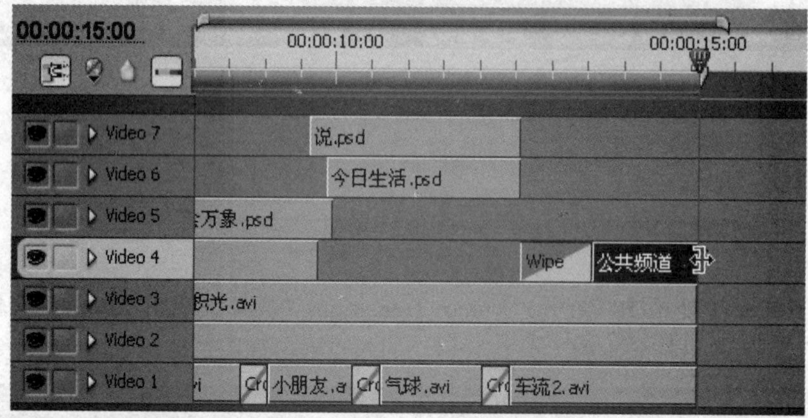

图 7-53

“Program”调板中的播放效果如图7-54所示。

图 7-54

（2）英文元素动画

1）将时间指针移至00:00:12:14处，将字幕素材“频道英文1”从“Project”调板拖到“V5”轨道中。

2）在其“Effect Controls”调板中展开“Motion”项，设置“Position”参数值为“368.0”“144.0”，并单击“Position”左侧的“开关动画”按钮，设置动画关键帧；展开“Opacity”项，设置“Opacity”参数值为“30”。

3）将时间指针移至00:00:15:00处，设置“Position”参数值为“88.0”“144.0”。

4）拖动“频道英文1”素材右侧出点至00:00:15:00处，如图7-55所示。

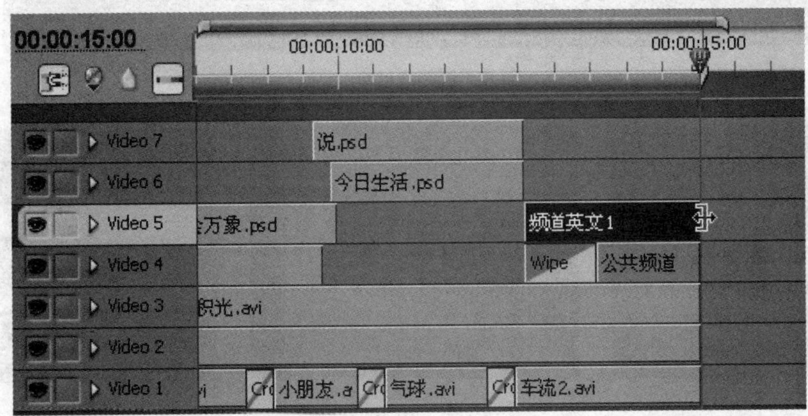

图 7-55

“Program”调板中的播放效果如图7-56所示。

图 7-56

5）将时间指针移至00:00:12:14处，将字幕素材“频道英文2”从“Project”调板拖到“V6”轨道中。

6）在其“Effect Controls”调板中展开“Motion”项，设置“Position”参数值为“-463.0”“195.0”，并单击“Position”左侧的“开关动画”按钮，设置动画关键帧；展开“Opacity”项，设置“Opacity”参数值为“30”。

7）将时间指针移至00:00:15:00处，设置“Position”参数值为“-90.0”“195.0”。

8）拖动“频道英文2”素材右侧出点至00:00:15:00处，如图7-57所示。

“Program”调板中的播放效果如图7-58所示。

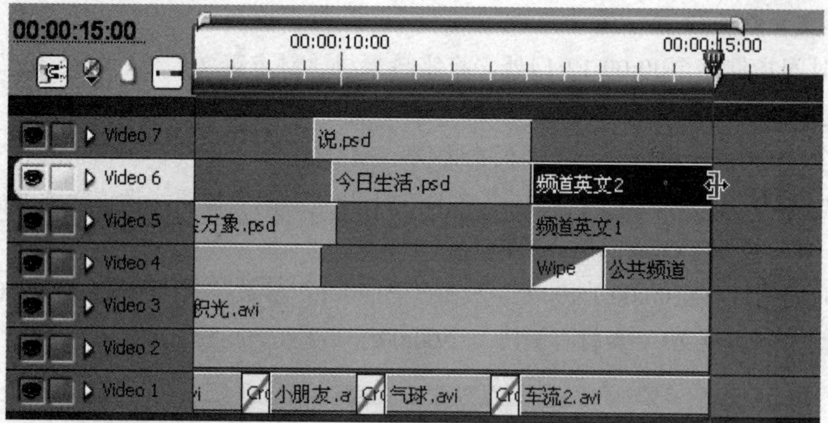

图 7-57

图 7-58

六、添加背景音乐

1）将配套素材“Ch08”文件夹中“素材”文件夹内的“music.wav”文件导入到“Project”调板中。

2）将时间指针移至00:00:00:00处，将“music.wav”素材文件拖到“Audio 1”轨道中。

3）拖动“music.wav”素材右侧出点至00:00:15:00处，如图7-59所示。

图 7-59

七、输出影片

1）执行“File”→“Export”→“Media”命令，弹出“Export Settings”对话框，从中选择保存目标路径并输入文件名，然后单击“保存”按钮。

2）待渲染完成后，即可在播放器中观看效果。

触类旁通

本片头在色彩运用方面风格新颖，展现了简洁清新的频道包装风格，使观众眼前一亮，有效地建立了频道形象识别。

文本素材应用了丰富的动画效果，将频道理念以一种活泼的形式展现给观众。

在制作文本动画时，设置的关键帧较多；注意动画时间的把握。

结尾部分，处理频道名称文本“擦出”效果时，对“Wipe”转场参数进行了必要的修改。

最后，再提示大家：为了丰富视频设计风格，还可以借助各种各样的艺术表现形式，比如，古典艺术、现代艺术，抽象主义、表现主义，油画、水墨或民间艺术等。

实战强化

请读者为学校的校园电视台制作一个15s的频道片头或栏目片头。

项目8

城市宣传片

项目情境

某城市为提高城市知名度，将举办一次城市宣传展。

在展会上，将放映城市特色短片，以展现城市魅力、扩大知名度，其中有一段城市景观及人文宣传片需要制作。

工作人员提供了视频、图片、音乐等，要求利用这些素材来制作。

制作要求：

1）体现城市文化气息浓郁、风光秀丽、依山傍水的魅力之城。

2）有记忆难忘的效果，增大信息量。

3）版面、颜色的要求符合城市的特点，要美观。

4）配以合适的背景音乐。

项目分析

本项目为综合宣传片，通常分片头、正片、片尾三部分组成，通过详细、系统地介绍，展现整体视觉感受。

本项目城市宣城片主要从地理位置、自然景观、人文民风、现代化城市建设等几部分来介绍，通过运用文字、转场、音乐等知识点，来展示魅力城市风景和人文特色，达到游览城市、宣传城市的效果，从而掌握制作综合视频效果的方法。

影片片头使用地球仪效果，标注宣传城市为“吉林市”，同时在详细介绍城市特色的过程中，选择节奏快的音乐作为衬托，使整个视频展现出吉林市是一座充满活力、民族特色丰富的城市，从而达到制作宣传片的目的。

知识加油站

视频影片是由镜头与镜头之间的链接组建起来的，因此在许多镜头与镜头之间的切换过程中，难免会显得过于僵硬。此时，用户可以在两个镜头之间添加转场效果，使得镜头与镜头之间过渡更为平滑。

成品效果

先来看一下渲染输出后的影片最终效果，如图8-1所示。

图　8-1

项目实施

一、新建项目文件

1）启动Premiere软件，单击“New Project”按钮，打开“New Project”对话框新建项目。

2）在对话框中展开“DV-PAL”项，选择其下的“Standard 48kHz”（我国目前通用的电视制式）。在对话框下方指定保存目录并将其命名为“城市宣传片”，单击“OK”按钮关闭对话框，进入Premiere的工作界面。

二、导入素材

1）在“Project”调板中新建文件夹命名为“素材”，将配套素材“Ch09”文件夹中“素材”文件夹的内容导入“Project”调板“素材”中，如图8-2所示。

图　8-2

2）在“Project”调板中，展开“素材”素材箱，拖曳“片头素材.MP4”，放到轨道“V1”中，如图8-3所示。

3）在“Project”调板中，展开“素材”素材箱，拖曳“正片素材1.MP4”放到轨道V1

00:00:04:09～00:00:06:12时间位置，如图8-4所示。

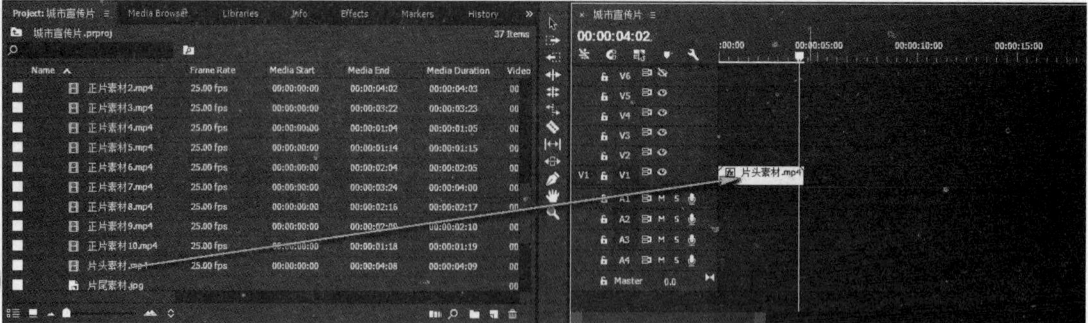

图 8-3

图 8-4

4）采用同样的方法，分别设置其他影片素材的进出点，并插入到“Timeline”调板中。“正片素材4.MP4”：入点为00:00:06:13；出点为00:00:07:17。“正片素材5.MP4”：入点为00:00:07:18；出点为00:00:09:07。“正片素材2.MP4”：入点为00:00:09:08；出点为00:00:13:06。“正片素材3.MP4”：入点为00:00:13:07；出点为00:00:16:08。“正片素材10.MP4”：入点为00:00:16:09；出点为00:00:18:02。“正片素材9.MP4”：入点为00:00:18:03；出点为00:00:20:12。“正片素材8.MP4”：入点为00:00:20:13；出点为00:00:23:01。“正片素材6.MP4”：入点为00:00:23:02；出点为00:00:25:06。“正片素材7.MP4”：入点为00:00:25:07；出点为00:00:28:04。“片尾素材.JPG”：入点为00:00:28:05；出点为00:00:38:00。

此时，“Timeline”调板如图8-5所示。

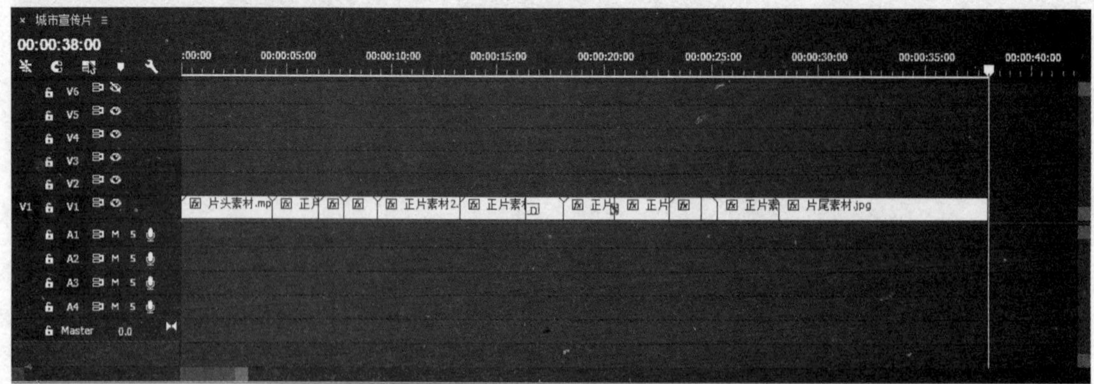

图 8-5

5）单击“片头素材.MP4”，在“Effect Controls”调板中，“Opacity”参数设置从00:00:04:02～00:00:04:08分别是“100.0%”～“0.0%”，如图8-6所示。

图 8-6

6）单击“正片素材1.MP4”，在“Effect Controls”调板中，“Opacity”参数设置从00:00:04:09～00:00:04:14数值分别是 “0.0%”～“100.0%”，如图8-7所示。

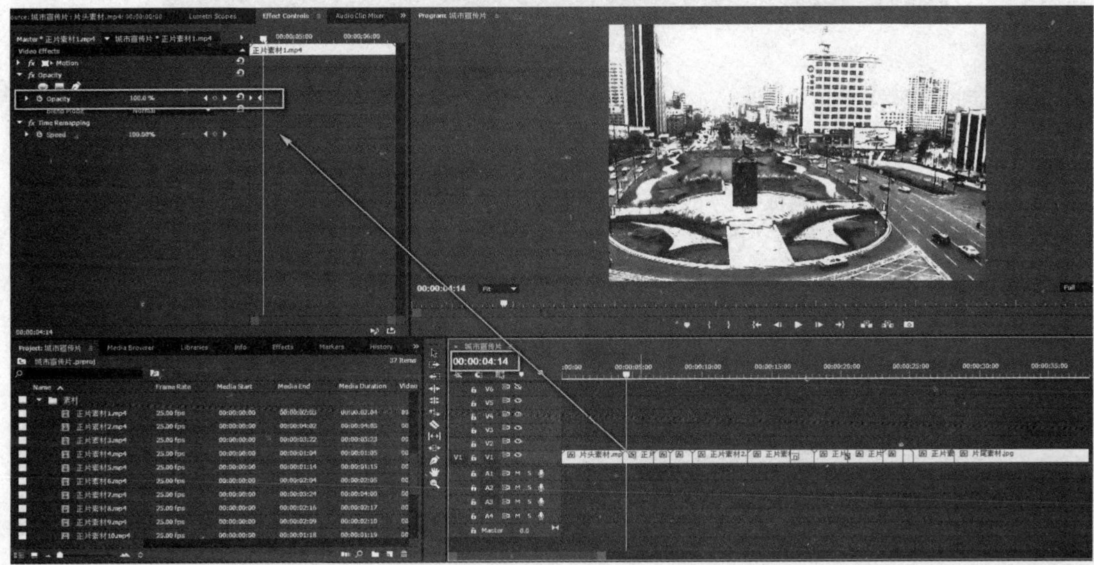

图 8-7

7）在“Effects”调板中，展开“Video Transitions”文件夹中的“Dissolve”文件夹，将其中的“Dip to White”效果拖到“Video 1”轨道中素材片段“正片素材10.MP4”上，如图8-8所示。

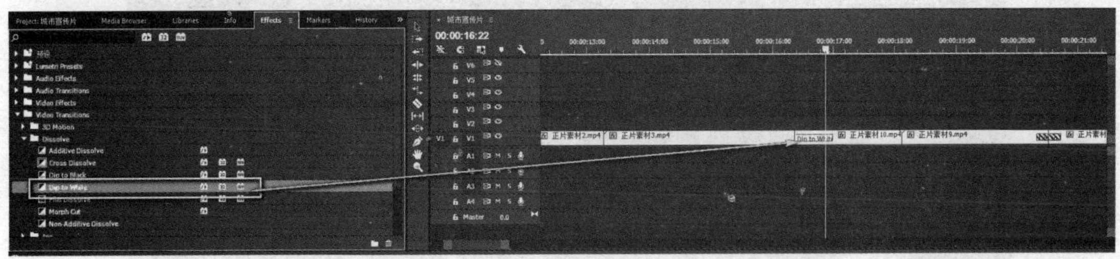

图 8-8

8）同样将“Dissolve”文件夹中的“Dip to White”效果拖到“正片素材9.MP4”和“正片素材8.MP4”中间，如图8-9所示。

9）单击“片尾素材1. JPG”，在“Effect Controls”调板中，“Opacity”参数设置从00:00:28:05～00:00:28:22分别是 “0.0%”～“100.0%”，在00:00:30:11处数值为44.0%，在00:00:35:12处数值为8.6%，在00:00:37:06处数值为0.0%，如图8-10所示。

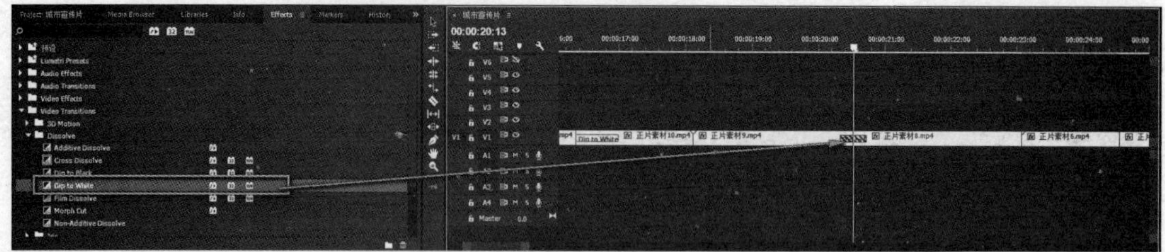

图 8-9

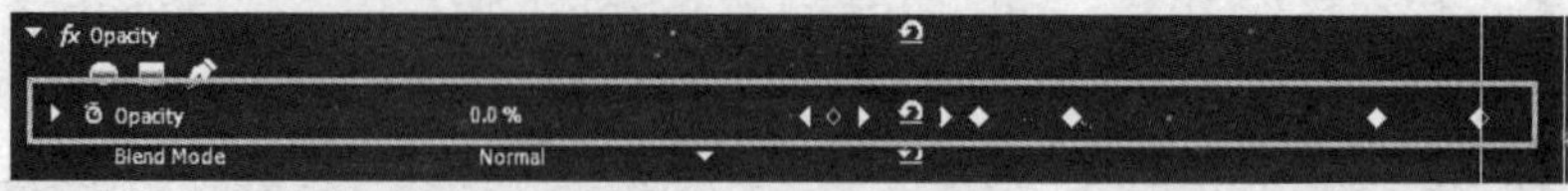

图 8-10

三、制作文字动画

1. 片头“吉林”文字制作

1）单击“Project”调板下方的新建按钮创建“Title”，在弹出的“New Title”对话框中命名为“吉林”并单击“OK”按钮，如图8-11所示。

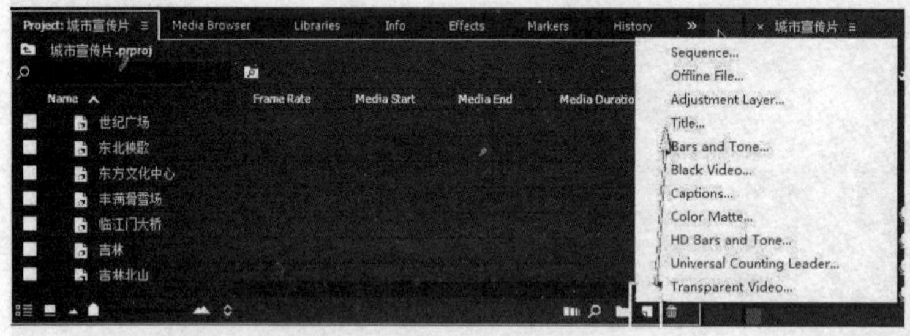

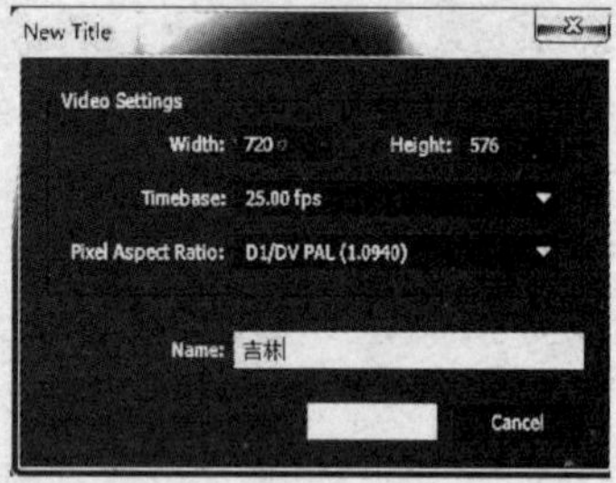

图 8-11

2）设置“吉林”字体为“Adobe楷体”，字号大小为“24.6”，字体颜色为“白色”（R:255 G:255 B:255），“Shadow”为纯黑色（R:0，G:0，B:0），如图8-12所示。

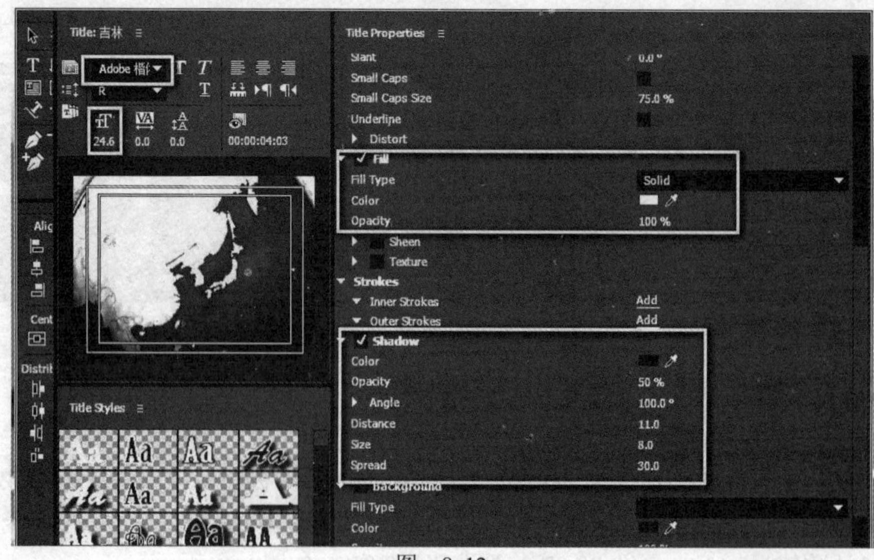

图 8-12

3）在“Timeline”调板中，将时间指针移至00:00:03:20处。在“Project”调板中，把“吉林”文字拖曳到“V2”轨道上，如图8-13所示。

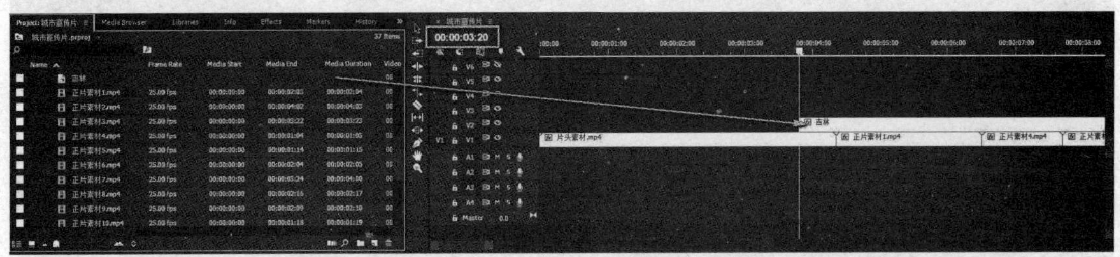

图 8-13

4）用工具箱中的“剃刀工具”把“吉林”文字在时间00:00:04:09处和00:00:04:19处切开，共分成3段，保留前2段删掉第3段，如图8-14所示。

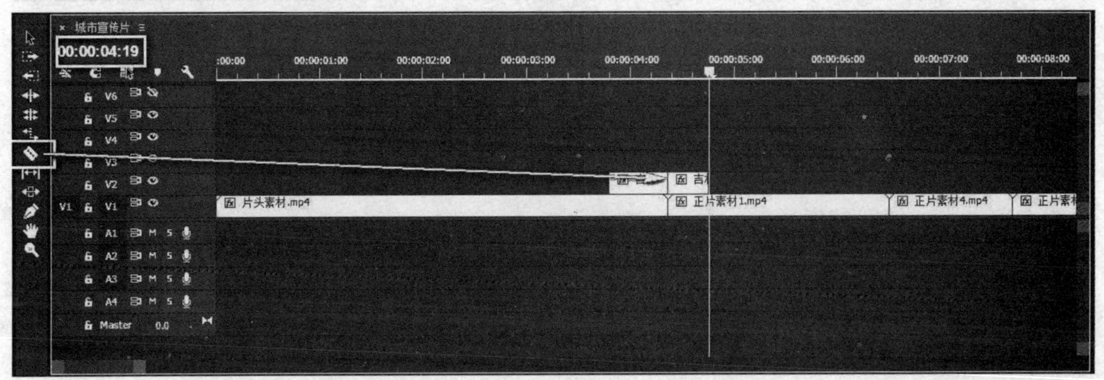

图 8-14

5）单击第1段“吉林”，在00:00:04:04处，在其“Effect Controls”调板中，展开“Motion”项，设置“Position”属性参数值为“360.0”“288.0”，设置“Scale Height”属性参数值为“100.0”，“Scale Width”属性参数值为“100.0”并单击左侧的“开关动画”按钮，设置第1个比例关键帧，如图8-15所示。

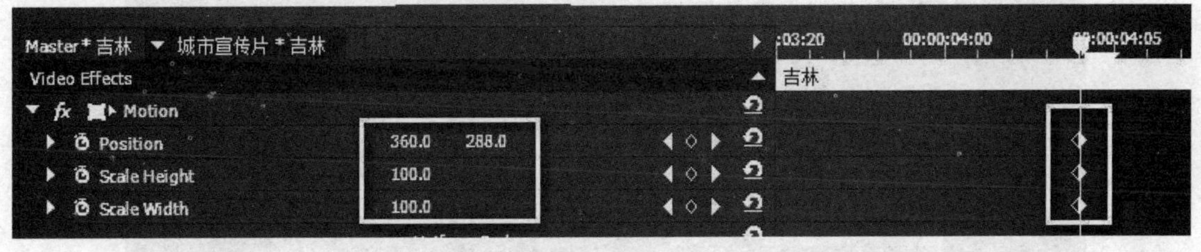

图 8-15

6）单击第1段“吉林”，在00:00:04:08处，设置“Position”属性参数值为“360.0”“475.0”；设置“Scale Height”属性参数值为“498.0”，设置“Scale Width”属性参数值为“483.0”，设置第2个比例关键帧，如图8-16所示。

7）在“Effects”调板中，展开“Video Transitions”文件夹中的“Zoom”文件夹，将其中的“Cross Zoom”效果拖到“Video2”轨道中素材片段的第2段“吉林”上，如图8-17所示。

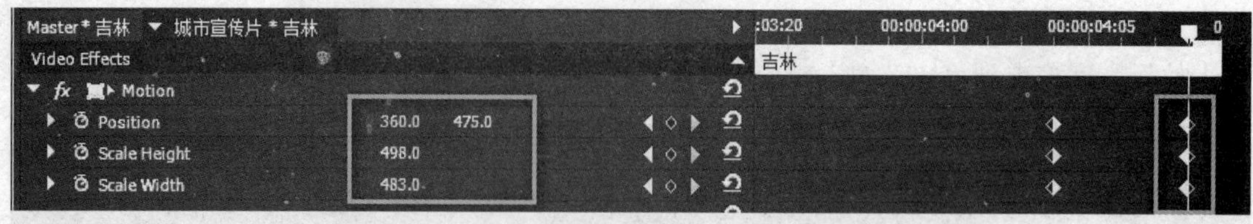

图 8-16

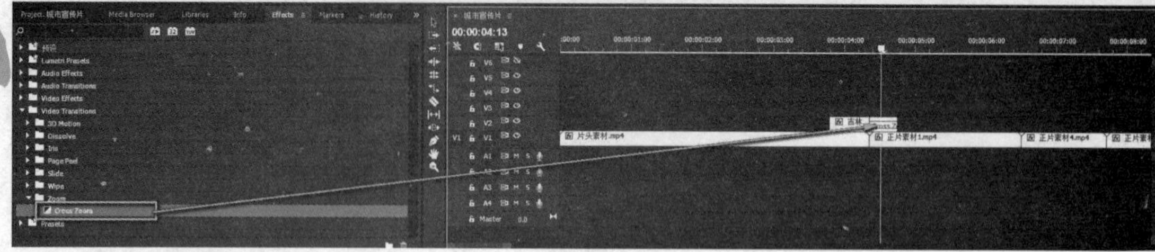

图 8-17

2. “江城广场”文字制作

1）创建文字命名为“江城广场”，字体为“华文行楷”，其中“江城”字号为“56.1”，“广场”字号为“37.0”，注意文字排版和“Transform”的设置参数，把文字放置在右上方，如图8-18所示。

小提示

文字排版在刊物或者在杂志上要求得多些，追求排版美观和谐。要掌握动态灵活的文字排版效果。

图 8-18

2）为“江城广场”文字填充颜色为“白色”（R:255，G:255，B:255），“Shadow”投影为“黑色”（R:0，G:0，B:0），达到文字清晰可见，避免和背景颜色相融合，如图8-19所示。

图 8-19

3）将文字“江城广场”拖曳到“V2”轨道上，起始时间为00:00:04:24～00:00:06:10，如图8-20所示。

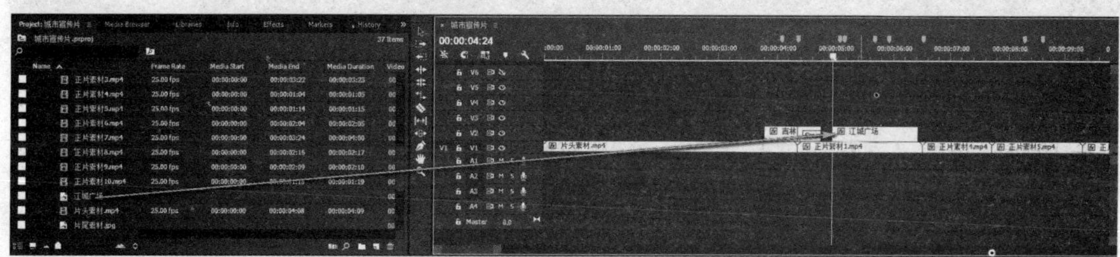

图 8-20

4）在其“Effect Controls”调板中，为“江城广场”文字设置“Opacity”属性参数值，从00:00:04:24～00:00:05:03的数值分别是“0.0%”～“100.0%”，从00:00:06:05～00:00:06:10的数值分别是“100.0%”～“0.0%”，如图8-21所示。

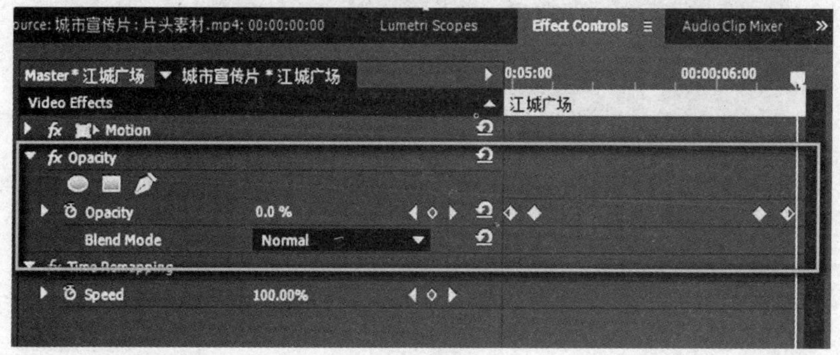

图 8-21

3. “文化中心”文字制作

1）执行“Title”→“New Title”→“Default Still”命令，创建新的文字并命名为“文化中心”，单击“OK”按钮，如图8-22所示。

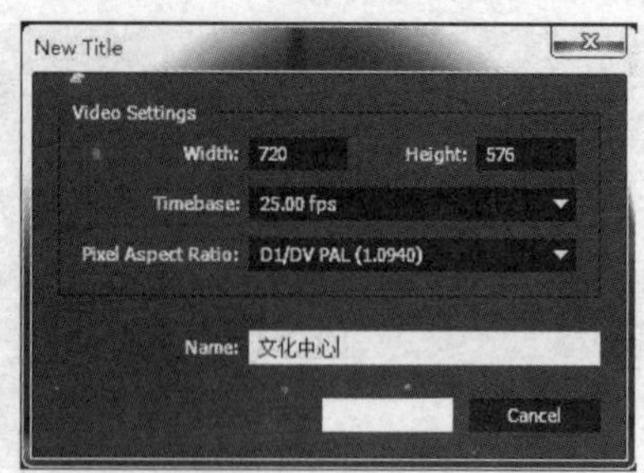

图 8-22

2）将文字“文化中心”拖曳到“V2”轨道上，缩短文字素材，设置起始时间为00:00:06:18～00:00:07:17，方便后期文字参照背景视频进行调整，如图8-23所示。

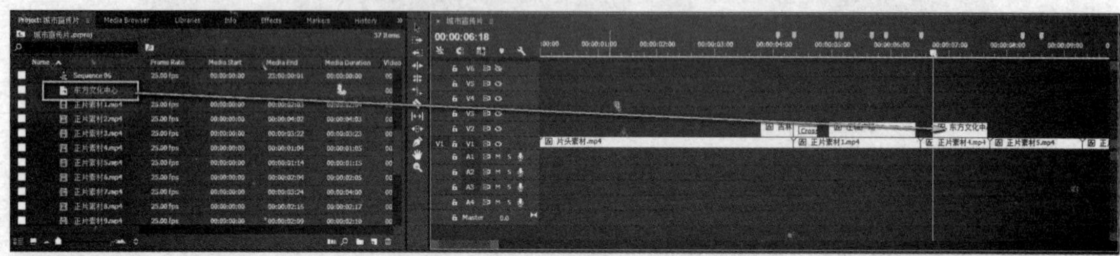

图 8-23

3）在“Project”调板“城市宣传片”序列上双击“文化中心”，字体设置为“华文行楷”，其中“文化”字号为“64.8”，“中心”字号为“40.1”，注意文字排版和“Transform”的设置参数，适当调整大小和字间距，把“文化中心”文字放置在预览窗口的左上方，达到美观，如图8-24所示。

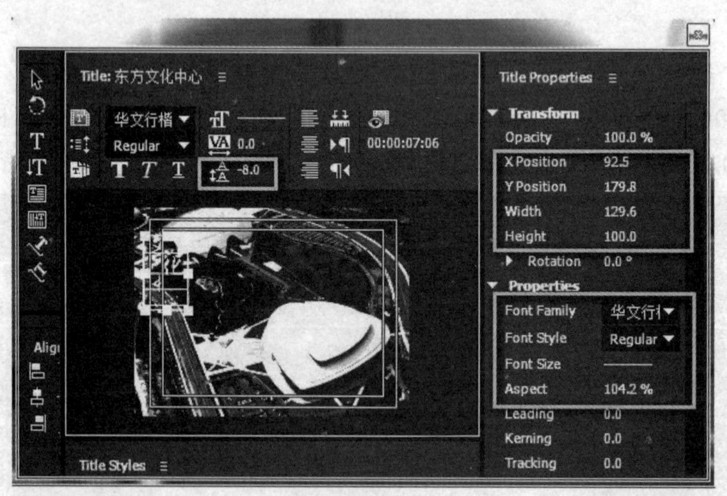

图 8-24

4）为“文化中心”设置“4 Color Gradient”和“Shadow”属性，“4 Color Gradient”数值中红色数值为：1（R:255，G:240，B:116），2（R:222，G:188，B:174），3（R:255，G:255，B:255），4（R:245，G:240，B:182），“Shadow”的数值为（R:0，G:0，B:0），“Strokes”的数值要求和背景视频颜色协调，如图8-25所示。

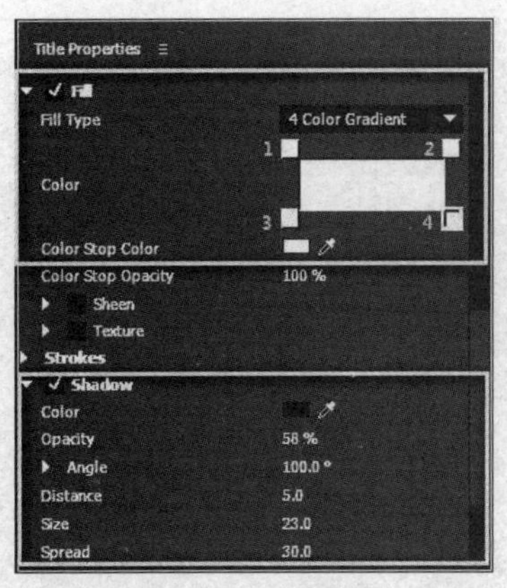

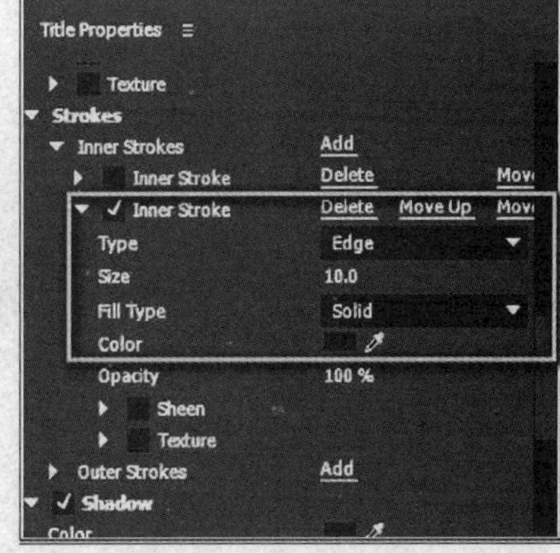

图　8-25

5）在其“Effect Controls”调板中，为“文化中心”文字设置“Opacity”属性参数值，从00:00:06:19～00:00:06:21分别是“0.0%”～“100.0%”，从00:00:07:13～00:00:07:15分别是“100.0%”～“0.0%”。

4．“临江门大桥”文字制作

1）执行“Title”→“New Title”→“Default Still”命令，创建新的文字并命名为“临江门大桥”，单击“OK”按钮，如图8-26所示。

2）将文字“临江门大桥”拖曳到“V2”轨道上，缩短文字素材，设置起始时间为00:00:07:22～00:00:09:07，方便后期文字参照背景视频进行调整，如图8-27所示。

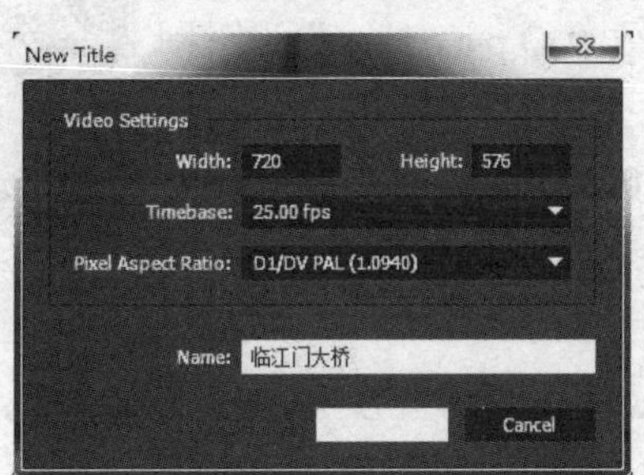

图　8-26

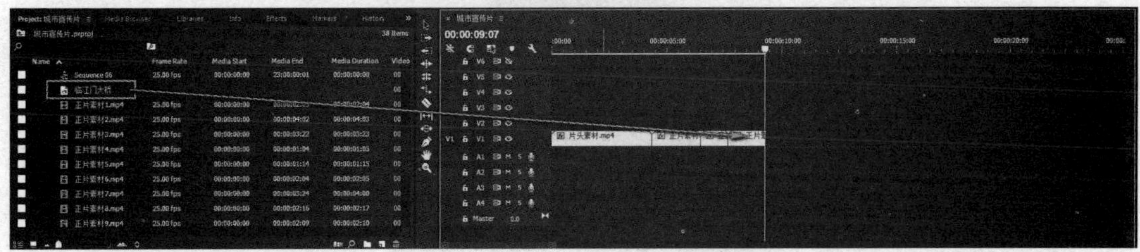

图　8-27

3）在“Project”调板“城市宣传片”序列上双击“临江门大桥”，字体设置为“华文行楷”，其中“临江门”字号为“55.1”，“大桥”字号为“30.5”，注意文字排版和“Transform”的设置参数，适当调整大小和字间距，把“临江门大桥”文字放置在预览窗口的右上方和视频相呼应，达到美观，如图8-28所示。

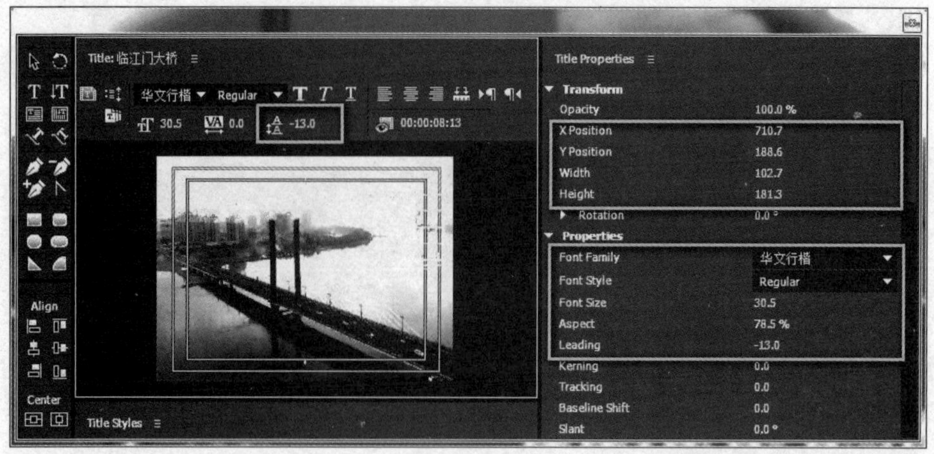

图 8-28

4）为“临江门大桥”设置“4 Color Gradient”和“Shadow”属性，“4 Color Gradient数值”中红色数值为：1（R:173，G:121，B:121），2（R:255，G:255，B:255），3（R:255，G:255，B:255），4（R:209，G:245，B:224），“Shadow”的数值为（R:68，G:68，B:68），要求和背景视频颜色协调，如图8-29所示。

5）在其“Effect Controls”调板中，为“临江门大桥”文字设置“Opacity”属性参数值，从00:00:08:01～00:00:08:03分别是“0.0%”～“100.0%”，从00:00:08:21～00:00:08:24分别是“100.0%”～“0.0%”。

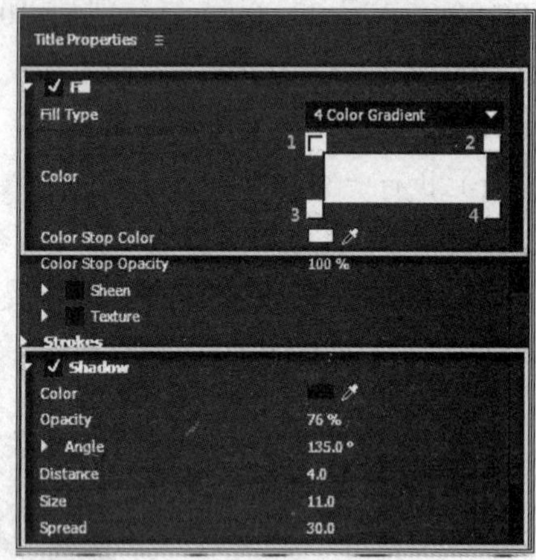

图 8-29

5. “吉林大桥”文字制作

1）执行“Title”→“New Title”→“Default Still”命令，创建新的文字并命名为“吉林大桥”，单击“OK”按钮，如图8-30所示。

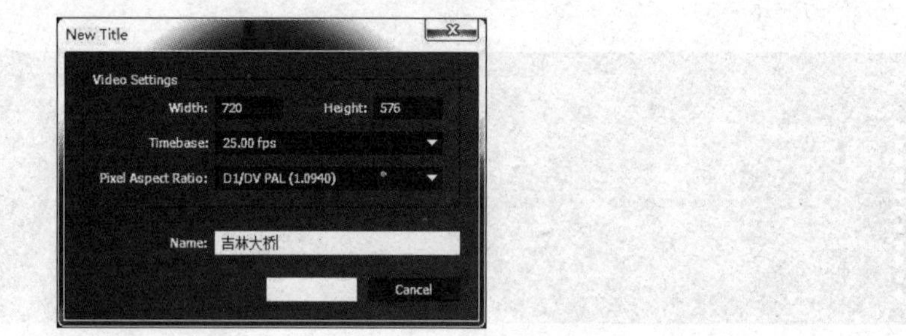

图 8-30

2）将文字“吉林大桥”拖曳到“V2”轨道上，缩短文字素材，设置起始时间为00:00:09:12～00:00:11:05，方便后期文字参照背景视频进行调整，如图8-31所示。

3）在“Project”调板“城市宣传片”序列上双击“吉林大桥”，字体设置为“华文行楷”，其中“吉林”字号为“47.9”，“大桥”字号为“26.3”，注意文字排版和

“Transform”的设置参数，适当调整大小和字间距，并把文字放置在预览窗口的左上方，达到美观，如图8-32所示。

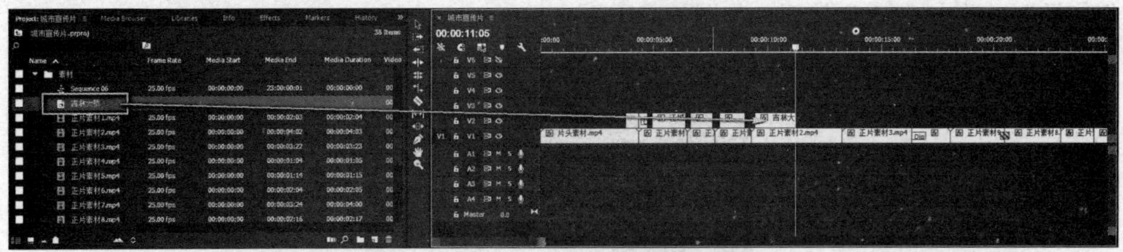

图　8-31

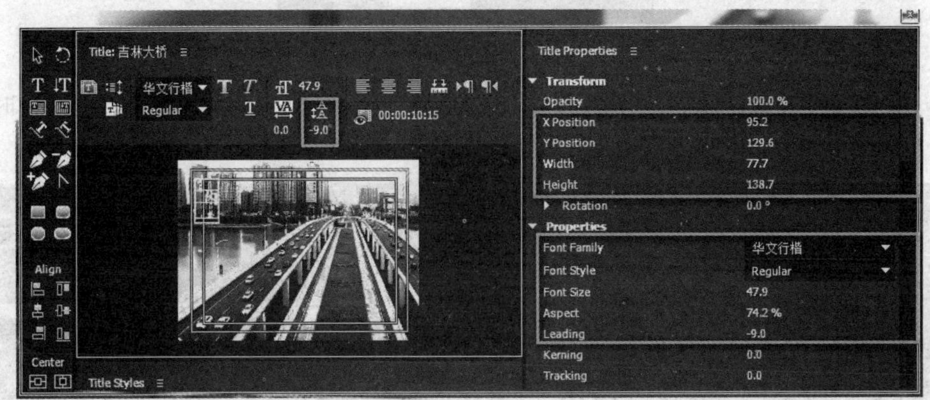

图　8-32

4）为“吉林大桥”设置“Linear Gradient”和“Shadow”属性，“Linear Gradient”数值中红色数值为：1（R:182，G:212，B:175），2（R:255，G:255，B:255），“Shadow”的数值为（R:48，G:48，B:48），要求和背景视频颜色协调，如图8-33所示。

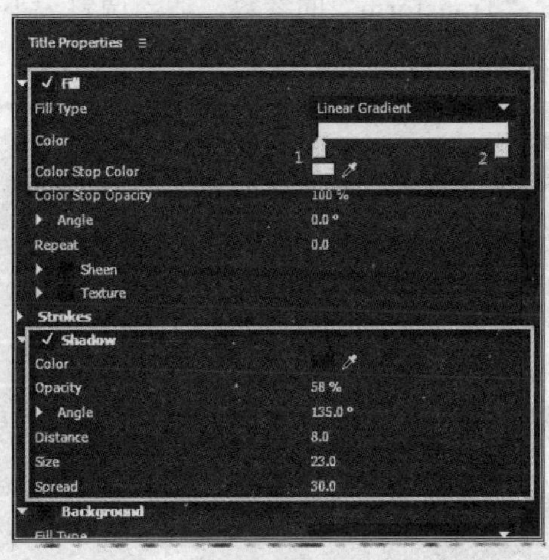

图　8-33

5）在其“Effect Controls”调板中，为“吉林大桥”文字设置“Opacity”属性参数值，从00:00:09:13～00:00:09:19分别是“0.0%”～“100.0%”，从00:00:10:12～00:00:10:21分别是“100.0%”～“0.0%”。

6. “世纪广场”文字制作

1）执行“Title”→“New Title”→“Default Still”命令，创建新的文字并命名为“世纪广场”，单击“OK”按钮，如图8-34所示。

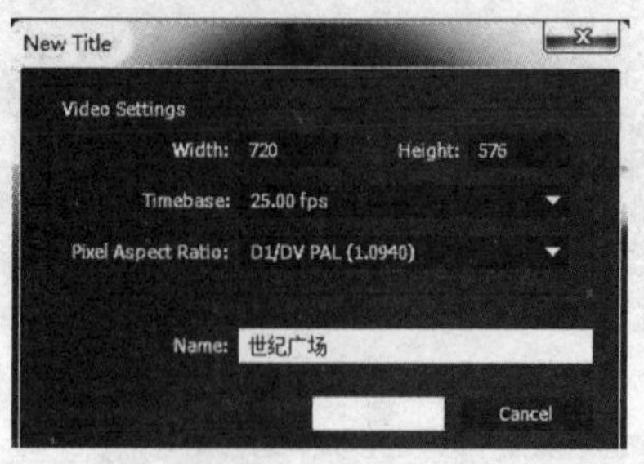

图 8-34

2）将文字“世纪广场”拖曳到“V2”轨道上，缩短文字素材，设置起始时间为00:00:11:10～00:00:13:05，方便后期文字参照背景视频进行调整，如图8-35所示。

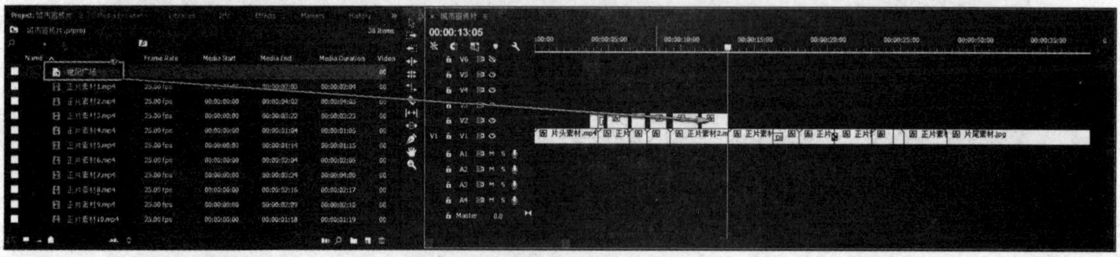

图 8-35

3）在“Project”调板“城市宣传片”序列上双击“世纪广场”，字体设置为“华文行楷”，其中“世纪”字号为“56.1”，“广场”字号为“37.0”，注意文字排版用“选择工具”对文字适当拉长，设置“Transform”的参数，适当调整大小和字间距，达到美观，放置在窗口的右上方和对应的世纪广场视频相呼应，如图8-36所示。

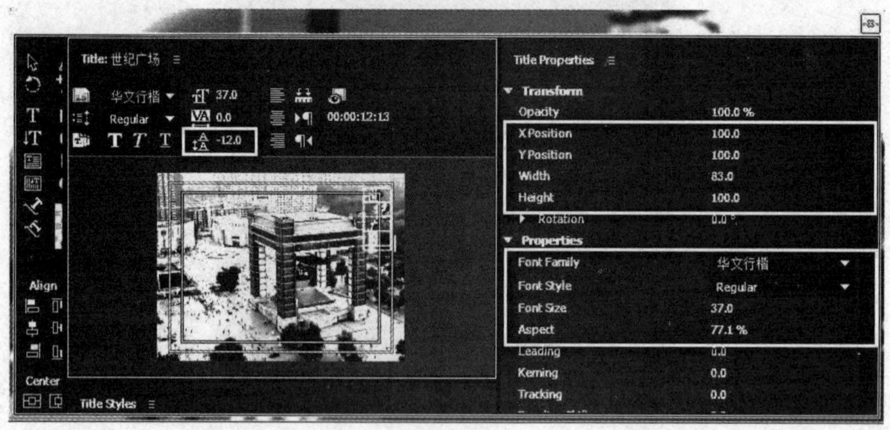

图 8-36

4）为“世纪广场”设置填充类型为“Solid”，白色（R:255，G:255，B:255），“Shadow”为黑色（R:0，G:0，B:0），要求和背景视频颜色协调，如图8-37所示。

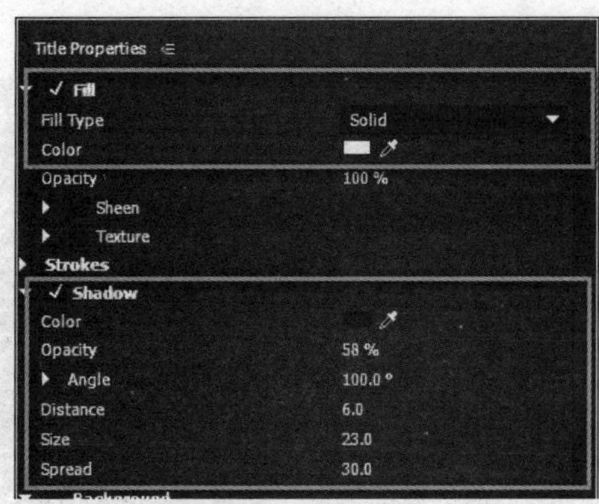

图 8-37

7. “吉林北山”文字制作

1）执行“Title”→“New Title”→“Default Still”命令，创建新的文字并命名为“吉林北山”，单击“OK”按钮，如图8-38所示。

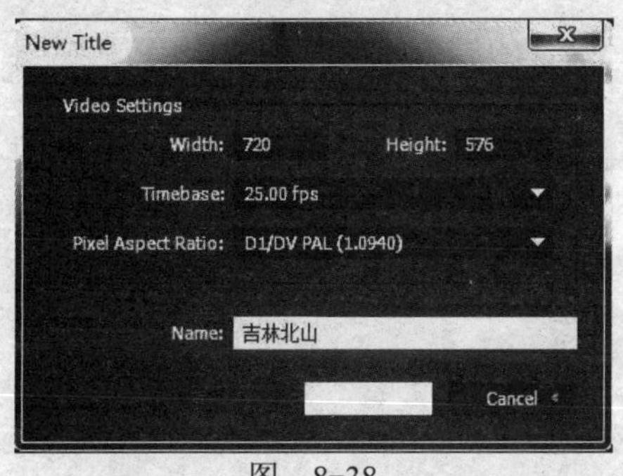

图 8-38

2）将文字“吉林北山”拖曳到“V2”轨道上，缩短文字素材，设置起始时间为00:00:13:13～00:00:17:06，方便后期文字参照背景视频进行调整，如图8-39所示。

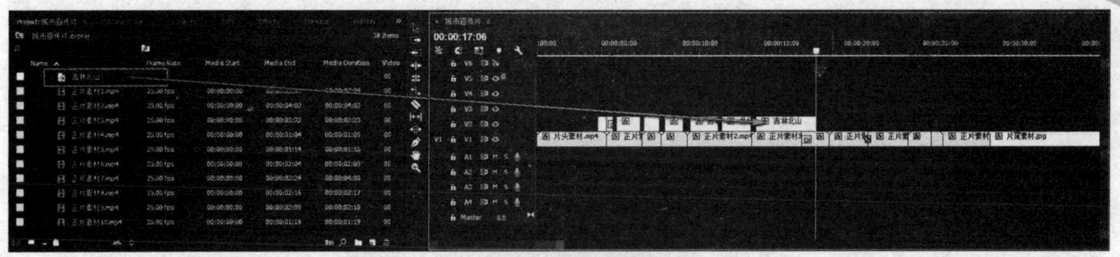

图 8-39

3）在“Project”调板中的“城市宣传片”序列上双击“吉林北山”，字体设置为“华文行楷”，其中“吉林”字号为“56.1”，“北山”字号为“38.1”，注意文字排版，对“Transform”设置参数，适当调整大小和字间距达到美观，放置在窗口的右上方和对应的吉林北山视频相呼应，如图8-40所示。

4）为“吉林北山”设置填充类型为“Solid”，“吉林”为白色（R:255，G:255，B:255），“北山”颜色为（R:255，G:249，B:145），“Shadow”为黑色（R:0，G:0，

B:0），要求和背景视频颜色协调，如图8-41所示。

图 8-40

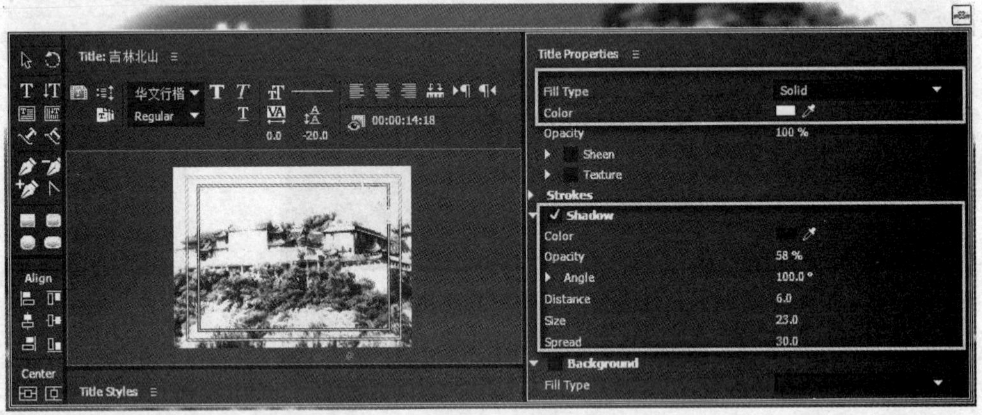

图 8-41

5）在其“Effect Controls”调板中，为“吉林北山”文字设置“Opacity”属性参数值，从00:00:13:19～00:00:14:03分别是“0.0%”～“100.0%”，从00:00:16:08～00:00:16:16分别是“100.0%”～“0.0%”。

8．“东北秧歌”文字制作

1）执行“Title”→“New Title”→“Default Still”命令，创建新的文字并命名为“东北秧歌”，单击“OK”按钮，如图8-42所示。

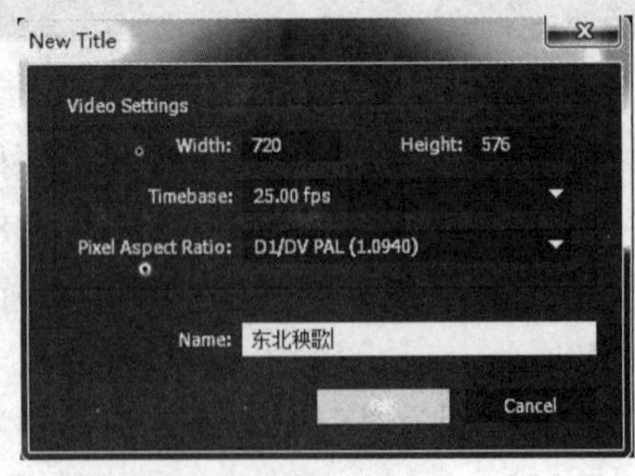

图 8-42

2）将文字“东北秋歌”拖曳到“V2”轨道上，缩短文字素材，设置起始时间为00:00:18:11～00:00:20: 17，方便后期文字参照背景视频进行调整，如图8-43所示。

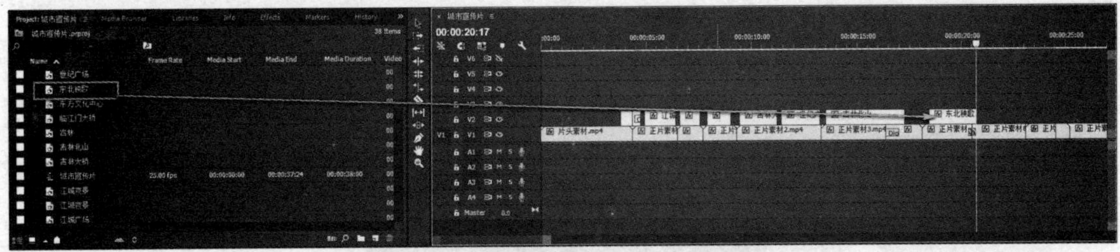

图 8-43

3）在“Project”调板中的“城市宣传片”序列上双击“东北秋歌”，字体设置为“华文行楷”，其中“东北”字号为“35.1”，“秋歌”字号为“24.0”，注意文字排版，对“Transform”设置参数，适当调整大小和字间距达到美观，放置在窗口的左上方和对应的背景视频相呼应，如图8-44所示。

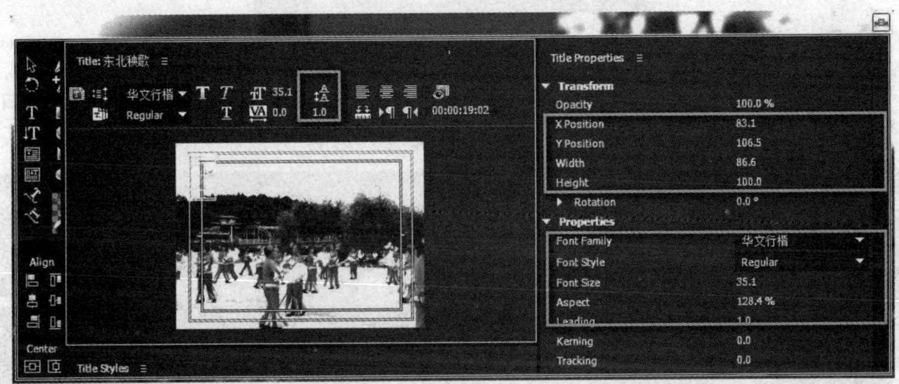

图 8-44

4）为“东北秋歌”设置填充类型为“Solid”，“东北”颜色为“Linear Gradient”，数值中红色数值为：1（R：240，G：239，B：218），2（R：255，G：255，B：255），“秋歌”颜色为“Linear Gradient”，数值中红色数值为：1（R：228，G：119，B：132），2（R：255，G：255，B：255），“Shadow”为黑色（R：0，G：0，B：0），要求和背景视频颜色协调，如图8-45所示。

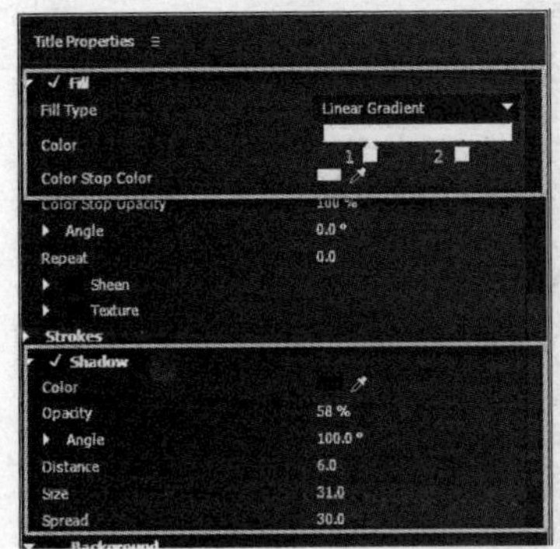

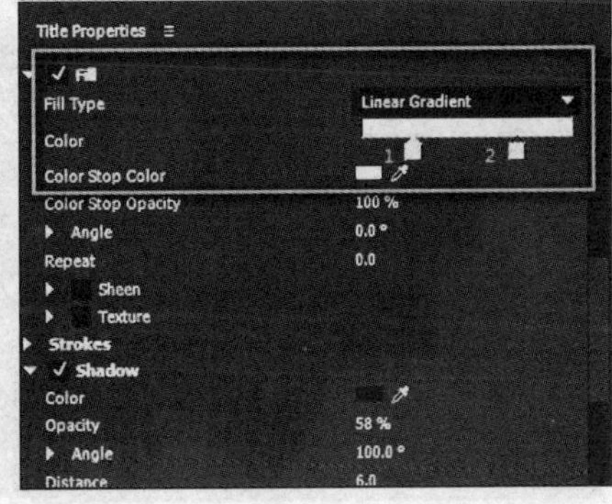

图 8-45

5）在其“Effect Controls”调板中，为“东北秧歌”文字设置“Opacity”属性参数值，从00:00:18:18～00:00:18:20分别是“0.0%”～“100.0%”，从00:00:20:00～00:00:20:07分别是“100.0%”～“0.0%”。

9. “丰满滑雪场”文字制作

1）执行“Title”→“New Title”→“Default Still”命令，创建新的文字并命名为“丰满滑雪场”，单击“OK”按钮，如图8-46所示。

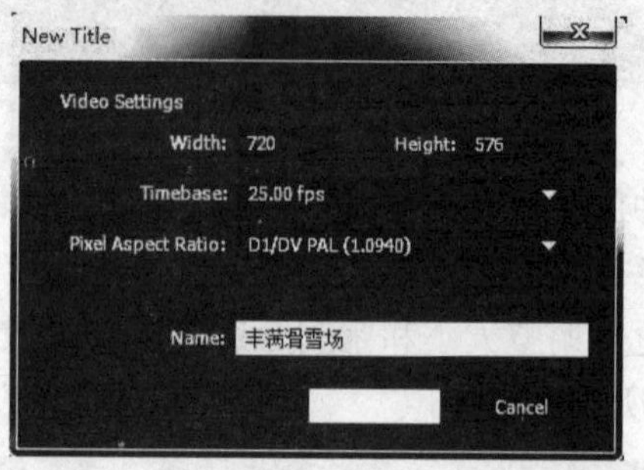

图 8-46

2）将文字“丰满滑雪场”拖曳到“V2”轨道上，缩短文字素材，设置起始时间为00:00:20:18～00:00:22:19，方便后期文字参照背景视频进行调整，如图8-47所示。

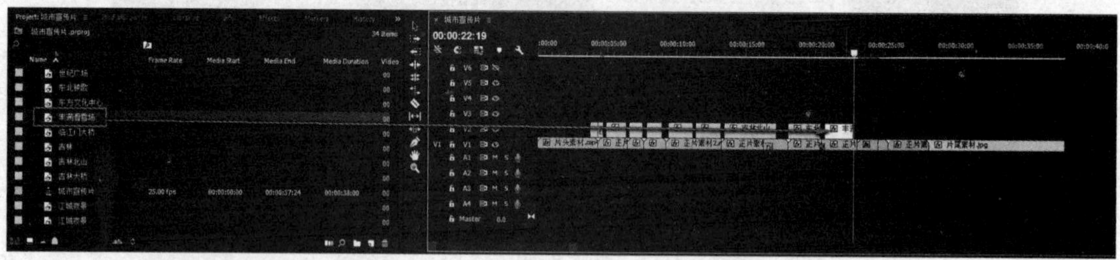

图 8-47

3）在“Project”调板“城市宣传片”序列上双击“丰满滑雪场”，字体设置为“华文行楷”，其中“丰满”字号为“36.5”，“滑雪”字号为“42.0”，“场”字号为“39.3”，注意文字排版，对“Transform”设置参数，适当调整大小和字间距达到美观，放置在窗口的右上方和对应的背景视频相呼应，如图8-48所示。

图 8-48

4）为“丰满滑雪场”文字设置填充类型为“Solid”，“丰满”和“场”的颜色为（R：255，G：255，B：255），“滑雪”颜色为“Linear Gradient”，数值中红色数值为：1（R：32，G：249，B：231），2（R：255，G：255，B：255），“Shadow”为黑色（R：0，G：0，B：0），要求和背景视频颜色协调，如图8-49所示。

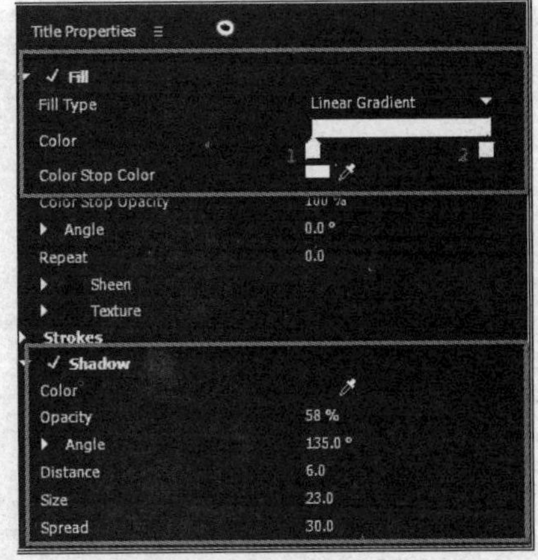

图 8-49

5）在其“Effect Controls”调板中，为“丰满滑雪场”文字设置“Opacity”属性参数值，从00:00:20:21～00:00:20:24分别是“0.0%”～“100.0%”，从00:00:22:03～00:00:22:10分别是“100.0%”～“0.0%”。

10．“江城夜景”文字制作

1）单击“Project”调板下方的新建按钮创建“Title”，在弹出的“New Title”对话框中命名为“江城夜景”并单击“OK”按钮，如图8-50所示。

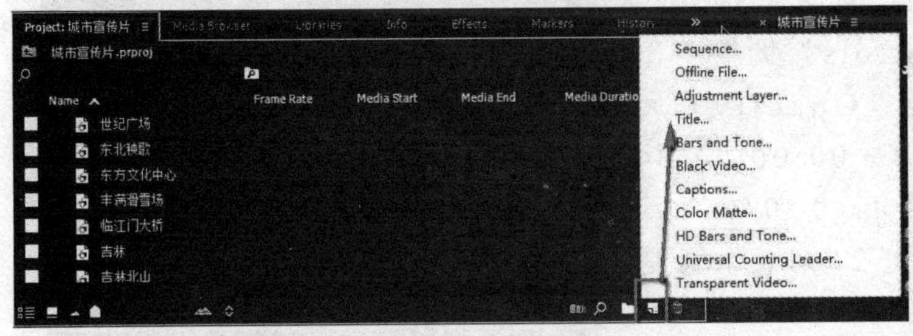

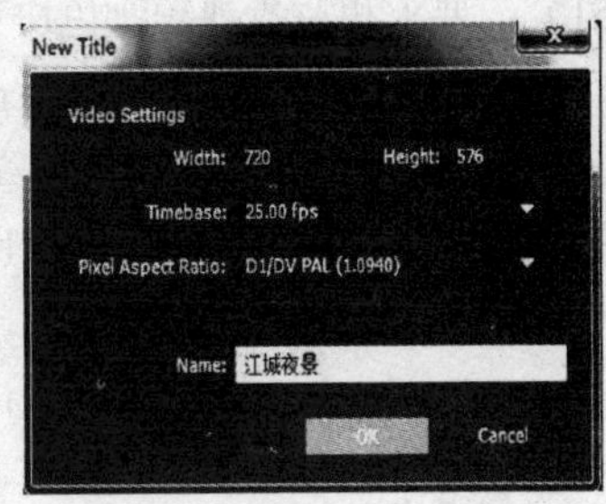

图 8-50

2）将文字“江城夜景”拖曳到“V2”轨道上，缩短文字素材，设置起始时间为00:00:23:11～00:00:26:12，方便后期文字参照背景视频进行调整，如图8-51所示。

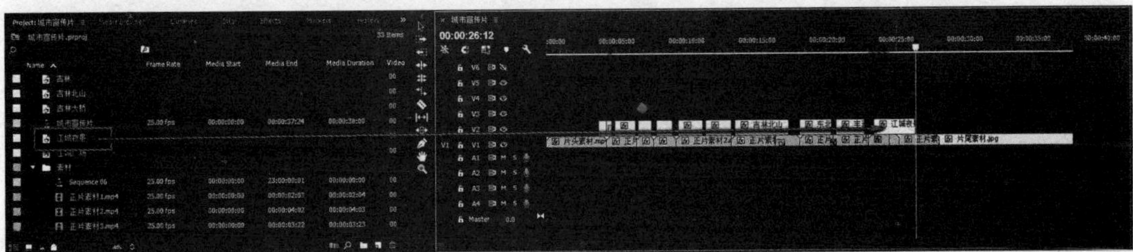

图 8-51

3）在“Project”调板“城市宣传片”序列上双击“江城夜景”，设置字体为“华文行楷”，其中“江城”字号为“56.1”，“夜景”字号为“40.1”，注意文字排版，对“Transform”设置参数，适当调整大小和字间距达到美观，放置在窗口的右上方和对应的背景视频相呼应，如图8-52所示。

图 8-52

4）为“江城夜景”文字设置填充类型为“Solid”，颜色为（R：255，G：255，B：255），“Shadow”为（R：13，G：19，B：51），要求和背景视频颜色协调，如图8-53所示。

5）在其“Effect Controls”调板中，为“江城夜景”文字设置“Opacity”属性参数值，从00:00:23:14～00:00:24:04分别是“0.0%”～“100.0%”，从00:00:26:02～00:00:26:10分别是“100.0%”～“0.0%”。

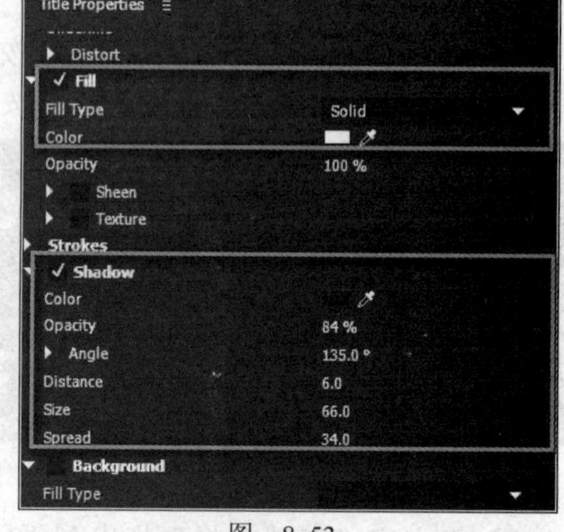

图 8-53

四、制作解说词文字动画

1）将配套素材“Ch09”文件夹中“素材”文件夹中的“解说词”Word文档打开。“解说词”内容主要从地理位置、自然景观、人文民风、现代化城市等几个方面来进行阐述，如图8-54所示。

2）6段解说词文字制作。

① 解说词1。

a）执行“Title”→“New Title”→“Default Still”命令，弹出新建文字对话框，命名为“解说词1”，单击“OK”按钮，输入“吉林市地处东北腹地长白山脉”文字，字体是“方正宋黑”，字号为“26.0”，设置“Transform”和“Properties”参数，填充颜色为：

R:229，G:229，B:229，“Shadow”为：R:0，G:0，B:0，如图8-55所示。

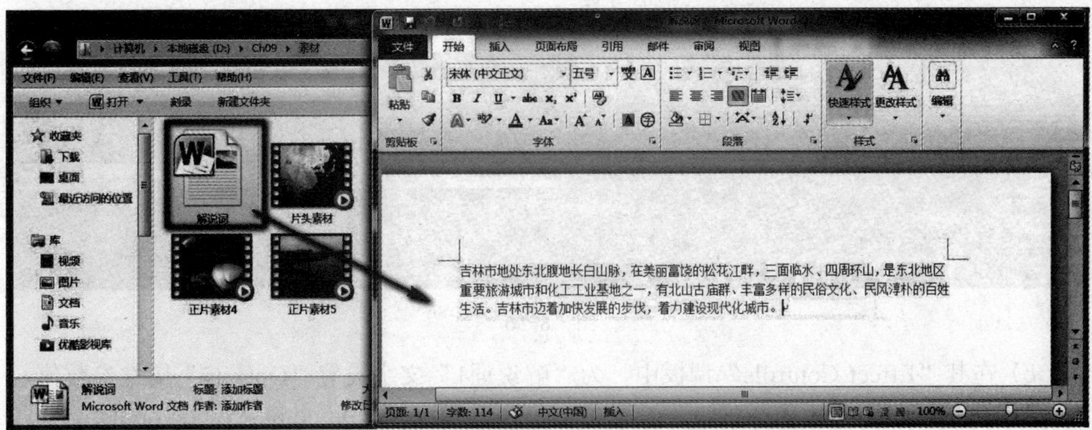

图 8-54

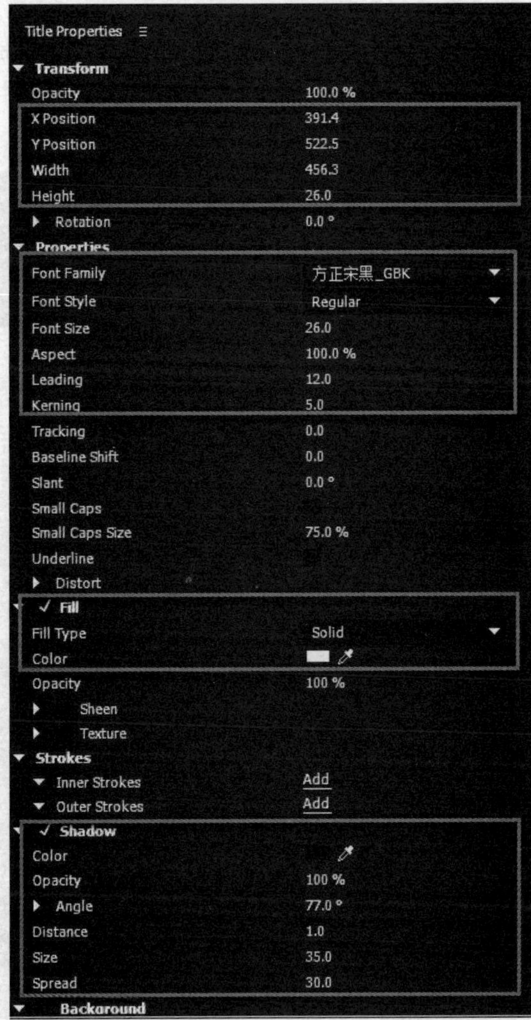

图 8-55

b）将文字“解说词1”拖曳到“V3”轨道上，缩短文字素材，设置起始时间为00:00:04:17～00:00:07: 06，方便后期文字参照背景视频进行调整，如图8-56所示。

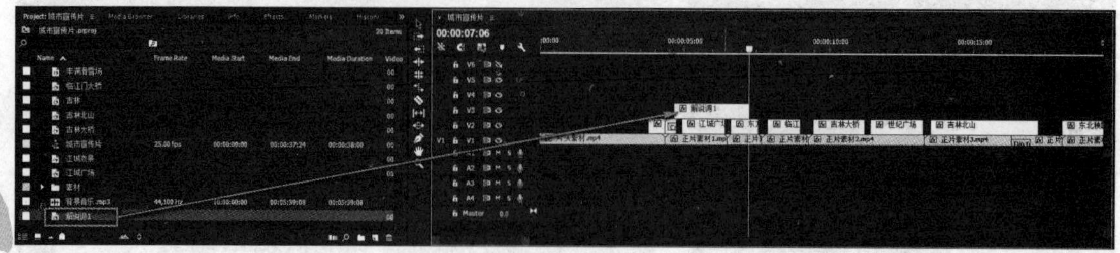

图 8-56

c）在其“Effect Controls”调板中，为“解说词1”文字设置“Opacity”属性参数值，从00:00:04:17～00:00:04:24分别是“0.0%”～“100.0%”，从00:00:06:23～00:00:07:05分别是“100.0%”～“0.0%”。

② 解说词2。

a）在“Project”调板“城市宣传片”上，选择“解说词1”进行复制并对其重命名，双击复制“解说词1”改名称为“解说词2”，双击“解说词2”进入文字编辑中，把“吉林市地处东北腹地长白山脉”替换为“在美丽富饶的松花江畔，三面临水、四面环山。”，如图8-57所示。

图 8-57

b）将文字“解说词2”拖曳到“V3”轨道上，缩短文字素材，设置起始时间为00:00:07:07～00:00:10:09。

c）在其“Effect Controls”调板中，为“解说词2”文字设置“Opacity”属性参数值，从00:00:07:08～00:00:07:13分别是“0.0%”～“100.0%”，从00:00:10:02～00:00:10:09分别是“100.0%”～“0.0%”。

③ 解说词3。

a）运用前面所讲的方法，利用“解说词2”文字复制素材，把文字更换为“东北地区重要旅游城市和化工工业基地之一”作为“解说词3”的内容。

b）将文字“解说词3”拖曳到“V3”轨道上，缩短文字素材，设置起始时间为00:00:10:10～00:00:13:12。

c）在“Effects”（效果）调板中，展开“Presets”文件夹中的“Blurs”文件夹，将其中的“Fast Blurs In”效果拖到“Video3”轨道中素材“解说词3”上，如图8-58所示。

图 8-58

④ 解说词4。

a）运用前面所讲的方法，利用“解说词2”文字复制素材，把文字更换为“有三派杂糅的北山古庙群”作为“解说词4”的内容。

b）将文字“解说词4”拖曳到“V3”轨道上，缩短文字素材，设置起始时间为00:00:13:13～00:00:18: 02 。

c）在其“Effect Controls”调板中，为“解说词4”文字设置“Opacity”属性参数值，从00:00:13:15～00:00:13:20分别是“0.0%”～“100.0%”，从00:00:17:16～00:00:18:02分别是“100.0%”～“0.0%”。

⑤ 解说词5。

a）运用前面所讲的方法，利用“解说词2”文字复制素材，把文字更换为“丰富多样的民俗文化、民风朴素的百姓生活”作为“解说词5”的内容。

b）将文字“解说词5”拖曳到“V3”轨道上，缩短文字素材，设置起始时间为00:00:18:03～00:00:23:01。

c）在“Effects”（效果）调板中，展开“Video Transitions”文件夹中的“3D Motion”文件夹，将其中的“Cube Spin”效果拖到“Video3”轨道中的素材“解说词5”上，如图8-59所示。

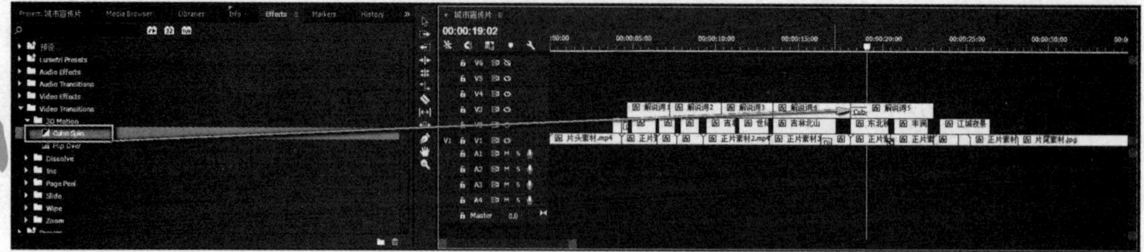

图 8-59

小提示

这个动画是巧妙利用“3D Motion”，字幕打破了宁静，具有动感的效果，使整个画面变得活跃。

⑥ 解说词6。

a）运用前面所讲的方法，利用“解说词2”文字复制素材，把文字更换为“吉林市迈着加快发展的步伐，着力建设现代化城市”作为“解说词6”内容。

b）将文字“解说词6”拖曳到“V3”轨道上，缩短文字素材，设置起始时间为00:00:23: 02～00:00:28:05。

c）在“Effects”（效果）调板中，展开“Video Transitions”文件夹中的“Dissolve”文件夹，将其中的“Cross Dissolve”效果拖到“Video3”轨道中的素材“解说词6”上，如图8-60所示。

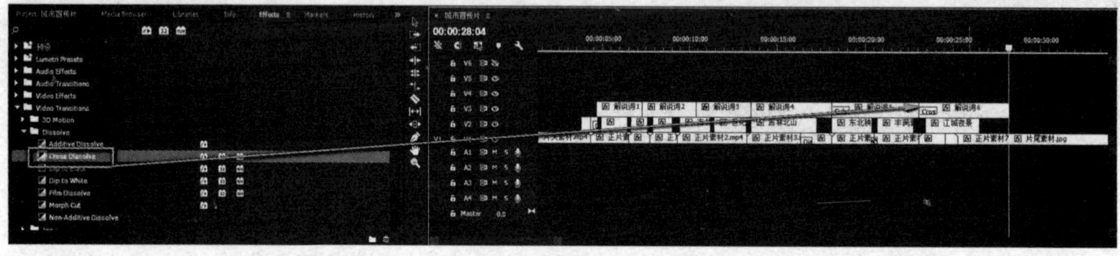

图 8-60

五、制作片尾文字动画

1）执行“Title”→“New Title”→“Default Still”命令，弹出新建文字对话框并命名为“魅力吉林”，单击“OK”按钮，进入“魅力吉林”字体设置，字体为“方正魏碑繁体”，“魅力吉林”字号为“137”，对“Transform”设置参数，适当调整大小和字间距达到美观，放置在窗口的中心位置，为“魅力吉林”文字填充颜色为“4 Color Gradient ”，数值中红色数值为：1（R：241，G：254，B：92），2（R：249，G：238，B：98），3（R：46，G：46，B：253），4（R：41，G：95，B：252），如图8-61所示。

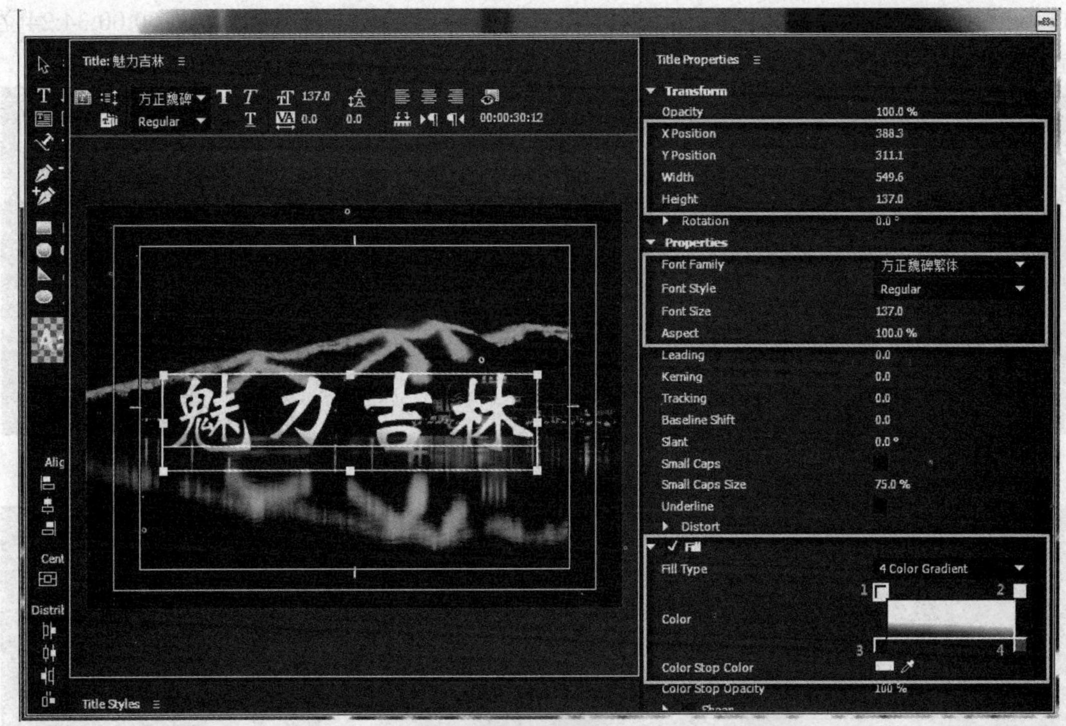

图 8-61

2）将文字“魅力吉林”拖曳到“V2”轨道上，缩短文字素材，设置起始时间为00:00:28:05～00:00:38:00，方便后期文字参照背景视频进行调整，如图8-62所示。

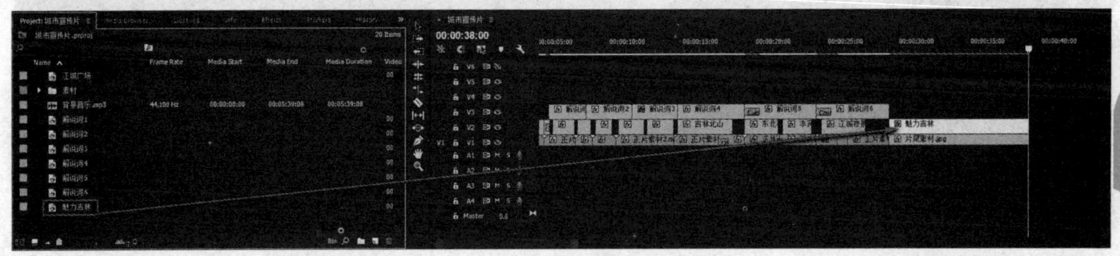

图 8-62

3）在其“Effect Controls”调板中，设置“魅力吉林”文字，展开“Motion”项，设置“Position”属性参数并开启“开关动画”按钮，在00:00:28:05处设置数值为“-82.8”“288.0”，在00:00:28:20处设置数值为“326.0”“288.0”，在00:00:30:10处设置数值为“357.0”“288.0”，设置“Scale Height”和“Scale Width”的参数值，在00:00:28:05处开启“开关动画”按钮并设置数值为“0.0”，在00:00:28:20处设置数值为“38.9”，在00:00:30:10处设置数值为“76.0”，设置“Opacity”属性的参数值，在00:00:28:05处开启“开关动画”按钮，设置数值 00:00:28:05～00:00:28:20是“0.0%”～“100.0%”，从00:00:34:24～00:00:37:04是“100.0%”～“0.0%”，如图8-63所示。

4）在“Effects”（效果）调板中，展开“Video Effects”文件夹中的“Stylize”文件夹，将其中的“Alpha Glow”效果拖到“Video2”轨道中的素材“魅力吉林”上，在其“Effect Controls”调板中，展开“Alpha Glow”项，开启“Glow”“开关动画”按钮，在

00:00:30:10位置设置数值为“0”，在00:00:31:15位置设置数值为“18”，在00:00:34:24位置设置数值为“0”，如图8-64所示。

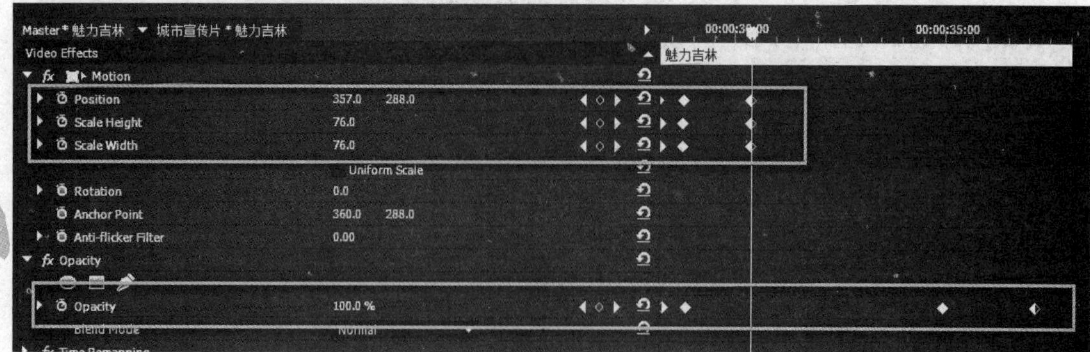

图 8-63

图 8-64

六、添加背景音乐

1）将配套素材“Ch09”文件夹中“素材”文件夹中的“音乐”素材拖到“Project”调板“城市宣传片”中，如图8-65所示。

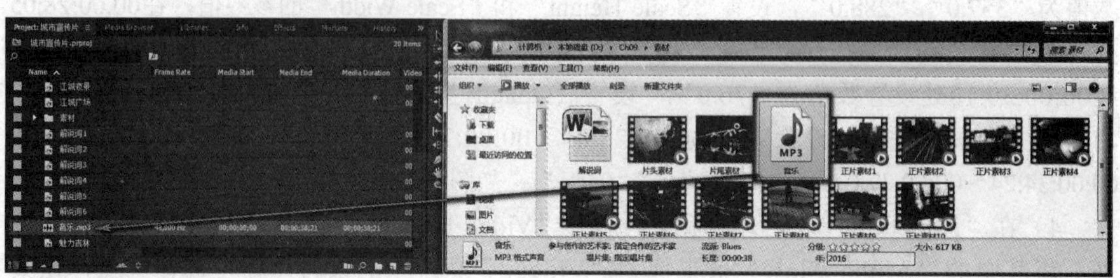

图 8-65

2）将背景“音乐”拖曳到“A1”轨道上，缩短文字素材，设置起始时间为00:00:00: 00～00:00:38:00，达到音频与视频同步，如图8-66所示。

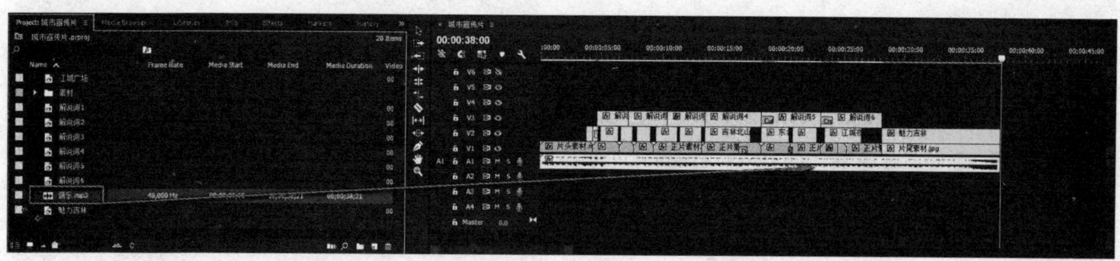

图 8-66

七、输出影片

1）执行“File”→“Export”→“Movie”命令，弹出“Export Movie”对话框，从中选择保存目标路径并输入文件名，然后单击“保存”按钮。

2）待渲染完成后，即可在播放器中观看效果。

触类旁通

本片是城市宣传片，介绍了当地的景观和民俗风格特点，展现了这所城市的建设风格，使观众眼前一亮，使读者对吉林市有了新的认识。

文本素材应用了丰富的视频来展现城市效果，将城市发展理念以现代化城市的形式展现给观众。

在制作宣传片时，设置的文字较多，注意文字动画时间的把握。

结尾部分，处理片尾名称“魅力吉林”运用“Alpha Glow”效果，对“Glow”参数进行了必要的修改，达到最后精彩的效果。

实战强化

请读者为本人所在的城市或者是故乡制作一个30s的城市宣传片。

参考文献

[1] 陕华，朱琦．Premiere Pro CC 2017视频编辑基础教程[M]．北京：清华大学出版社，2017．

[2] 刘鸿燕，赵婷，王志新．成品——Premiere Pro CC视频编辑剪辑制作实战从入门到精通[M]．北京：清华大学出版社，2018．

[3] 温培利．Premiere Pro CC视频编辑[M]．北京：清华大学出版社，2018．